CAD/CAM 软件应用技术

——MasterCAM

主　编　蒋洪平　刘彩霞　陈晓红
副主编　王　艳　柴　俊

北京理工大学出版社
BEIJING INSTITUTE OF TECHNOLOGY PRESS

内 容 简 介

本书主要内容包括"CAD/CAM入门、二维图形绘制、图形编辑与标注、三维曲面造型、三维实体造型、二维铣削加工、三维曲面加工、车床加工"等8个项目。通过项目描述、项目目标、项目相关知识、项目实施、项目评价、项目总结、项目拓展和项目巩固练习等形式，读者可以熟练地掌握 MasterCAM 相关知识的实际运用。

本书深入浅出、实例引导、讲解翔实，既可作为职业院校机械、机电、数控、模具类专业的教学用书，也可作为软件认证培训教材或工程技术人员更新知识的参考用书。

图书在版编目（CIP）数据

CAD/CAM 软件应用技术 . MasterCAM/蒋洪平，刘彩霞，陈晓红主编 . —北京：北京理工大学出版社，2018.8（2022.1 重印）

ISBN 978-7-5682-6167-8

Ⅰ. ①C… Ⅱ. ①蒋… ②刘… ③陈… Ⅲ. ①计算机辅助设计-应用软件-教材 ②计算机辅助制造-应用软件-教材 Ⅳ. ①TP391.7

中国版本图书馆 CIP 数据核字（2018）第 191690 号

出版发行 / 北京理工大学出版社有限责任公司

社　　　址 / 北京市海淀区中关村南大街 5 号

邮　　　编 / 100081

电　　　话 / （010）68914775（总编室）
　　　　　　（010）82562903（教材售后服务热线）
　　　　　　（010）68948351（其他图书服务热线）

网　　　址 / http://www.bitpress.com.cn

经　　　销 / 全国各地新华书店

印　　　刷 / 三河市天利华印刷装订有限公司

开　　　本 / 787 毫米×1092 毫米　1/16

印　　　张 / 30　　　　　　　　　　　　　　　　　　　责任编辑 / 张旭莉

字　　　数 / 704 千字　　　　　　　　　　　　　　　　文案编辑 / 张旭莉

版　　　次 / 2018 年 8 月第 1 版　2022 年 1 月第 7 次印刷　责任校对 / 周瑞红

定　　　价 / 66.00 元　　　　　　　　　　　　　　　　责任印制 / 李志强

前　言

MasterCAM 是美国 CNC Software 公司开发的 CAD/CAM 一体化软件，主要有设计（Design）、铣削加工（Mill）、车削加工（Lathe）和激光线切割加工（Router）4 个功能模块。目前，包括美国在内的各工业大国都采用该系统作为设计、加工制造的标准。在全球 CAM 市场份额上，MasterCAM 雄居榜首。

本书基于职业教育最新理念，采用项目教学法，以 8 个典型的循序渐进的项目实例介绍三维 CAD/CAM 软件 MasterCAM 的功能模块和使用方法。主要内容包括"CAD/CAM 入门、二维图形绘制、图形编辑与标注、三维曲面造型、三维实体造型、二维铣削加工、三维曲面加工、车床加工"。

本书力求体现如下特点：

（1）以就业为导向，以数控机床操作工、模具制造工、数控程序员等国家职业标准为基本依据。

（2）紧扣"以能力为本位、以项目课程为主体、以职业实践为主线的模块化课程体系构建"的课程改革理念。

（3）通过项目描述、项目目标、项目相关知识、项目实施、项目评价、项目总结、项目拓展和项目巩固练习，引导学生明确学习目标、掌握知识与技能、丰富专业经验、强化工艺设计与选择能力，逐步提高分析、解决和反思生产中实际问题的能力，以形成职业核心竞争力。

本书既可作为职业院校机械、机电、数控、模具类专业的教学用书，也可作为软件认证培训教材，或工程技术人员更新知识的参考用书。

本书由江苏联合职业技术学院无锡机电分院的蒋洪平、朱军、柴俊、宋浩，新乡市职业教育中心的刘彩霞，许昌电气职业学院的陈晓红，湖南工业职业技术学院的王艳、易延辅等编写，由蒋洪平、刘彩霞、陈晓红任主编，王艳、柴俊任副主编。蒋洪平教授统稿全书，编写具体分工：易延辅（项目 1），宋浩（项目 2），王艳（项目 3），柴俊（项目 4，各项目任务与拓展实操视频），朱军（项目 5），刘彩霞（项目 6），陈晓红（项目 7），蒋洪平（项目 8，各项目巩固练习参考答案）。蒋涵铎、陆纯娜、于爱珠、陆炳光等参与了技术资料收集、整理及部分文字处理工作。

本书作者长期从事数控加工、CAD/CAM 软件技术应用的教学与推广工作。本书内容组织充分考虑教学规律，由浅入深、系统性强、重点突出、举例典型、条理清楚，对使用者具有较强的指导性。

书中例题和练习涉及的原文件以及结果文件，请读者到北京理工大学出版社网址（http：//www.bitpress.com.cn）上下载，或与作者联系通过电子邮件传送。

所有意见和建议请发往：jhpjhpjhp@163.com（作者）

欢迎访问江苏省职业教育名师工作室"蒋洪平 CAD/CAM 技术名师工作室"网站：http：//jhp.wxambf.com

编　者

2018 年 6 月

AR 内容资源获取说明

——→扫描二维码即可获取本书 AR 内容资源！

Step1：扫描下方二维码，下载安装"4D 书城"APP；

Step2：打开"4D 书城"APP，点击菜单栏中间的扫码图标，再次
扫描二维码下载本书；

Step3：在"书架"上找到本书并打开，即可获取本书 AR 内容资源！

目　　录

项目 1
CAD/CAM 入门

1.1 项目描述

以 Mastercam X 为例，介绍 CAD/CAM 软件的工作环境、系统设置、常用工具等基本内容。通过本项目的学习，完成以下操作任务。

（1）新建文档，命名为 XIANGMU1-1. MCX，保存目录设置为 D：\Mastercam X。

（2）指定 Mastercam X 系统的背景为白色（15 号颜色）。

（3）建立如表1-1所列的图层。

表1-1　图层设置要求

Number	Name
1	粗实线
2	细实线
3	中心线
4	虚线

（4）绘制一个球体，颜色为黑色（0 号颜色），半径为 100 mm，并利用系统配置对话框，调整其线框模式的线条显示密度，并重新生成显示效果。

（5）修改球体显示颜色为红色（12 号颜色）。

1.2 项 目 目 标

知识目标

（1）了解 Mastercam X 的功能特点、使用界面等基础知识。

（2）掌握 Mastercam X 的运行环境，以及屏幕、颜色、图层、线型、线宽等图素属性的设置方法。

技能目标

（1）能启动与退出 Mastercam X。

（2）能对 Mastercam X 运行环境和图素属性进行设置。

（3）完成"项目描述"中的操作任务。

1.3 项目相关知识

1.3.1 Mastercam 简介

Mastercam 是美国 CNC Software 公司推出的基于 PC 平台的、集设计和制造于一体的 CAD/CAM 软件。目前，Mastercam 以优良的性价比、常规的硬件要求、灵活的操作方式、稳定的运行效果及易学易用的操作方法等特点，成为世界上应用最广泛、最优秀的软件之一，也是我国应用最广泛、最有代表性的 CAD/CAM 软件之一。它主要应用于机械、电子、汽车和航空等行业的模具制造。

本书所介绍的 Mastercam X 即 Mastercam V10.0。它是一个真正的 Windows 应用程序，具有 Windows 的标准工作界面。在界面中有图标、窗口、对话框、菜单、工具栏、绘图工作区和状态栏等。

在 Mastercam X 中，Design（设计）、Mill（铣削加工）、Lathe（车削加工）和 Router（激光线切割加工或雕刻加工）等 4 个功能模块被集成到一个平台中，操作更加方便。

1.3.2　系统的启动和退出

1. 系统的启动

常用的启动方法如下。

（1）快捷图标。

当完成 Mastercam X 的安装程序后，自动在桌面上创建软件程序快捷图标，如图 1-1 所示，双击该图标即可启动程序。

（2）开始按钮。

图 1-1　Mastercam X 的快捷图标

通 过 选 择 **开始** →"所 有 程 序 （P）"→"Mastercam X"→"Mastercam X"命令，即可启动程序。

2. 系统功能模块的启动

Mastercam X 放弃了旧版本独立启动设计模块（Design）、车削模块（Lathe）、铣削模块（Mill）及线切割模块（Wire）的方式，而是将系统的所有模块都集中在如图 1-2 所示的加工机床类型菜单（Machine Type）下进行调用。当用户需要某个模块时，可直接选择相应的模块，无须单独启动。

3. 系统的退出

当需要退出 Mastercam X 系统时，常用的方法如下。

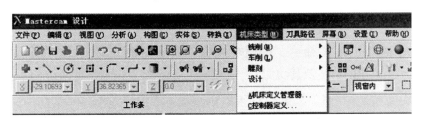

图 1-2　Mastercam X 系统模块的调用

（1）在主菜单上选择"文件（F）"→"退出（X）"命令。

（2）单击 Mastercam X 窗口右上角的 ✕ 按钮。

（3）使用组合键 Alt+F4。

此时，系统将打开一个对话框，要求再次确认是否退出系统。单击"是（Yes）"按钮退出系统；单击"否（No）"按钮则返回到系统工作状态。

1.3.3　认识系统的窗口界面

启动 Mastercam X 后，计算机窗口将显示如图 1-3 所示的界面，这就是 Mastercam X 应用程序窗口，其显示的界面形式和 Windows 的其他应用软件相似，充分体现了 Mastercam X 用户界面友好、易学易用的特点。

1. 标题栏

Mastercam X 显示界面的顶部是标题栏，它显示了软件的名称、当前使用的模块、当前打开文件的路径及文件名称，在标题栏的右侧，是标准 Windows 应用程序的 3 个控制按钮，

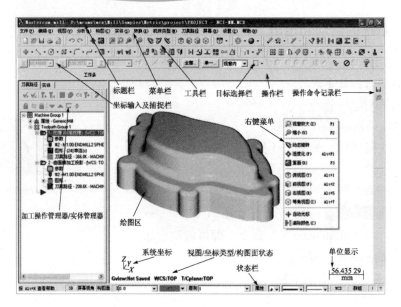

图 1-3　Mastercam X 系统的显示界面

包括最小化窗口按钮、还原窗口按钮和关闭应用程序按钮。它还显示了当前所使用的功能模块。例如，当用户使用设计模块时，标题栏将显示 Mastercam X 设计。

2. 菜单栏

在 Mastercam X 中，系统不再使用屏蔽菜单，而是具有一个下拉菜单。下拉菜单中包含了绝大部分的 Mastercam X 命令，按照功能的不同它们被分别放置在不同的菜单组中。表 1-2 列出了主菜单的选项及其功能。

表 1-2　主菜单的选项及其功能

项　目	功　能
文件（F）	处理文档（保存、取出、合并、格式转换和打印等）
编辑（E）	对图形进行修改操作，如复制、粘贴、打断/修改和删除等
视图（V）	用于视图的设置（平移、缩放视图等）
分析（A）	显示或修改绘图区已选取的对象的相关信息
构图（C）	绘制图形（包括二维、三维图素的创建，以及尺寸标注等）
实体（S）	使用拉伸、旋转、扫描等方法进行实体模型的创建和修改
转换（X）	转换图形，如镜像、旋转、比例、平移、偏移和其他指令
机床类型（M）	选择功能模块和相应的机床类型
刀具路径	各种刀具路径的创建、编辑及后处理等功能
屏幕（R）	改变屏幕上的图形显示
设置（I）	工具栏、菜单和系统运行环境等的设置
帮助（H）	提供系统帮助

3. 工具栏

紧接菜单栏下面的是工具栏，它将菜单栏中的命令以图标的方式来表达，方便用户快捷选取所需要的命令。和菜单栏一样，工具栏也是按功能进行划分的。工具栏中包含了 Mastercam X 的绝大部分命令。用户可以通过菜单栏中的命令"设置（I）"→"用户自定义（U）"来增加或减少工具栏中的图标，如图 1-4、图 1-5 所示。

图 1-4 设置命令下拉菜单

4. 坐标输入及捕捉栏

紧接工具栏下面的是坐标输入及捕捉栏，它主要起坐标输入及绘图捕捉的功能，如图 1-6 所示。

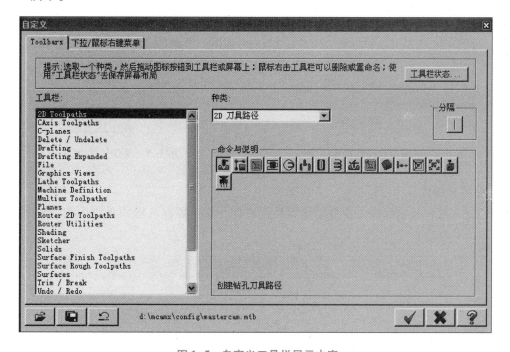

图 1-5 自定义工具栏显示内容

图 1-6 坐标输入及捕捉栏

⊠、⊻、⊻用于输入目标点的 x、y、z 坐标值，输入每一个坐标值后按 Enter 键确认即可。

⚡用于快速目标点坐标输入。单击此按钮，系统以如图 1-7 所示的快速坐标输入栏覆盖了 3 个独立的⊠、⊻、⊻坐标输入栏，用户可以直接输入目标点的 x、y、z 坐标值，这样避免了在 3 个独立的⊠、⊻、⊻坐标输入栏内移动鼠标光标的麻烦，输入目标点的坐标值后按 Enter 键确认即可。

图 1-7   快速目标点坐标输入栏

⚠ 用于自动捕捉设置。单击此按钮，系统弹出如图 1-8 所示的自动捕捉设置对话框，用户可以设置自动捕捉的类型。

除了自动捕捉功能外，系统还提供了手动捕捉功能，单击捕捉栏右侧的 ▪ 按钮，系统弹出如图 1-9 所示的手动捕捉下拉列表，用户可以根据实际捕捉的需要选择相应的手动捕捉选项。

图 1-8   设置自动捕捉类型

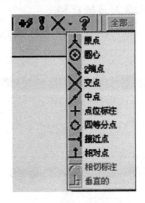

图 1-9   手动捕捉类型

5. 目标选择栏

目标选择栏位于坐标输入及自动捕捉栏的右侧，它主要有目标选择的功能，如图 1-10 所示。

图 1-10   目标选择栏

6. 操作栏（工作条）

操作栏或工作条（Ribbon bars）是子命令选择、选项设置及人机对话的主要区域，在未选择任何命令时此栏处于屏蔽状态，而选择命令后将显示该命令的所有选项，并作出相应的提示。

操作栏的显示内容根据所选命令的不同而不同，图 1-11 所示为选择绘制线段时的操作栏显示状态，而图 1-12 所示为选择绘制圆时的操作栏显示状态。

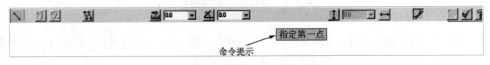

图 1-11   绘线操作栏

图 1-12   绘圆操作栏

7. 操作命令记录栏

显示界面的右侧是操作命令记录栏，用户在操作过程中最近所使用过的 10 个命令逐一记录在此操作栏中，用户可以直接从操作命令记录栏中选择最近要重复使用的命令，提高了选择命令的效率。

8. 绘图区

在 Mastercam X 系统的显示界面中，最大的区域就是绘图区，所有的图形都被绘制并显示在绘图区中。Mastercam 的绘图区是无限大的，可以对它进行缩放、平移等操作。

在绘图区内单击鼠标右键，系统将弹出如图 1-3 中所示的右键菜单。利用弹出菜单，用户可以快速进行一些视图显示及缩放方面的操作，而选择右键菜单中的"✚自动光标"命令则可以设置绘图时系统自动捕捉的类型（如图 1-8 所示）。

9. 状态栏

状态栏是为方便用户进行绘图的一些功能设置，在状态栏中可以设置当前的作图深度、图素属性、群组以及层和视图平面等，功能如表 1-3 所示。

表 1-3　状态栏选项及其功能

项　　目	功　　能
Z（工作深度）	显示或改变工作深度，设置方法有多种。可在绘图区中捕捉一点，将点数据的深度值设为当前绘图平面的工作深度；也可以直接从键盘上输入深度数值，即在状态栏中的 ▣0.0　▾ 文本框内输入 Z 值
颜色（Color）	改变绘图颜色。单击状态栏上的 ▣ 3　▾ 颜色按钮，打开颜色对话框，可以在其中直接选取或通过定制功能自定义所需的图素创建颜色
层别（Level）	设定当前层别。在状态栏上的 层别 1　　　　▾ 上单击"层别"按钮或按快捷键 Alt+Z，可以打开图层管理对话框，对图层进行相关的各项操作，如层的命名、显示状态等
属性（Attributes）	设置当前绘制图形的各种属性。单击状态栏上的"属性"按钮，打开属性或特征对话框，可以设置当前绘制图形的颜色、线型和线宽等属性参数
群组（Groups）	群组功能。单击状态栏上的"群组"按钮后，打开群组对话框，可以进行群组命名、删除等相关操作
限定层：关（Maket：OFF）	设置限定图层
WCS 坐标系	坐标系功能。此功能在 Wire 模块中无效。单击状态栏上的"WCS"按钮，系统弹出坐标系菜单，可以进行坐标系的设定和管理
构图面/刀具面（Planes）	设定当前构图面和刀具平面。单击状态栏上的"构图面"按钮，系统弹出平面菜单，可以进行平面的设定
视角（Gview）	设定当前视角。单击状态栏上的"屏幕视角"按钮，系统弹出视图菜单，可以进行视角的设定
2D/3D 构图模式	单击状态栏中的"3D"按钮，构图模式将在 3D 和 2D 之间进行切换

10. 加工操作管理器/实体管理器

加工操作管理器/实体管理器是整个系统的核心所在。加工操作管理器能对已经产生的刀具参数进行修改，如重新选择刀具的大小和形式、修改主轴转速和进给率等；实体管理器能修改实体尺寸、属性及重排实体建构顺序等。加工操作管理器/实体管理器的显示形式如图 1-13 所示。

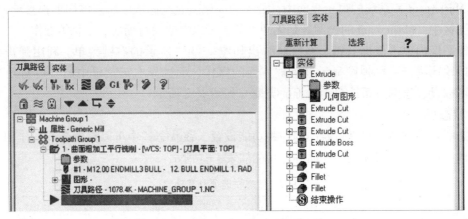

图 1-13　加工操作管理器/实体管理器

以下利用上述基础知识，进行项目实例操作。

（1）选择 文件(F)→ 新建文件(N)，新建一个文档。选择 文件(F)→ 保存文件(S)命令，以文件名"XIANGMU1-1.MCX"保存在目录 D:\Mastercam X，如图 1-14 所示。

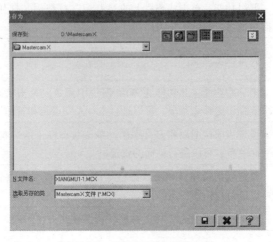

图 1-14　保存目录与文档命名

（2）选择 设置(I)→ 系统规划(C)　Alt+F8，打开"系统配置"对话框，如图 1-15 所示；单击选择 ? 颜色 ✔ 标签页，结果如图 1-16 所示，在该对话框的中间列表中，选择工作区背景颜色选项，在对话框右侧单击选择第一行的最后一个颜色块"15"　｜，将图形背景颜色指定为第 15 号颜色（白色），单击对话框右下方的 ✔ 按钮。

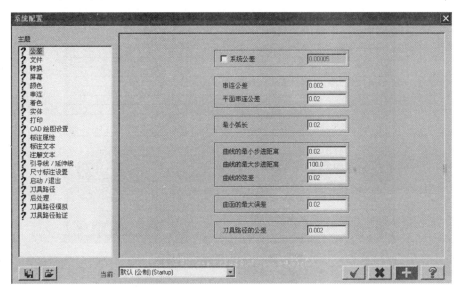

图 1-15　"系统配置"对话框

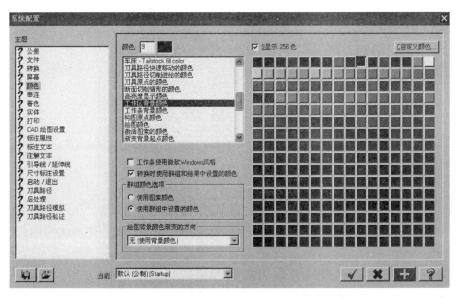

图 1-16　"系统配置"对话框——颜色标签页

（3）在状态栏左键单击 层别，弹出"层别管理"对话框，默认层别编号为 1，在名称栏中输入"粗实线"，然后在层别编号栏输入"2"，按 Enter 键，就可继续在名称栏中输入"细实线"，以此类推，4 个层别设置结果如图 1-17 所示，单击"确定"按钮 ✔，退出"层别设置"对话框。

CAD/CAM 软件应用技术

图 1-17 "层别设置"对话框

（4）在状态栏，单击"系统颜色设置"按钮 10 ▼，弹出"颜色设置"对话框，如图 1-18 所示，点选■颜色块（0 号），使绘图对象颜色设置为黑色。

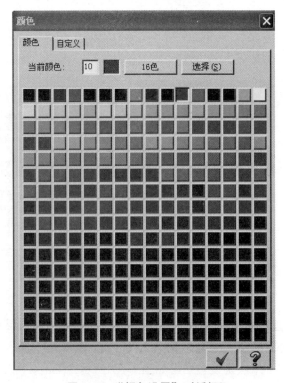

图 1-18 "颜色设置"对话框

10

选择 构图(C) → 基本曲面(m) ▶ → S画球体，打开如图 1-19 所示的"球体选项"对话框，选择 ☉ S实体，在 ☉ 输入半径"100"。在绘图区的中间位置，任意单击一点作为球体的中心点。单击对话框中的"确定"按钮 ✔，即可绘制一个球体。

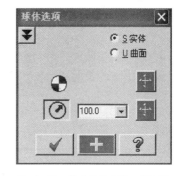

图 1-19　"球体选项"对话框

在图形视角（Graphics Views）工具栏中单击"ISO 视角"按钮 ⊗，以 ISO 视角观察球体。在阴影（Shading）工具栏中单击"线框"按钮 ⊕，确保球体以线框模式显示，结果如图 1-20（a）所示（系统默认的径向显示曲线间角度为 60°）。

在"系统配置"对话框中（见图 1-15），单击 ❓ 实体 标签页，在 在圆弧面显示相切线的角度: 栏输入"35"，单击对话框中的"确定"按钮 ✔。系统不会自动更新线框模型的线条密度的显示效果，此时需要对模型进行重生成操作。选择 屏幕(R) → 重新创建显示列表(R) 命令，在打开的消息框中，单击"是"按钮，图形显示结果如图 1-20（b）所示。重复上述相应操作，在 在圆弧面显示相切线的角度: 栏输入 10，显示效果如图 1-20（c）所示。

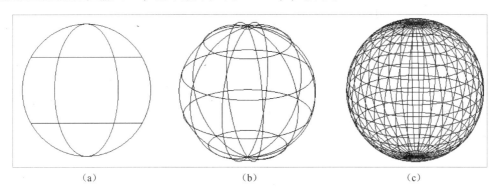

（a）　　　　　　　　　（b）　　　　　　　　　（c）

图 1-20　线框显示模式

（a）值为 60 度时的效果；（b）值为 35 度时的效果；（c）值为 10 度时的效果

（5）选择绘图区中的球体，然后在状态栏右键单击系统颜色设置按钮 ▮▮▮▮▼ 后，立即弹出"颜色设置"对话框，点选 ▮颜色块（12 号），单击"确定"按钮 ✔，球体颜色即修改为红色。

注：上述步骤也可为，先在状态栏右键单击"系统颜色设置"按钮 ▮▮▮▮▼，出现提示 选择要改变颜色的图素，然后选择绘图区中的球体，按 Enter 键，弹出"颜色设置"对话框，点选 ▮颜色块（12 号），单击"确定"按钮 ✔。此类技巧也适用于层别、点风格、线型、线宽等属性设置上，请读者自行尝试操作。

项目描述任务
操作视频

1.5　项目评价（见表1-4）

表1-4　项目实施评价表

序号	检测内容与要求	分值	学生自评（25%）	小组评价（25%）	教师评价（50%）
1	学习态度	5			
2	安全、规范、文明操作	5			
3	能新建 XIANGMU1-1. MCX 文档，并保存在 D 盘 Mastercam X 目录下	15			
4	能设置系统工作区背景颜色为白色	15			
5	能建立 1、2、3、4 图层，并分别命名为粗实线、细实线、中心线和虚线	15			
6	能绘制一个颜色为黑色、半径为 100 mm 的球体，并能调整线框模式的线条显示密度	10			
7	能修改球体显示颜色为红色	10			
8	项目任务实施方案的可行性，完成的速度	10			
9	小组合作与分工	5			
10	学习成果展示与问题回答	10			
总分		100	合计：		
问题记录和解决方法	记录项目实施中出现的问题和采取的解决方法				

1.6 项目总结

　　Mastercam 是目前国内外制造业广泛使用的 CAD/CAM 集成软件之一。Mastercam 操作灵活，易学易用。系统配置包括 Mastercam X 软件正常工作时需要的各个方面的参数设置。对于一般用户来说，采用系统默认的参数设置就能较好地完成各项工作。但有时也需要改变系统某些项目的设置，以满足用户的某种需要。

　　通过本项目的学习，可以非常熟练地掌握以下内容。

（1）Mastercam X 的基本功能、特点和使用界面。

（2）Mastercam X 工作时所需的各种参数的设置以及涉及图素的各种属性设置。

（3）Mastercam X 界面相对以往版本更加友好，功能更加强大、操作更加简单。

1.7 项目拓展

1.7.1 Mastercam X 的快捷键

　　在 Mastercam X 系统中，提供了系统默认的快捷键，用于某些命令的调用，提高了工作效率。用户可以根据需要进行快捷键的设置。系统默认的快捷键设置见表 1-5。

表 1-5　系统默认的快捷键设置

快捷键	功　能	快捷键	功　能
Alt+1	设置视图面为俯视图	Page Up	绘图视窗放大
Alt+2	设置视图面为前视图	Page Down	绘图视窗缩小
Alt+3	设置视图面为后视图	←	绘图视窗左移（绘图区中图形右移）
Alt+4	设置视图面为底视图	→	绘图视窗右移（绘图区中图形左移）
Alt+5	设置视图面为右视图	↑	绘图视窗上移（绘图区中图形下移）
Alt+6	设置视图面为左视图	↓	绘图视窗下移（绘图区中图形上移）
Alt+7	设置视图面为等轴视图	Esc	结束正在进行的操作
Alt+A	进入自动保存文件对话框	End	自动旋转图形

快捷键	功 能	快捷键	功 能
Alt+C	选择执行 Chooks 程序 （动态链接库程序）	F1	进入视窗放大状态
Alt+D	进入绘图参数设置对话框	F2	视窗缩小至原视图的 50%
Alt+E	进入绘图区图素隐藏功能	F3	重画视图
Alt+G	进入绘图区网格捕捉对话框	F4	进入分析功能
Alt+H	进入 Mastercam 在线帮助	F5	进入删除功能
Alt+O	打开或关闭操作管理功能	F9	显示坐标系及其原点
Alt+P	自定义视图预览	Alt+F1	放大至绘图区大小
Alt+T	刀具路径显示/关闭	Alt+F4	退出 Mastercam
Alt+S	开启/关闭着色显示	Alt+F7	绘图区空白功能
Alt+U	取消前一个操作动作	Alt+F8	进入系统设置对话框
Alt+V	显示 Mastercam 的版本号、当前的 绘图层等信息	Alt+F9	显示坐标轴
Alt+Z	打开图层管理器		

1.7.2 Mastercam X 的工作流程

Mastercam X 是一种典型的 CAD/CAM 软件系统，它把 CAD 造型和 CAM 数控编程集成于一个系统环境中，完成零件几何造型、刀具路径生成、加工模拟仿真、数控加工程序生成和数据传输，最终完成零件的数控机床加工。其工作流程如图 1-21 所示。

从图中可以看出，一般可以通过以下三种途径来完成零件造型。

（1）由系统本身的 CAD 模块建立模型。

（2）通过系统提供的 DXF、IGES、CADL、VDA、STL，PARASLD、DWG 等标准图形转换接口，把其他 CAD 软件生成的图形转变成本系统的图形文件，实现图形文件共享。

（3）通过系统提供的 ASC Ⅱ 图形转换接口，把经过三坐标测量仪或扫描仪测得的实物数据（XYZ 离散点）转变成本系统的图形文件。

Mastercam X 系统的工作流程包括以下三个主要处理过程。

（1）利用 CAD 设计模块，通过上述的三种途径来完成零件造型。

（2）利用 CAM 制造模块，选择合适的加工方式、合适的加工刀具、材料、工艺参数和加工部位，产生刀具路径，生成刀具的运动轨迹数据。通常称之为 CLF（Cut Location File）文件。这种数据与采用哪一种特定的数控系统无关，因此这个过程称为前处理。生成的刀具运动轨迹，通过仿真模块进行轨迹模拟。如果使用者不满意，可以利用刀具轨迹与图形、加工参数的关联性进行局部修改，并立即生成新的刀具轨迹。

（3）产生数控加工程序。由于世界上有几百种型号的数控系统（如 FANUC、SIEMENS、

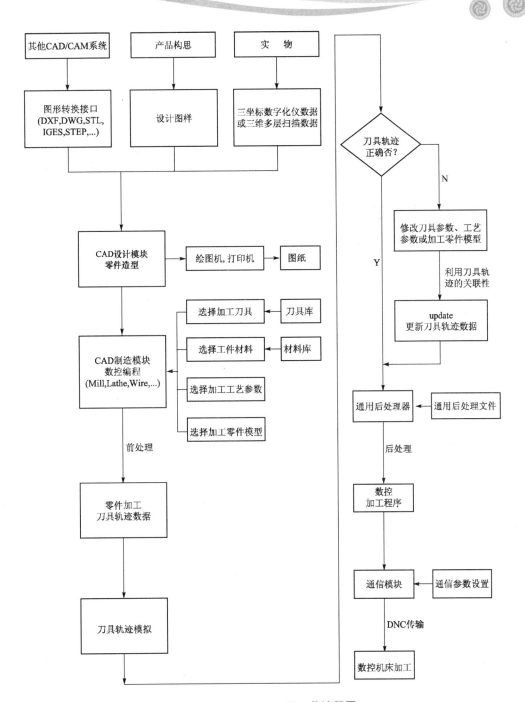

图 1-21　Mastercam X 工作流程图

AB、GE、MITSUBISHI 等），它们的数控指令格式不完全相同，因此软件系统应选择针对某一数控系统的处理文件，生成特定的数控加工程序。这样才能正确地完成数控加工。这个过程称为后处理。

　　在整个工作流程中需要输入两种数据，即零件几何模型数据和切削加工工艺数据。

1.7.3　定制鼠标右键快捷菜单

在默认的情况下，鼠标右键快捷菜单中没有平移视图命令（Pan）。需在鼠标右键快捷菜单中添加平移命令。

（1）选择 设置(T) → 用户自定义(U) 命令，打开如图 1-22 所示的"自定义"对话框。

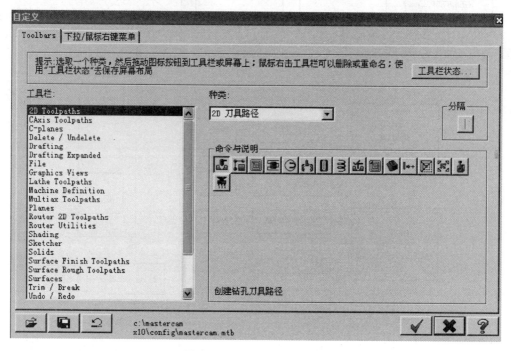

图 1-22　"自定义"对话框

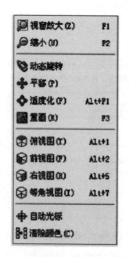

图 1-23　增加平移视图命令的
　　　　鼠标右键快捷菜单

（2）单击打开 下拉/鼠标右键菜单 标签页。

（3）在左侧 菜单: 项列表中找到 ⊞▼ 定义鼠标右按钮菜单 选项，并单击其前方的"+"号，将它展开显示。在右侧 种类 项下拉列表中找到 处理视角 选项，下方的命令按钮区域将显示所有视图操作命令。

（4）单击选择第二个按钮 ⊕，并按住鼠标左键不松，移动鼠标，将该命令按钮复制到左侧的 ⊞▼ 定义鼠标右按钮菜单 选项下，然后松开住鼠标左键，即可将移动命令复制到鼠标右键快捷菜单中。

（5）单击对话框中的"确定"按钮 ✔，结束操作，结果如图 1-23 所示。

1.8　项目巩固练习

1.8.1　填空题

1. Mastercam 是美国_____公司推出的 CAD/CAM 产品，X 版本主要包括_____、_____、_____和_____等 4 个功能模块。

2. 状态栏是 Mastercam 的重要组成部分，可以设置图素的_____、_____、_____、_____等属性。

3. Mastercam X 有 3 种保存功能，分别是_____、_____、_____。

4. 合并其他文件中的图素，要使用_____命令。

1.8.2　选择题

1. 下列（　　）不是 Mastercam X 的组成模块。

A. Mill　　　　　　B. Design　　　　　C. Wire　　　　　D. Router

2. 下列（　　）不是在状态栏进行设置的。

A. 标注样式　　　B. 点的类型　　　C. 图素的图层　　　D. 图形视角

3. 打印图样到图纸时，不能使用下列（　　）方法设置打印线宽。

A. 颜色对应线宽　　　　　　　　B. 图层对应线宽

C. 图素线宽　　　　　　　　　　D. 统一线宽

1.8.3　简答题

1. Mastercam X 系统由哪几个模块组成？它们的作用是什么？

2. Mastercam X 系统的工作窗口由哪几部分组成？它们的作用是什么？

3. Mastercam X 系统所提供的自动抓点功能可以自动捕捉哪些点？如何打开和关闭自动抓点功能？

4. 试说明 Mastercam X 系统下面几个快捷键的意义。

Alt+1、Alt+7、F1、F2、F3、F4、F5、F9、Alt+S、Alt+T、Alt+F8

5. 在鼠标右键快捷菜单中，如何添加删除图素命令？

1.8.4　操作题

1. 在屏幕上显示栅格，其大小为 200，间距为 5。

2. 查看 Line（绘制直线）命令的使用方法是什么？

3. 利用系统规划（　系统规划ⓒ）对话框，将绘图区颜色设置为蓝色，绘图颜色设置为黄色；并将图层第 1、2、3、4 层分别命名为中心线、虚线、粗实线、点划线。

项目巩固练习答案

17

项目 2

二维图形绘制

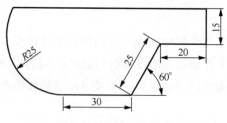

2.1 项目描述

　　本项目主要介绍 Mastercam X 点、直线、圆弧等二维绘图命令的使用方法。通过本项目的学习，完成操作任务——绘制图 2-1 所示的简单二维图形。

图 2-1　简单二维图形

2.2　项目目标

知识目标

（1）熟悉 Mastercam X 的二维图形绘制命令。

（2）掌握 Mastercam X 的二维图形命令的使用方法。

技能目标

（1）能使用二维图形命令绘制简单的二维图。

（2）能对 Mastercam X 绘图环境和图层属性进行设置；

（3）完成"项目描述"中的操作任务。

2.3　项目相关知识

2.3.1　点的绘制

1. 一般点绘制

点的绘制和抓取是绘制其他二维图形甚至三维图形的基本。选择菜单"构图（C）"→"点（P）"→"➕指定位置（P）"命令，在"自动光标"工具栏上，可以查到如图 2-2 所示的 11 种定义点的方式，如表 2-1 所示，进入时系统默认是处于任意的点创建方式，可

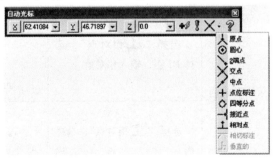

图 2-2　"点创建"下拉列表框

以从中任意选择一种，然后按照定义方法即可在绘图区中创建点图素。在二维视图的图形屏幕上用"+"表示点，在三维视图的图形屏幕上用"＊"表示点。

表 2-1　点（Point Entry）子菜单选项说明

点的类型	说　明	操　作	图　例
坐标输入	直接输入坐标	在自动光标（Auto-Cursor）工具栏中输入点的坐标	X-800,Y600　X500,Y1200
原点 （Origin）	创建坐标原点	选择"人原点"	
圆心点 （Arc Center）	通过捕捉已知圆弧，生成其圆心点	选择"◉圆心"	+ +
端点 （Endpoint）	生成已知对象某一端的端点（根据鼠标选择的位置）	选择"＼2端点"	
交点 （Intersection）	通过分别选择两个对象，生成它们的实际交点或假想交点	选择"✕交点"	
中点 （Midpoint）	生成已知对象的中间点	选择"✓中点"	
已存在点 （Point）	捕捉已经创建出的点	选择"＋点位标注"	
相对点 （Relative）	用相对坐标的形式创建点	选择"⊥相对点"，选择 P1 点，输入相对值	40　P2　20
		选择"⊥相对点"，选择 P1 点，输入 ⬡ 30.0 ⬠ 15	40　P2　20.0°

续表

点的类型	说　明	操　作	图　例
四等分点 （Quadrant）	创建圆弧与工作坐标轴 X 的实际交点	选择"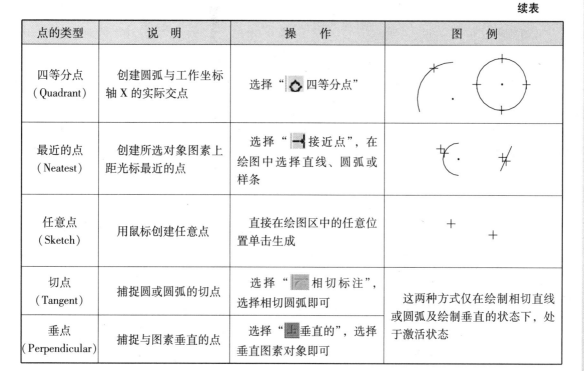四等分点"	
最近的点 （Neatest）	创建所选对象图素上距光标最近的点	选择"接近点"，在绘图中选择直线、圆弧或样条	
任意点 （Sketch）	用鼠标创建任意点	直接在绘图区中的任意位置单击生成	
切点 （Tangent）	捕捉圆或圆弧的切点	选择"相切标注"，选择相切圆弧即可	这两种方式仅在绘制相切直线或圆弧及绘制垂直的状态下，处于激活状态
垂点 （Perpendicular）	捕捉与图素垂直的点	选择"垂直的"，选择垂直图素对象即可	

2. 特殊点绘制

特殊点的绘制方法如表 2-2 所示。

表 2-2　特殊点绘制说明

点的类型	说　明	操　作	图　例
等分\等数点 （Segment）	沿着一条线、圆弧或样条曲线构建一系列的等距离的点	选择"构图（C）"→"点（P）"→"分段绘点（S）"命令，选取一个对象，在"工作条（Ribbon）"上的 （距离）文本框中输入指定的距离进行定距等分，或在"工作条（Ribbon）"上的 13 （分段）文本框中输入段数，进行定数等分	
Spline 曲线节点 （Node Point Spline）	生成 Spline 曲线的节点	选择"构图（C）"→"点（P）"→"绘制节点（N）"命令，选择一条 Spline 曲线	

点的类型	说　明	操　作	图　例
动态绘点（Dynamic）	沿着已知对象，使用选点方式来产生一系列的点	选择"构图（C）"→"点（P）"→"动态绘点（D）"命令，选取对象后，一个带点标记的箭头显示在光标上，移动到合适位置，单击即可	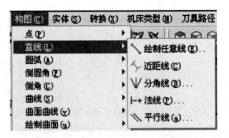
绘制网格点（Grid）	用于构建一网格状阵列点，可定义水平和垂直方向的格点数量和每个方向的格点距离，也能在图形区指定点的位置和角度	选择"构图（C）"→"点（P）"→"创建位置点（P）"→"阵列（A）"	＋　＋　＋　＋　＋ ＋　＋　＋　＋　＋

2.3.2　直线的绘制

Mastercam X 提供了 5 种绘线的方式，依次是端点绘线、封闭线、角平分线、垂直线和平分线。操作步骤为：选择"构图 C"→"直线 L"命令，打开"直线"子菜单，如图 2-3 所示。表 2-3 详细说明了子菜单中各命令的含义。

图 2-3　"直线"子菜单

表 2-3　"直线（Line）"子菜单命令功能说明

线的类型	说　明	操　作	图　例
任意线（Endpoints）	在当前构图面上绘制出和工作坐	选择"构图（C）"→"线（L）"→"端点绘线（E）"命令，单击 ↦（水平线）按钮创建水平线时，可以在默认的 Sketch 方式下直接用鼠标在绘图	——————

续表

线的类型	说　明	操　作	图　例
任意线 （Endpoints）	标系 X 轴平行的线段	区中单击，拉出一条水平线。可利用单击 （长度）按钮，创建一条水平线，同时 ↔（水平线）按钮旁的文本框中出现 Y 值，输入水平线的 Y 值即可	
任意线 （Endpoints）	在当前构图面上绘制出和工作坐标系 Y 轴平行的线段	选择"构图（C）"→"线（L）"→"端点绘线（E）"命令，单击 ⬆（竖线）按钮，可在其后的文本框中指定所绘竖线的 X 值，绘制与 Y 轴相距指定距离的竖直线	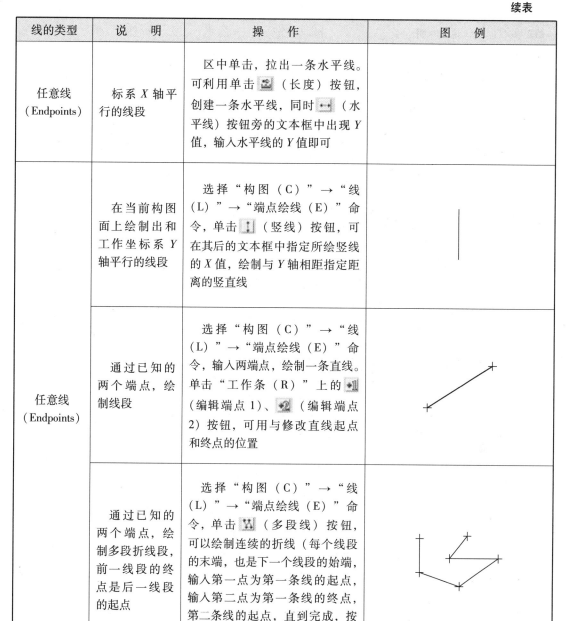
	通过已知的两个端点，绘制线段	选择"构图（C）"→"线（L）"→"端点绘线（E）"命令，输入两端点，绘制一条直线。单击"工作条（R）"上的 ⬦1（编辑端点 1）、⬦2（编辑端点 2）按钮，可用与修改直线起点和终点的位置	
	通过已知的两个端点，绘制多段折线段，前一线段的终点是后一线段的起点	选择"构图（C）"→"线（L）"→"端点绘线（E）"命令，单击 ⬡（多段线）按钮，可以绘制连续的折线（每个线段的末端，也是下一个线段的始端，输入第一点为第一条线的起点，输入第二点为第一条线的终点，第二条线的起点，直到完成，按 Esc 键返回）	
任意线 （Endpoints）	以极坐标方式绘制线段	选择"构图（C）"→"线（L）"→"端点绘线（E）"命令，单击 （长度）和 ∡（角度）按钮，并在紧随其后的文本框中输入相应的数值，可按指定的长度和角度绘制直线	 35.00　20.0°

线的类型	说　明	操　作	图　例
任意线 （Endpoints）	绘制与已知圆的相切线段	选择"构图（C）"→"线（L）"→"端点绘线（E）"命令，单击 ／（切线）按钮，绘制与圆弧或样条曲线相切的直线。以极坐标方式输入直线参数，创建一条已知角度和长度，且与某一圆弧或样条线相切的直线 选择两个圆弧，创建一条与两个圆弧相切的直线，根据鼠标在圆上单击位置的不同生成了内公切线或外公切线 选择点，再选择圆弧，创建一个过定点，且与已知圆弧或样条曲线相切的直线	
法线 （Perpendicular）	通过已知的一点，绘制已知直线或圆弧法线	选择"构图（C）"→"线（L）"→"创建法线（P）"命令，选取一条直线或圆弧，确定垂线通过的点，在"工作条（R）"上的 ▦（长度）文本框中查看垂线的长度，或对其长度值进行修改	
		选择"构图（C）"→"线（L）"→"创建法线（P）"命令，选取一条直线或圆弧，单击"工作条（R）"上的 ／（切线）按钮，然后选择相切的圆弧及垂直的直线后，图形区中出现两条垂线，选择需要保留的一条	
平行线 （Parallel）	以 3 种方式绘制已知对象的平行线	选择"构图（C）"→"线（L）"→"创建平行线（a）"命令，选取一条已知线作为参考直线，在"工作条（R）"上的 ▣（长度）文本框中输入偏置距离。用鼠标在已知直线所需一侧单击，创建一条平行线	

线的类型	说　明	操　作	图　例
平行线（Parallel）	以 3 种方式绘制已知对象的平行线	进入绘制平行线的状态后，系统提示选择一条直线，选择参考线后选择一个点即可。单击"工作条（R）"上的 ⬛ （编辑端点）按钮，可更改平行线间的偏置距离	
		选择"构图（C）"→"线（L）"→"创建平行线（a）"命令，单击"工作条（R）"上的 ⬛ （切线）按钮，选择参考线，选择圆弧，单击"工作条（R）"上的 ⬛ （偏置方向）按钮，直至图形区中出现符合要求的平行线（一侧或两侧）	
角平分线（Bisect）	绘制已知两直线的角平分线	选择"构图（C）"→"线（L）"→"创建角平分线（B）"命令，选取要平分的两个相交线。在"工作条（R）"上的 ⬛ （长度）文本框中输入平分线的长度，选择要保留的线条，完成	
近距线（Closest）	绘制两图对象最近距离的连线	选择"构图（C）"→"线（L）"→"创建封闭线（C）"命令，选取一个图素对象，再选取一个图素对象，在选取的两对象距离最小的位置处创建连线	

2.3.3　圆弧的绘制

Mastercam X 提供了 5 种方法来创建圆弧，两种方法来创建圆。操作步骤为：选择"构图（C）"→"圆弧（A）"命令，打开"圆弧"子菜单，如图 2-4 所示。表 2-4 详细说明了"圆弧"子菜单中各命令的含义。

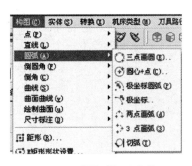

图 2-4　"圆弧"子菜单

表 2-4 "圆弧（A）"子菜单命令功能说明

圆弧类型	说　明	操　作	图　例
极坐标画弧（Create Arc Polar）	给定圆心点、半径、起始角度、终止角度来产生一个圆弧或者给定中心点、起始点、终止点来产生一个圆弧	选择"构图（C）"→"圆弧（A）"→"极坐标画弧（P）"命令，确定圆弧的中心点，在"工作条（R）"上输入圆弧半径或直径的值，输入圆弧的⊿（起始角度）和⊿（终止角度），按 Esc 键完成。单击"工作条（R）"上的 ⬦|（编辑端点）按钮，可以修改圆弧的位置	120.0°　30.0°
极坐标画弧（Create Arc Polar）		选择"构图（C）"→"圆弧（A）"→"极坐标画弧（P）"命令，输入圆心点 P0，用鼠标选取点 P1，则 X 轴与直线 P0P1 的夹角为起始角。用鼠标选取点 P2，则 X 轴与直线 P0P2 的夹角为终止角，按 Esc 键完成。单击"工作条（R）"上的 ⬦|（编辑端点）按钮，可以修改圆弧的位置	P2　P1　P0
极坐标端点画弧（Create Arc Polar Endpoints）	给定圆弧起始点、半径、起始角度、终止角度来产生一个圆弧或者给定终止点、半径、起始角度来产生一个圆弧	选择"构图（C）"→"圆弧（A）"→"极坐标端点画弧"命令，单击"工作条（R）"上的 ▨（起始点）按钮，输入起始点 P0，输入半径，输入起始角，输入终止角，按 Esc 键完成	75.0°　P0　15.0°
		选择"构图（C）"→"圆弧（A）"→"极坐标端点画弧"命令，单击"工作条（R）"上的 ▨（终止点）按钮，输入终止点 P0，输入半径，输入起始角，输入终止角，按 Esc 键完成	P0　75.0°　15.0°

圆弧类型	说　明	操　作	图　例
两点画弧（Create Arc Endpoints）	给出圆周上的两个端点和圆弧半径画弧	选择"构图（C）"→"圆弧（A）"→"两点画弧（d）"命令，输入第一点，输入第二点，输入半径，选择要保留的圆弧，按 Esc 键完成	
		单击"工作条（R）"上的（编辑点 1）和（编辑点 2）按钮，可以修改圆弧端点的位置。单击"工作条（R）"上的（相切）按钮，根据系统提示依次确定圆弧的两个端点，然后选择相切图素，可生成与所选图素相切的圆弧	
三点画弧（Create Arc 3 Points）	已知圆弧圆周上的 3 点，画出圆弧	选择"构图（C）"→"圆弧（A）"→"三点画弧（3）"命令，输入第一点、第二点和第三点的值，按 Esc 键完成　单击"工作条（R）"上的（编辑点 1）、（编辑点 2）和（编辑点 3）按钮，可以修改圆弧上 3 点的位置	
		选择"构图（C）"→"圆弧（A）"→"三点画弧（3）"命令，单击"工作条（R）"上的（相切）按钮，根据系统提示依次选择圆弧的两个端点，接着选择相切的对象。创建生成过两个端点且与终止于所选对象的切点处的圆弧	

圆弧类型	说　明	操　作	图　例
绘制切弧（Create Arc Tangent）	产生和已知对象相切的圆弧	选择"构图（C）"→"圆弧（A）"→"绘制切弧（T）"命令，在"工作条（R）"上单击 （与一个图素相切方式）按钮。选取直线 L1，选取切点 P1，输入半径，选取需要的圆弧 A1 后，系统完成圆弧，按 Esc 键完成	
		选择"构图（C）"→"圆弧（A）"→"绘制切弧（T）"命令，在"工作条（R）"上选择 （切点）方式。选取直线 L1，选取点 P，输入半径，选取需要的圆弧后，按 Esc 键完成	
		选择"构图（C）"→"圆弧（A）"→"绘制切弧（T）"命令，在"工作条（R）"上选择 （切圆圆心线）方式。选取相切直线 L2，选取圆心所在直线 L1，输入半径，选取需要的圆弧后，按 Esc 键完成	
		选择"构图（C）"→"圆弧（A）"→"绘制切弧（T）"命令，在"工作条（R）"上选择 （动态圆弧）方式。选取直线 L1，用鼠标移动箭头在直线上选取点 P，移动鼠标，圆弧的形态随光标而动态的改变，选取一点作为圆弧的终止点，单击鼠标左键，系统完成圆弧，按 Esc 键完成	

圆弧类型	说　明	操　作	图　例
圆心、 半径绘图 （Create Circle Center Point）	已知圆心和 半径（直径） 画出圆	选择"构图（C）"→"圆弧 （A）"→"圆心、半径绘图 （C）"命令，选取圆心 P0，在 "工作条（R）"上的 ⊙（半 径）或 ⊕（直径）文本框中输 入圆的半径或直径，单击"工作 条（R）"上的 ✦¶（编辑圆点） 按钮，可以修改圆心的位置，按 Esc 键完成	
	已知圆心和 相切对象画 出圆	单击"工作条（R）"上的 ✎ （相切）按钮，根据系统提示确 定圆心位置 P0，然后选择相切的 对象（直线 L1）	
	已知圆心和 圆周上的一点 画出圆	选取圆心 P0，单击鼠标左键， 确定一个边界点 P1，按 Esc 键 完成	
3 点绘图 （Create Circle Edge Point）	给出圆周上 的 3 点（不在 一条直线上）	选择"构图（C）"→"圆弧 （A）"→"3 点绘图（E）"命 令，在图形区中确定圆周上的 3 个点	
	创建与其他 图素对象相切 的圆	单击"工作条（R）"上的 ⊙ （相切）按钮，选择两个对象， 给出 ⊙（半径）或 ⊕（直径）， 可生成与两图素相切的圆的预览， 选择保留的圆，按 Esc 键完成	
		单击"工作条（R）"上的 ✎ （相切）按钮，根据系统提示依 次选择 3 个对象，可生成与 3 个 图素相切的圆	

2.3.4 矩形的绘制

1. 标准矩形绘制

选择"构图（C）"→"⊞矩形（R）..."命令，系统提示依次确定矩形的两个角点，生成矩形的预览。在"工作条（R）"内对矩形的相关参数进行设置，如表 2-5 所示，然后确定即可。

表 2-5 "工作条（R）"内矩形参数的说明

选 项	说 明
⁺▯（编辑角点 1）	编辑矩形的第一个角点
⁺▯（编辑角点 2）	编辑矩形的第二个角点
▦（宽度）	设定矩形的宽度尺寸
▯（高度）	设置矩形的高度尺寸
▣（中心定位）	以所选的点作为矩形的中心点创建矩形
⊞（曲面）	设置创建矩形时是否同时创建矩形区域中的曲面

2. 变形矩形绘制

选择"构图（C）"→"▣ E 矩形形状设置..."命令，系统弹出如图 2-5 所示的"矩形形状选项"对话框。表 2-6 详细说明了"矩形形状选项"对话框中各选项的含义。

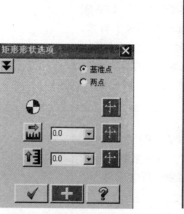

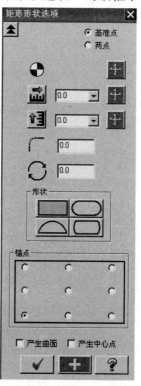

图 2-5 "矩形形状选项"对话框

表 2-6　"矩形形状选项"对话框中各选项说明

选　项	说　明
基准点（Base Point）	使用一点（矩形的角点或边线的中点）的方式指定矩形位置
两点（2 Points）	使用两点的方式指定矩形位置
◐（基点 Base Point）	修改矩形的基点位置
⬛（长度 Width）	设定矩形的长度尺寸
⬛（高度 Height）	设置矩形的高度尺寸
⬛（圆角 Corner Fillets）	设置矩形倒圆半径的数值
形状栏（Shape）	设置矩形和其他 3 种形状，选择需要的形状（包括矩形形状、键槽形状、D 形和双 D 形形状 4 种样式）
⟳（转角度 Rotation）	设置矩形的旋转角度的数值
锚点栏（Anchor）	设定给定的基点位于矩形的具体位置，共有 9 个位置可以选择
产生曲面（Surface）	设置创建矩形时是否同时创建矩形区域中的曲面
产生中心点（Center point）	选中该复选框，绘制矩形的同时绘制矩形的中心

　　基准点法绘制矩形是指通过指定矩形的一个特定点及长和宽来绘制矩形。两点法绘制矩形是指通过指定矩形的两个对角点来绘制矩形。

2.3.5　椭圆的绘制

　　选择"构图（C）"→"⬛ I 画椭圆..."命令，出现绘制"椭圆形选项"对话框，如图 2-6 所示。表 2-7 详细说明了"椭圆形选项"对话框中各选项的含义。

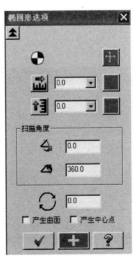

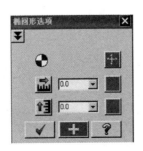

图 2-6　"椭圆形选项"对话框

表 2-7 "椭圆形选项"对话框中各选项的说明

选 项	说 明
（中心点）	设置椭圆中心点的位置
（编辑点 1）	编辑椭圆长半轴端点的位置
（编辑点 2）	编辑椭圆短半轴端点的位置
（宽度）	要求输入 X 轴半径
（高度）	要求输入 Y 轴半径
（起始角度）	要求输入椭圆弧的开始角度
（终止角度）	要求输入椭圆弧的终止角度
（旋转角度）	要求输入椭圆 X 轴和工作坐标系的夹角
产生曲面（Surface）	创建椭圆时是否同时创建椭圆区域中的曲面
产生中心点 （Center Point）	创建椭圆时是否在它的中心位置创建一个点

2.3.6 正多边形的绘制

选择"构图（C）"→"◇ N 画多边形 ..."命令，弹出"多边形选项"对话框，如图 2-7 所示。表 2-8 详细说明了"多边形选项"对话框中各选项的含义。

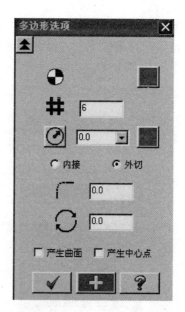

图 2-7 "多边形选项"对话框

表 2-8　"多边形选项"对话框中各选项的说明

选　项	说　明
#（边数）	要求输入多边形的边数
（中心点）	设置正多边形中心点的位置
+1（编辑点 1）	编辑正多边形中心点
+2（编辑点 2）	编辑正多边形内切圆或外接圆尺寸
（高度）	设置正多边形内切圆或外接圆的半径尺寸
内接（Corner）	以给定的外接圆半径创建正多边形
外切（Flat）	以给定的内切圆半径创建正多边形
（旋转角度 Rotation）	要求输入多边形旋转角度
（圆角 Corner fillets）	设置多边形倒圆半径的数值
产生曲面（Surface）	设置创建多边形时是否创建多边形区域中的曲面
产生中心点（Center Point）	设置创建多边形时是否在它的中心位置创建一个点

2.3.7　倒角与倒圆的绘制

1. 倒角绘制

此功能可以在不相交或相交的直线间形成斜角，并自动修剪或延伸直线。

1）绘制单个倒角（Chamfer Entities）

（1）选择"构图（C）"→"倒角（C）"→"倒角（E）"命令，依次选择需要倒角的曲线，绘图区中按给定的距离显示预览的斜角。

（2）在"工作条（R）"中对倒角的相关参数进行设置，单击"工作条（R）"上的 （应用）按钮，结束两条相交线倒角的操作。

表 2-9 详细说明了"工作条（R）"上各选项的含义。

表 2-9　倒角时"工作条（R）"中各选项的说明

选　项	说　明	
（倒角距离）	设定将要倒角的距离值	
（修剪 Trim）	设定图素在倒角后是否以倒角为边界进行修剪	
斜角样式（Chamfer Style）	单一距离方式：两边的偏移值相同，且角度为 45°	

选　　项	说　　明	
斜角样式 （Chamfer Style）	不同距离方式：两边偏移值可以单独给出	
	距离/角度方式：偏移值由一个长度和一个角度给出	
	线宽方式：给出倒斜角的线段长度，角度45°	
距离 1（Distance1）	设置距离 1	
距离 2（Distance2）	设置距离 2	
角度（A）	设置角度	

2）绘制串连倒角（Chamfer Chains）

（1）选择"构图（C）"→"倒角（C）"→"串连图素（C）"命令，选择串连曲线，绘图区中按给定的参数显示预览的斜角。

（2）在"工作条（R）"中对串连倒角的相关参数进行设置，单击"工作条（R）"上的 ✚（应用）按钮，结束操作。

对于串连倒角，若在"工作条（R）"中选择"单一距离方式（1 Distance）"选项，则在 2.0 中设定偏置的距离。若选择"线宽方式（Width）"选项，在此选项中可设定倒角宽度（Width of Chamfer）；在"斜角样式（Chamfer Style）"中可设置倒角的两种形式；在"串连（Chains）"中可设置串连选项。

因为串连倒角方式仅有单一距离方式和线宽方式两种，角度都为45°，所以串连的路径不区分方向。

2. 倒圆绘制

倒圆角命令可以在相邻的两条直线或曲线之间插入圆弧，也可以串连选择多个图素一起进行圆角操作。

两图素间的倒圆角存在几种可能，由鼠标单击图素的位置决定在图素的哪个夹角处产生倒圆角，在需要打开修剪等功能时，鼠标单击的位置决定了图素将被修剪的部分，系统将以倒圆角作为边界，对相交图素中的多余部分进行修剪。

1）绘制单个圆角

（1）选择"构图（C）"→"倒圆角（F）"→"倒圆角（E）"命令，依次选择需要倒圆角的曲线，在绘图区中按给定的半径显示预览的圆角。

（2）在"工作条（R）"中对圆角的相关参数进行设置，单击"工作条（R）"上的 ✚（应用）按钮，结束倒圆角操作。

表 2-10 详细说明了"工作条（R）"上各选项的含义。

表 2-10　单个倒圆角时"工作条（R）"中各选项的说明

选　　项	说　　明	
⊙（半径 Radius）	设定将要倒圆角的半径值	
⬚（圆角样式 Fillet Style）	正向方式（Normal）	⌐
	反向方式（Inverse）	↺
	圆形方式（Circle）	◯
	清除方式（Clearance）	⌐
⬚（修剪 Trim）	决定图素在倒圆角后是否以倒圆角为边界进行修剪	

2）绘制串连圆角

（1）选择"构图（C）"→"倒圆角（F）"→"⬚串连图素（C）"命令，选择串连曲线，在绘图区中按给定的半径显示预览的圆角。

（2）在"工作条（R）"中对圆角的相关参数进行设置，单击"工作条（R）"上的⊕（应用）按钮，结束倒圆角操作。

表 2-11 详细说明了"工作条（R）"上各选项的含义。

表 2-11　串连倒圆角时"工作条（R）"中各选项的说明

选　　项	说　　明	
⊙（半径 Radius）	设定将要倒圆角的半径值	
⬚（修剪 Trim）	决定图素在倒圆角后是否以倒圆角为边界进行修改	
⬚（圆角样式 Fillet Style）	与两图素倒圆角相同，此处叙述略	
⬚（顺/逆圆角 CW/CCW）	所有转角（在所有图素相交处创建倒圆角）方式（All Corners）	⤾
	正向扫描（在串连路径上创建逆时针方向的倒圆角）方式（+Sweeps）	⤴
	反向扫描（在串连路径上创建顺时针方向的倒圆角）方式（−Sweeps）	⤵
⬚（串连 Chain）	设置串连选项	

2.3.8　文字的绘制

选择"构图（C）"→"L 绘制文字…"命令，出现"绘制文字"对话框，如图 2-8 所示。表 2-12 详细说明了"绘制文字"对话框中各选项的含义。

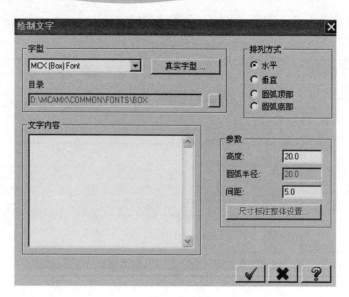

图 2-8 "绘制文字"对话框

表 2-12 "绘制文字"对话框中各选项的说明

选 项		说 明
字型（Front）		在下拉列表框中选择需要的字体
真实字型（True Type）		单击该按钮，弹出"字体"对话框，从中可以选择文本的字体、字型
文字内容（Letters）		输入文字
参数 （Parameters）	高度（Height）	文字高度
	圆弧半径（Arc Radius）	放置文字时圆弧的半径
	间距（Spacing）	文字间距
排列方式 （Alignment）	水平（Horizontal）	水平放置，在绘图区中确定起点后文本处于水平方向
	垂直（Vertical）	垂直放置，在绘图区中确定起点后文本处于垂直方向
	圆弧顶部（Top of Arc）	弧顶放置，确定圆弧的圆心位置后按照半径的大小将文本放置在圆弧顶上
	圆弧底部 （Bottom of Arc）	弧底放置，确定圆弧的圆心位置后按照半径的大小将文本放置在圆弧底下

2.3.9 边界框的绘制

在 Mastercam X 系统中，边界框的绘制常用于加工操作中。用户可以用边界框命令得到工件加工时所需材料的最小尺寸值，以便于加工时的工件设定（Stock Setup）和装夹定位。

选择"构图（C）"→"▱ B 画边界盒 ..."命令，打开如图 2-9 所示的边界框

（Bounding Box）对话框。

在边界框对话框中单击"选择图素"按钮 ⬚，然后在绘图区中选择需要包含在边界框中的图素，按 Enter 键；或者在边界框对话框中选择"所有图素"复选项"☑所有图素"，将会使所有图素包含在边界框中。边界框有两种形式：矩形方式，即用直线绘制的边界框；圆柱方式，即用圆弧绘制的边界框。如图 2-10 所示为未加延伸量和 X 轴向加上延伸量的边界框。

图 2-9　边界框对话框

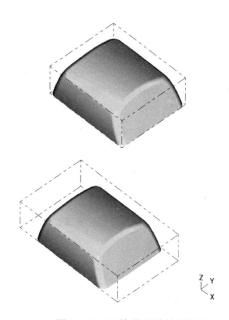

图 2-10　延伸前后的边界框

2.3.10　样条线的绘制

在 Mastercam X 系统中有两种类型的曲线：一是参数式曲线，其形状由节点（Node）决定，曲线通过每一个节点；另一种是非均匀有理 B 样条曲线，其形状由控制点（Control Point）决定，它仅通过样条节点的第一点和最后一点。

选择"构图（C）"→"曲线（S）"命令，出现曲线（Spline）子菜单，如图 2-11 所示。表 2-13 详细说明了曲线子菜单中各命令的含义。

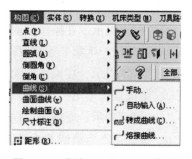

图 2-11　曲线（Spline）子菜单

表 2-13　曲线子菜单中各命令的说明

命　　令	说　　明
"构图（C）"→"曲线（S）"→"手动"	人工选择曲线的节点或者控制点
"构图（C）"→"曲线（S）"→"自动输入（A）"	由系统自动选择曲线的节点或者控制点
"曲构图（C）"→"曲线（S）"→"转成曲线（C）"	将多个圆弧或者 NURBS 曲线转换为样条曲线
"构图（C）"→"曲线（S）"→"熔接曲线"	将两条曲线熔接为一条曲线

2.4　项目实施

1. 图形分析

本项目实例图形比较简单，主要由 5 条直线和 1 段圆弧组成，使用 Mastercam X 直线和圆弧命令即可完成该图形的绘制。

2. 操作步骤

（1）选择 **文件(F)** → **新建文件(N)**，新建一个文档。

（2）选择菜单栏中的 **构图(C)** → **直线(L)** → **绘制任意线(E)** 命令，在如图 2-12 所示的操作栏中单击绘制连续线按钮 。

图 2-12

（3）系统提示选择线段的第一个点，在绘图区左上角部位任意选择一个点作为线段的第一个点，在如图 2-12 所示的操作栏输入线段长度 "30"（ ），按 Enter 键确认；输入线段角度 "0"（ ），按 Enter 键确认产生第一条线段。

（4）根据提示，在操作栏输入线段长度 "25"，按 Enter 键确认；输入线段角度 "60"，按 Enter 键确认产生第二条线段。

（5）根据提示，在操作栏输入线段长度 "20"，按 Enter 键确认；输入线段角度 "0"，按 Enter 键确认产生第三条线段。

（6）根据提示，在操作栏输入线段长度 "15"，按 Enter 键确认；输入线段角度 "90"，按 Enter 键确认产生第四条线段。

（7）选择菜单栏中的 **构图(C)** → **圆弧(A)** → **切弧(T)** 命令，在如图 2-13 所示的操作栏中单击按钮 。

图 2-13

（8）系统提示选取一个圆弧将要与其相切的图素，选择第一条线段；在如图 2-13 所示的操作栏输入半径"25"（ ），按 Enter 键确认；系统提示指定切点，选择第一条线段的起点，按 Enter 键确认产生圆弧。

（9）选择菜单栏中的 编辑(E)→修剪/打断(T)→修剪/打断(T)命令，在如图 2-14 所示的操作栏中单击分割物体按钮，剪去多余图素。

图 2-14

（10）结果如图 2-15 所示。选择 文件(F)→保存文件(S)命令，以文件名"XIANGMU2-1"保存绘图结果。

图 2-15　简单二维图形绘制结果

项目描述任务
操作视频

注意：本例还可以用其它简捷的绘制方法来实现，例如运用平行线、水平线、垂直线、矩形等，请读者自行尝试。

2.5　项目评价（见表 2-14）

表 2-14　项目实施评价表

序号	检测内容与要求	分值	学生自评（25%）	小组评价（25%）	教师评价（50%）
1	学习态度	5			
2	安全、规范、文明操作	5			
3	能新建 XIANGMU2-1. MCX 文档，并保存在 D 盘 Mastercam X 目录下	15			

续表

序号	检测内容与要求	分值	学生自评（25%）	小组评价（25%）	教师评价（50%）
4	能绘制长度 30，角度 0° 的直线	10			
5	能绘制长度 25，角度 60° 的直线	15			
6	能绘制长度 20，角度 0° 的直线	10			
7	能绘制长度 15，角度 90° 的直线	10			
8	能绘制半径 25 的切弧	15			
9	小组合作与分工	5			
10	学习成果展示与问题回答	10			
总分		100	合计：		
问题记录和解决方法	记录项目实施中出现的问题和采取的解决方法				

2.6 项目总结

　　二维图形的绘制是整个 CAD 应用的基础，熟练地使用各种绘图命令是绘制二维图形的前提。Mastercam X 提供了各种二维绘图命令，使用这些命令，不仅可以绘制简单的点、线、圆弧等图素，还可以绘制各种变换矩形、螺旋线等复杂图素，综合利用这些绘图命令可以绘制各种简单的二维图形。

　　通过本项目的学习，可以非常熟练地掌握以下内容：

　　（1）Mastercam X 二维绘图命令的使用方法，包括绘制点、直线、圆弧、矩形、正多边形和图形文字等命令；

　　（2）若综合运用绝对坐标、相对坐标和各种捕捉方法，还能绘制更为精确的二维图形；

　　（3）通过各种属性设置，能绘制有形有色的二维图形。

2.7 项目拓展

上述项目实例比较简单，运用的绘图命令也比较少，通过操作训练读者可以快速上手并建立学习信心，下面结合一个中等复杂图形绘制（图2-16所示），进一步熟练掌握 Mastercam X 二维绘图命令的使用方法，达到举一反三的目的。

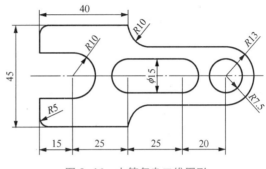

图 2-16 中等复杂二维图形

1. 图形分析

本例由 9 条直线（8 条轮廓线、1 条中心线）、9 个圆弧（1 个整圆、8 个圆弧）组成。本例通过层别设置对中心线和轮廓线进行分层管理。

2. 操作步骤

（1）选择 **文件(F)** → **新建文件(N)**，新建一个文档。

（2）在状态栏上，单击**层别**，打开如图 2-17 所示的 **层别管理** 对话框。

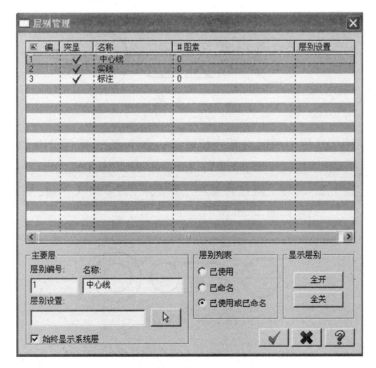

图 2-17 中等复杂二维图形绘图结果

（3）在主要层下面的名称文本框中输入图层的名称"中心线"，将第一层命名为"中心线"；接着在编号文本框中输入"2"，按 Enter 键，然后在名称文本框中输入图层的名称"实线"，将第二层命名为"实线"。

（4）在图层列表栏中，单击图层编号为 1 的图层，将该层设置为当前图层，单击 ✔ 按钮，关闭层别管理对话框。

（5）在状态栏上，单击"选择颜色"所在的色块 ，打开颜色设置对话框，选择红色，然后关闭对话框，选择"线型"下拉列表 中的中心线（第 3 项）。

（6）单击绘图工具栏中的两点画线按钮 ，绘制中心线。

（7）在状态栏上，单击"选择颜色"所在的色块 ，打开颜色对话框，选择黑色，单击"确定"按钮 ✔。设置当前图层编号为 2 层，选择"线型"下拉列表 中的实线（第一项），选择"线宽"下拉列表 中的较粗实线（第 2 项）。

（8）绘制圆。单击绘图工具栏中的 ，捕捉中心线上任一点为圆心，在工具栏的"半径"文本框 中输入"7.5"，按 Enter 键，单击"确定"按钮 ✔，用同样的方法绘制出其他半径为 10、13 的圆。结果如图 2-18 所示。

图 2-18 绘制圆弧

（9）单击绘图工具栏中的两点画线按钮 ，捕捉中间两个 R7.5 的圆的上、下端点，按 Enter 键，单击"确定"按钮 ✔，结果如图 2-19 所示。

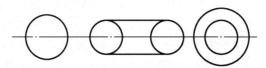

图 2-19 绘制直线

（10）单击绘图工具栏中的两点画线按钮 ，按下 ，捕捉 R10 的圆的上端点，在 中输入"15，180"；按 Enter 键，继续在 中输入"12.5，90"；按下 Enter 键，继续在 中输入"40，0"，按下 Enter 键，单击"确定"按钮 ✔，结果如图 2-20 所示。

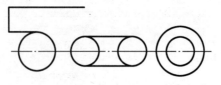

图 2-20 绘制直线

（11）按上述操作，画出其余直线，结果如图 2-21 所示。

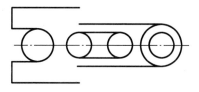

图 2-21　绘制直线

（12）单击工具栏中的 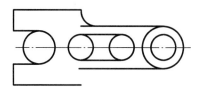，按下 ，选择与圆弧相切的直线，在 中输入 "10"，选择圆弧经过的点，按 Enter 键，单击"确定"按钮 ，结果如图 2-22 所示。

图 2-22　绘制圆弧

（13）按上述操作，画出中心线下方圆弧。

（14）单击工具栏中的 → ，剪去多余图素，结果如图 2-23 所示。

（15）选择 → 命令，以文件名"XIANGMU2-2"保存绘图结果。

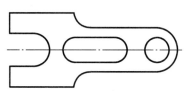

图 2-23　中等复杂二维图形绘图结果

项目拓展任务
操作视频

2.8　项目巩固练习

2.8.1　填空题

1. Mastercam X 提供了 5 种绘线的方式，依次是_____、_____、_____、_____和_____。

2. 两点法绘制矩形，是指通过指定矩形的_____来绘制矩形。

3. 倒角绘制功能可以在_____或相交的_____间形成_____，并自动修剪或延伸_____。

4. 两图素间的倒圆角存在几种可能，由鼠标_____图素的位置决定在图素的哪个夹角产生倒圆角。

5. 使用绘制圆弧命令绘制圆时，可以根据_____、_____来绘制圆。

2.8.2 选择题

1. 在 Mastercam X 系统中有两种类型的曲线：一是参数式曲线，其形状由（　　　）决定。
   A. 端点 　　　　　　B. 节点 　　　　　　C. 控制点 　　　　　　D. 参考点

2. 基准点法绘制矩形，是指通过指定矩形的（　　　）来绘制矩形。
   A. 一个特定点及长和宽 　　　　　　B. 中点及长和宽
   C. 两个对角点 　　　　　　　　　D. 长和宽

3. 串连倒角方式仅有单一距离方式和线宽方式两种，角度都为（　　　），所以串连的路径不区分方向。
   A. 15° 　　　　　　B. 30° 　　　　　　C. 45° 　　　　　　D. 60°

4. 在 Mastercam X 中，系统没有直接提供绘制（　　　）图素的命令。
   A. 直线 　　　　　　B. 圆弧 　　　　　　C. 矩形 　　　　　　D. 圆

5. 在 Mastercam X 中，用户可以直接捕捉（　　　）的中心点。
   A. 矩形 　　　　　　B. 椭圆 　　　　　　C. 正多边形 　　　　　　D. 圆弧

2.8.3 简答题

1. 自动光标（AutoCursor）工具栏在绘图中的作用是什么？

2. 如何输入一个已知点？

3. Mastercam X 系统提供了多少种方法绘制直线？多少种方法创建圆弧？多少种方法创建圆？

4. 变形矩形的类型有哪些？试画出相应的图形。

5. 绘制边界框命令的作用是什么？如何使用该命令？

2.8.4 操作题

绘制如图 2-24～图 2-35 所示的二维图形。

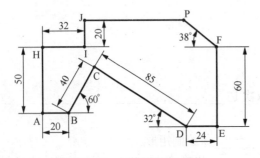

图 2-24 二维图形（一）

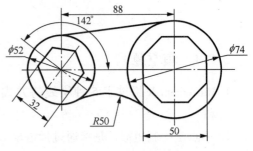

图 2-25 二维图形（二）

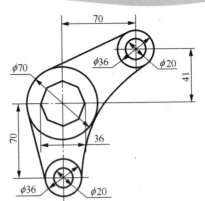

图 2-26 二维图形（三）

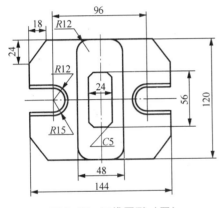

图 2-27 二维图形（四）

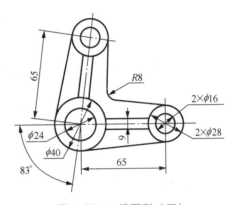

图 2-28 二维图形（五）

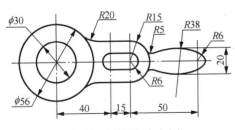

图 2-29 二维图形（六）

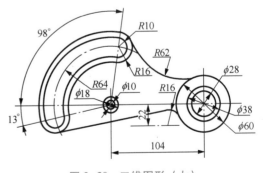

图 2-30 二维图形（七）

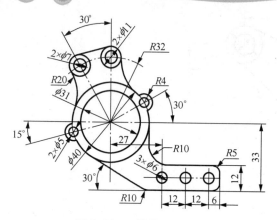

图 2-31 二维图形（八）

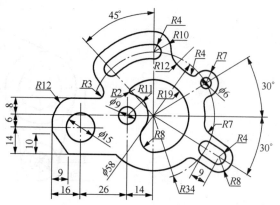

图 2-32 二维图形（九）

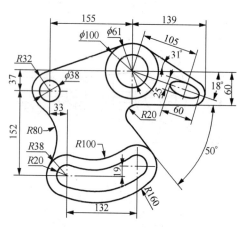

图 2-33 二维图形（十）

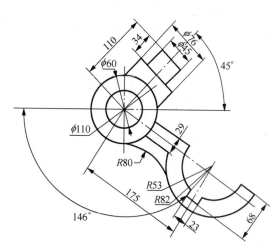

图 2-34 二维图形（十一）

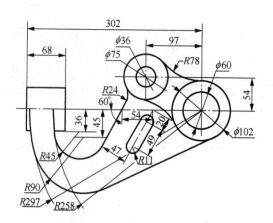

图 2-35 二维图形（十二）

项目巩固练习答案

项目 3
图形编辑与标注

3.1 项 目 描 述

  本项目主要介绍几何对象的选择方法，常用二维图形编辑、标注和转换命令的使用方法。通过本项目的学习，完成操作任务——绘制图 3-1 所示二维图形，并标注尺寸。

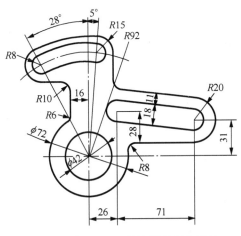

图 3-1 二维图形绘制与标注

3.2　项 目 目 标

知识目标

（1）掌握 Mastercam X 几何对象的选择方法。

（2）掌握 Mastercam X 二维图形编辑（删除、修剪、延伸、连接和打断等命令）、标注和转换命令的使用方法。

技能目标

（1）能使用图形编辑命令绘制中等复杂程度的二维图形。

（2）能对二维图形进行尺寸标注。

（3）完成"项目描述"中的操作任务。

3.3　项目相关知识

3.3.1　几何对象选择

要对图形进行编辑和标注，首先要选择几何对象，然后才能进一步对几何对象进行操作。图 3-2 所示为"普通选项（General Selection）"工具栏。

图 3-2　"普通选项"工具栏

1. 快速选取

直接使用鼠标依次单击所要选取的几何对象，被选取的几何对象呈高亮显示，表示对象被选中。

2. 全部选择

在选择工具栏中，单击"全部 ..."按钮，打开如图 3-3 所示的"选取所有的"对话框（一）。用户可以一次性选择绘图区内的所有几何图形，或具有某一特定类型和特定属性的所有几何图形。

3. 单一选择

在选择工具栏中，单击"单一..."按钮，打开如图 3-4 所示的"选取所有的"对话框（二）。用户可以选择具有某一特定类型和特定属性的一组几何图形。表 3-1 所示为"选取所有的"对话框（二）中各选项的说明。

图 3-3　"选取所有的"对话框（一）　　图 3-4　"选取所有的"对话框（二）

表 3-1　单一选择对话框中各选项的说明

选　项	说　明
按图素选择 （Entities）	点（Points）：仅选择点图素
	线（Lines）：仅选择一条或多条直线
	圆弧（Arcs）：仅选择一个或多个圆弧
	曲线（Splines）：仅选择一条或多条样条曲线
	曲面曲线（Curves on Surfaces）
	曲面（Surfaces）：仅选择一个或多个曲面
	标注（Drafting）：仅选择标注类别的对象
	实体（Solids）：仅选择图中的实体图素

续表

选　　项	说　　明
按颜色选择（Color）	选中此复选框后，在对话框的列表中将列出图形区中图素的颜色，从中设置一种颜色，然后选择此图层上的图素
图层（Level）	当选中此复选框后，在对话框的列表中将列出所有的图层，可从中指定图层号码，然后选择此图层上的图素
线宽（Width）	根据图素的线宽进行选择
线型（Style）	根据图素的线型进行选择
点（Point）	根据点的类型进行选择
直径/长度（Diameter/Length）	根据直径/长度进行选择

4. 交叉方式

在选择工具栏中，打开"交叉方式"下拉列表框 ，在该列表框中可以选用以下 5 种方式之一，如图 3-5 所示。

图 3-5　交叉方式下拉列表框

（1）视窗内（In）：只选中完全包含在窗口内的图素。

（2）视窗外（Out）：只选中在窗口之外的图素。

（3）范围内（In+）：只选中完全包含在窗口内的图素和与窗口边线相交的图素。

（4）范围外（Out+）：只选中在窗口之外的图素和与窗口边线相交的图素。

（5）相交物（Intersect）：只选中与窗口边线相交的图素。

5. 选择方式

在"选择"工具栏中，用户可以使用串连（Chain）、窗选（Windows）、多边形（Polygon）、单体（Single）、范围（Area）和向量（Vector）6 种方式，在绘图区内选择图素，如图 3-6 所示。

图 3-6　选择方式下拉列表框

（1）串连：串连是指多个首尾相连的线条构成的链。对这些线条进行选择时，可以在选择工具栏中选择"串连"选项，然后选择该链条中的任意一条，系统将根据几何拓扑关系自动搜寻相连的所有线条，完成选择后以高亮颜色显示。

（2）窗选：窗选是指在选择图素时，单击绘图区，选定任一点（不要落在图素上，否则就是单选），并按住鼠标左键，拖曳形成一个封闭的矩形窗口区域，则符合该区域条件（指选择方式）的图素即被选中。

（3）多边形：多边形选择与窗选类似，在选择图素时，用鼠标在绘图区指定几个点，拖曳出一个封闭多边形区域，则符合该区域条件的图素即被选中。

（4）单体：在选择图素时，单击图素则该图素即被选中，这是常用的选择方式之一。

（5）范围（区域选择）：范围选择与串连选择相似，所不同的是范围选择必须为封闭区域，而且必须首尾相接，如果是相交的话，就不能用范围选择进行选择。范围选择的方法是在封闭区域内单击任一点即可选中包围该点的形成封闭的所有图素。

（6）向量（栏选）：选择此项，则可在绘图区连续指定数点，系统将在这些点之间按顺序建立矢量，形成围栏（不必封闭），则与围栏相交的图素被选中。

6. 取消选择

"取消选择"命令⊘，用于取消已作的选择。利用鼠标再次单击选中的几何对象，可以取消某特定对象的选择状态。

3.3.2 删除与恢复

"删除（Delete）"命令用于从屏幕和系统的资料库中删除一个或一组已有的对象。删除子菜单如图 3-7 所示。删除子菜单中各选项的说明如表 3-2 所示。

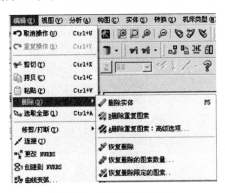

图 3-7 "删除"子菜单

表 3-2 删除子菜单中各选项的说明

选 项	说 明
"✐删除实体（Delete Entities）"	此命令用于将选择的几何图形删除
"✐ D 删除重复图素（Delete Duplicates）"	此命令用于将重叠的几何图形删除
"✐ A 删除重复图素：高级选项…（Delete Duplicates-Advanced）"	此命令用于删除由用户设置好属性和类型的重叠几何图形
"✐恢复删除（Undelete Entity）"	此命令能够逐一恢复被删除的几何图形，在没有执行任何删除操作之前，此命令暂时屏蔽，不能使用
"✐恢复删除的图素数量…（Undelete # of Entities）"	选择此命令，系统恢复从最近一次删除的图素起指定数量内的删除图素
"✐恢复删除限定的图素…（Undelete Entities by Mask）"	选择此命令，系统恢复由用户设置好几何图形属性的已删除的几何图形

3.3.3 几何对象转换

1. 平移

平移（Translate）是指将选中的图素沿某一方向进行平行移动的操作，平移的方向可以通过相对直角坐标、极坐标或者通过两点来指定。通过平移，可以得到一个或多个与所选中图素相同的图形。

选择"转换（X）"→"平移（T）..."命令，或者单击"转换（Xform）"工具栏中的"镜像"按钮，出现"平移：选取图素去平移"提示，此时选择需要平移操作的图素，按 Enter 键后打开如图 3-8 所示的"平移选项"对话框。如表 3-3 所示为"平移选项"对话框中各选项的说明。

图 3-8 "平移选项"对话框

表 3-3 "平移选项"对话框中各选项的说明

选 项		说 明
图素生成方式	移动（M）	指在执行转换指令后删除原来位置的对象
	复制（C）	指在执行转换指令后保留原来位置的对象
	连接（J）	指在执行转换指令后将新旧对象的端点用直线连接起来
次数		复制个数
输入角度向量值		输入 X、Y、Z 方向上的平移距离
极坐标		输入平移的角度和距离

续表

选　　项	说　　明
从一点到另一点	选择任意两点（或直线），以前一点（直线的端点）为起点，后一点（直线另一端点）为终点平移
方向	将平移方向反向或改为双向

2. 3D 平移

3D 平移是指将所选中的图素在不同构图面（或视图）之间进行平移操作。

选择"转换（X）"→" 3D 平移（3）..."命令，或者单击"转换（Xform）"工具栏中的"3D 平移"按钮，出现"平移：选取图素去平移"提示，此时选择需要平移操作的图素，按 Enter 键后打开如图 3-9 所示的"3D 平移选项"对话框。"3D 平移选项"对话框中各选项的说明如表 3-4 所示。

图 3-9　"3D 平移选项"对话框

表 3-4　"3D 平移选项"对话框中各选项的说明

选　　项		说　　明
图素生成方式	移动（M）	选择此项，几何图形移动后，原图形删除
	复制（C）	选择此项，将以复制的方式移动几何图形
		选择几何图形原构图面
		选择几何图形移动后所处的构图面
+1		如果没有定义视图，单击此按钮通过 3 点或一条直线+1 点方式定义源视图
+2		如果没有定义视图，单击此按钮通过 3 点或一条直线+1 点方式定义目标视图
↔		如果没有定义视图，单击此按钮连续定义源视图和目标视图

3. 镜像

"镜像（Mirror）"命令用来将选中的图素沿指定的镜像轴进行对称的复制或移动。

选择"转换（X）"→"镜像（M）..."命令，或者单击"转换（Xform）"工具栏中的"镜像"按钮，出现"镜像：选取图素去镜像"提示，此时选择需要镜像操作的图素，按 Enter 键后打开如图 3-10 所示的"镜像选项"对话框。表 3-5 所示为"镜像选项"对话框中各选项的说明。

表 3-5 "镜像选项"对话框中各选项的说明

选 项		说 明
图素生成方式	移动（M）	指在执行转换指令后删除原来位置的对象
	复制（C）	指在执行转换指令后保留原来位置的对象
	连接（J）	指在执行转换指令后将新旧对象的端点用直线连接
使用新的图素属性		该项用于设置镜像结果的属性，有效时转换后对象使用当前颜色、线型线宽和图层，无效时转换后的对象保持转换前对象的构图属性
选取镜像轴（A）：镜像中心线的方式	（水平线）	选择工作坐标轴 X 轴为镜像轴，可指定 Y 坐标
	（竖直线）	选择工作坐标轴 Y 轴为镜像轴，可指定 X 坐标
	（倾斜线）	指定倾斜角度
	（直线）	选择现有的直线
	（两点）	选择两点确定的直线作为镜像中心线

4. 旋转

"旋转（Rotate）"命令用于将所选择的几何图形绕某个定点进行旋转。角度的设置以 X 轴方向为零度，逆时针旋转为正方向；旋转时可以输入几何图形的旋转个数，以达到旋转阵列的目的。

选择"转换（X）"→"旋转（R）..."命令，或者单击"转换（Xform）"工具栏中的"旋转"按钮，出现"旋转：选取图素去旋转"提示，此时选择需要旋转操作的图素，按 Enter 键后打开如图 3-11 所示的"旋转选项"对话框。表 3-6 所示为"旋转选项"对话框中各选项的说明。

表 3-6 "旋转选项"对话框中各选项的说明

选 项	说 明
（中心点）	手动选择旋转中心点的位置
次数 （次数）	指执行转换功能的次数
（旋转角度）	旋转角度
旋转 （旋转方式）	旋转生成的图素与旋转轨迹平行
平移 （平移方式）	生成的图素与旋转轨迹是垂直的关系

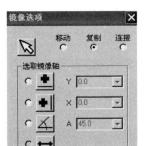

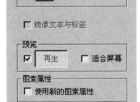

图 3-10　"镜像选项"对话框　　　　图 3-11　"旋转选项"对话框

5. 比例缩放

"比例缩放（Scale）"命令用于将选择的几何图形相对于一个定点按指定比例系数缩小或放大。用户可以分别设置各个轴向的缩放比例。

选择"转换（X）"→"比例缩放（S）…"命令，或者单击"转换（Xform）"工具栏中的"比例缩放"按钮，出现"比例：选取图素去缩放"提示，此时选择需要比例缩放操作的图素，按 Enter 键后打开如图 3-12 所示的"比例缩放选项"对话框。表 3-7 所示为"比例缩放选项"对话框中各选项的说明。

表 3-7　"比例缩放选项"对话框中各选项的说明

选 项		说　　明	
等比例 （Uniform）	等比缩放 （Factor）	1.0	缩放比例
不等比例 （XYZ）	不等比缩放 （Percentage）	X 1.0	X 方向缩放比例
		Y 1.0	Y 方向缩放比例
		Z 1.0	Z 方向缩放比例

6. 偏置（单体补正）

偏置（Offset）是指以一定的距离来等距偏移所选择的图素。"偏置"命令只适用于直线、圆弧、SP 样条线和曲线等图素。

选择"转换（X）"→"单体补正（O）…"命令，或者单击"转换（Xform）"工

55

具栏中的"偏置"按钮 ，出现"选取线，圆弧，曲线或曲面线去补正"提示，此时选择需要偏置操作的图素，按 Enter 键后打开如图 3-13 所示的"补正选项"对话框。

图 3-12 "比例缩放选项"对话框

图 3-13 "补正选项"对话框

7. 外形偏置（串连补正）

外形偏置（Offset Contour）是指对一个由多个图素首尾相连而成的外形轮廓进行偏置。

选择"转换（X）"→" 串连补正（C）..."命令，或者单击"转换（Xform）"工具栏中的"外形偏置"按钮 ，出现"补正：选取串连 1"提示，同时打开如图 3-14 所示的"串连选项"对话框，根据系统提示选择需要进行外形偏置操作的图素。单击"串连选项"对话框中的 按钮，系统随之弹出"串连补正"对话框，如图 3-15 所示。表 3-8 所示为"串连补正"对话框中各选项的说明。

图 3-14 "串连选项"对话框

图 3-15 "串连补正"对话框

表3-8 "串连补正"对话框中各选项的说明

选 项	说 明
次数 （次数）	设置偏置的数量
（距离）	设置偏置的距离
（反向）	变更补正方向或生成对称的补正
（深度）	输入深度方向即 Z 方向距离。在"绝对坐标"方式下的"深度"文本框中输入的 Z 值是创建的外形补正图形所处的 Z 值；在"增量坐标"方式下的"深度"文本框中输入的 Z 值是创建的外形补正图形相对于原图形沿 Z 轴方向移动的距离
（偏置锥度）	由距离和深度决定
转角设置部分	外形补正时过渡圆弧的形状有 3 种形式：没有、在小于 135° 的拐角处生成圆角和所有拐角处生成圆角

8. 投影

投影（Project）是指将选中的图素投影到一个指定的平面上，从而产生新图形，该指定平面被称为投影面，它可以是构图面、曲面或者是用户自定义的平面。

选择"转换（X）"→"投影（P）..."命令，或者单击"转换（Xform）"工具栏中的"投影"按钮，出现"选取图素去投影"提示，此时选择投影操作的图素，按 Enter 键后打开如图 3-16 所示的"投影选项"对话框。表 3-9 所示为"投影选项"对话框中各选项的说明。

表3-9 "投影选项"对话框中各选项的说明

选 项	说 明
投影至 （Project to）	包括 3 种方式： （投影到与选择图素平行且相距指定距离的平面）、 （投影至选定的平面）和 （投影至所选的曲面）
曲面投影选项 （Surface Projection）	投影的方向有两种，即沿当前构图面的法线方向的投影（View）方式和沿曲面的法线方向的投影（Normal）方式
寻找所有结果 （Find Multiples）	生成的投影结果是所有的可能的投影结果
连接公差 （Join Results）	投影的结果被连接成一个图素

9. 阵列

阵列（Rectangular Array）是指将选中的图素沿两个方向进行平移并复制的操作。

选择"转换（X）"→" 阵列（A）..."命令，或者单击"转换（Xform）"工具栏中的"阵列"按钮 ，出现"平移：选取图素去平移"提示，此时选择阵列操作的图素，按 Enter 键后打开如图 3-17 所示的"阵列选项"对话框。表 3-10 所示为"阵列选项"对话框中各选项的说明。

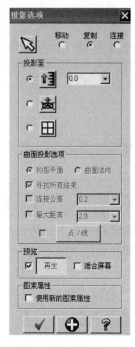 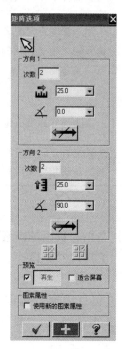

图 3-16 "投影选项"对话框　　　图 3-17 "阵列选项"对话框

表 3-10 "阵列选项"对话框中各选项的说明

选　项		说　明
方向 1 （Direction 1）	次数 2	方向 1 上包括原图在内的总的图形数量
	25.0	方向 1 上相邻图形之间平移的距离
	0.0	方向 2 上相邻图形之间平移的距离
	↔	更改方向 1 上的平移方向
方向 2 （Direction 2）	次数 2	方向 2 上包括原图在内的总的图形数量
	25.0	方向 1 的偏转角度（可正可负）
	90.0	指相对方向 1 的方向 2 的角度
	↔	更改平移方向

10. 缠绕（展开）

缠绕（Roll）是指将选中的串连像绕制弹簧一样沿着指定的圆柱卷成圈的操作。使用该命令也可以将卷好的圈展开成线。但是，将圈展开成线时通常不能恢复为原状。

选择"转换（X）"→"○━┊缠绕（L）..."命令，或者单击"转换（Xform）"工具栏中的"缠绕"按钮○━┊，出现"缠绕：选取串连1"提示，同时也出现"串连选项"对话框，根据系统提示选择需要进行缠绕操作的图素，单击"串连选项"对话框中的✔按钮，系统随之弹出"缠绕选项"对话框，如图3-18所示。表3-11所示为"缠绕选项"对话框中各选项的说明。

11. 拖曳

拖曳（Drag）是指对选中图素进行平移、旋转的操作。在操作中可以移动所选的图素，也可以复制产生新的图素。

选择"转换（X）"→"△拖曳（D）..."命令，或者单击"转换（Xform）"工具栏中的"拖曳"按钮△，出现"选取图素去拖动"提示，选择需要进行拖曳操作的图素，按 Enter 键，工作条提示如图3-19所示。表3-12所示为工作条上各选项的说明。

图 3-18　"缠绕选项"对话框

表 3-11　"缠绕选项"对话框中各选项的说明

选　　项		说　　明
移动（Move）		选择此项，几何图形卷成圆筒或展开后，原图形被删除
复制（Copy）		选择此项，将以复制的方式卷成圆筒或展开
⚲		选择此项，进行卷筒操作
⚲		选择此项，进行展开操作
旋转轴 （Rotate about）	X 轴	几何图形绕 X 轴卷成圆筒或展开
	Y 轴	几何图形绕 Y 轴卷成圆筒或展开
方向 （Direction）	顺时针（CW）	顺时针方向卷成圆筒或展开
	逆时针（CCW）	逆时针方向卷成圆筒或展开
⟷ 0.0 ▾		输入卷筒的直径
⟍₂ 0.01 ▾		输入角度的误差
位置 （Positioning）	∠ -90.0 ▾	输入卷成圆筒或展开的起始角度位置
	◆━━◆	选择两点来决定卷成圆筒或展开的位置

59

续表

选　项		说　明
形式 （Type）	直线 / 圆弧 ▼	设置卷成圆筒后的结果类型
图素属性 （Attributes）	□ 使用新的图素属性	设置卷成圆筒或展开的几何图形属性

图 3-19　拖曳命令工作条上的参数设置

表 3-12　工作条上各选项的说明

选　项	说　明
（选择）	重新选择几何图形
（移动）	选择移动的基点，然后选择目标点，图素即被拖动到指定的位置。动态移动后，原图形删除
（复制）	图素在指定的目标点被复制。动态移动后，原图形保留
（平移）	按平移的方式拖动生成的图素
（旋转）	按旋转的方式拖动生成的图素
	采用拉伸方式，此方式必须是视窗选择几何图形时才能使用

3.3.4　几何对象修整

1. 修剪（延伸）/打断

图 3-20 所示为 Mastercam X 系统的"编辑"菜单。

修剪（延伸）/打断（Trim/Break）的操作步骤如下：

（1）选择"编辑（E）"→"修剪/打断（T） ▶"命令，打开"修剪（延伸）/打断"子菜单。

（2）选择"修剪/打断（T）"命令，进入修剪（延伸）/打断状态。此时工作条状态如图 3-21 所示，用户可以对相关参数进行设置。表 3-13 所示为修剪（延伸）/打断状态工作条的选项说明。

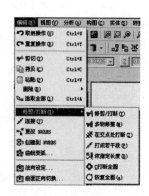

图 3-20　"编辑"菜单

图 3-21　选择"修剪（延伸）/打断"命令时的工作条

表 3-13 修剪（延伸）/打断状态工作条各选项的说明

选 项	操 作	图 例
（修剪）	此选项设置进行剪裁	
（打断）	此选项设置进行打断	
（1 entity）	选择 1 entity 选项修剪一个对象，选取要修剪的直线 L1，选取要修剪的边界 L2，系统完成修剪	
（2 entitles）	选择 2 entitles 选项同时修剪两个对象到它们的交点，选取要修剪的直线 L1 和 L2，系统完成修剪	
（3 entitles）	选择 3 entitles 选项同时修剪 3 个对象到交点，选取要修剪的直线 L1、L2 和 L3，系统完成修剪	
（To point）	选择 To point 选项修剪或延伸对象到某一点，选取圆弧，输入要修剪的点 P1 或 P2，系统完成修剪	
（Divide）	选择 Divide 选项将一条线或曲线在另外两条线或者曲线中间部分剪掉，选取要修剪对象圆弧 A1，选取第一条边界 L1，选取第二条边界 L2，系统剪去 L1 和 L2 间的圆弧部分	

"修剪（延伸）/打断"命令可以将图形修剪或延伸到另一个图形的位置，是修剪还是延伸取决于两个图形的相对位置。

表 3-14 所示为"修剪/打断"子菜单中其他命令的说明。

表 3-14 "修剪/打断"子菜单中其他命令的说明

选 项	说 明	操 作	图 例
修剪多个（Trim Many）	选择"编辑（E）"→"修剪/打断（T）"→"修剪多个（M）"命令	选择所有修剪对象，单击"选择（General Selection）"工具栏上的（终止选择）按钮结束选择，选择修剪边界，系统提示选择要保留的部分，单击点 P1，系统完成修剪	

续表

选 项	说 明	操 作	图 例
在交点处打断（Break at Intersection）	选择"编辑（E）"→"修剪/打断（T）"→"在交点处打断（I）"命令	选择需要被打断的图素（可以框选或按选择条件进行筛选），单击"选择"工具栏上的 ◉ 按钮，单击点 P1，以点为界限，图素被打断	
打断成多段（Break Many Pieces）	选择"编辑（E）"→"修剪/打断（T）"→"打断成多段（p）"命令	在工作条上设置相关的选项，最后选择需要打断的图素对象，将二维曲线打断成为多段圆弧或直线。原图素可根据情况选择删除（Delete）、保留（Keep）或隐藏（Blank）	
打断圆（Break Circles）	选择"编辑（E）"→"修剪/打断（T）"→"打断圆（C）"命令	选择编辑的圆弧或圆，在系统弹出的对话框中输入分割的段数，按 Enter 键即可	
封闭圆弧（Close arc）	选择"编辑（E）"→"修剪/打断（T）"→"封闭圆弧（a）"命令	选择编辑的圆弧，单击"选择"工具栏上的 ◉ 按钮，系统将其修复成圆	
分解标注（Break Drafting into lines）	选择"编辑（E）"→"修剪/打断（T）"→"分解标注（D）"命令	选择要分解的标注、剖面线等，按 Enter 键，注解文字或剖面线被打断为独立的几何对象	

2. 连接

"连接（Join entities）"命令用于将选择的图素连接成一个图素。要连接的两个图素必须是同一类型的图素，即都为直线、圆弧或样条曲线才可以进行连接。

连接操作步骤如下：

（1）选择"编辑（E）"→"✎连接（J）"命令。

（2）根据系统的提示选择需要进行连接的图素。

（3）单击"选择"工具栏（General Selection）上的◉（终止选择）按钮，完成连接操作，如图 3-22 所示。

图 3-22　连接示例

对于要连接的图素，要求必须满足相容的条件，即对于直线来说，它们必须共线，对于圆弧来说，它们必须具有相同的圆心和半径，对于样条曲线来说，它们必须来源于同一条样条曲线。否则系统弹出警示框，提示无法进行连接操作。连接后的图素具有第 1 个选择图素的属性。

3. 编辑 NURBS 曲线控制点

"编辑 NURBS 曲线控制点（Modify BURBS）"命令用于改变 NURBS 曲线的控制点，从而改变 NURBS 曲线的形状。

该命令操作步骤如下：

（1）选择"编辑（E）"→"➴更改 NURBS"命令。

（2）在绘图区中选择 NURBS 曲线，并单击 NURBS 曲线上的控制点，将它移动到合适的位置即可，如图 3-23 所示。

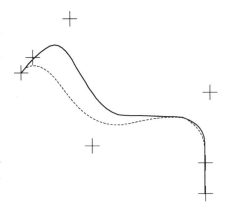

图 3-23　编辑 NURBS 曲线控制点示例

4. 参数曲线转变为 NURBS 曲线

"参数曲线转变为 NURBS 曲线（Convert NURBS）"命令用于将指定的直线、圆弧或参数化曲线转换为 NURBS 曲线，从而通过调整 NURBS 曲线的控制点，变更它的形状。

该命令操作步骤如下：

（1）选择"编辑（E）"→"➴创建到 NURBS"命令。

（2）在绘图区中选择直线、圆弧或样条曲线，单击"选择"工具栏（General Selection）上的◉（终止选择）按钮。

（3）所选对象即被转换成 NURBS 曲线，如图 3-24 所示。

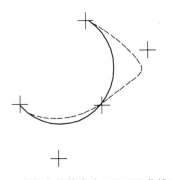

图 3-24　参数曲线转变为 NURBS 曲线示例

5. 曲线变弧

"曲线变弧（Simplify）"命令可以把外形类似于圆弧的曲线转变为圆弧。

该命令的操作步骤如下：

（1）选择"编辑（E）"→"曲线变弧..."命令。

（2）在绘图区中选择使用参数曲线转变为 NURBS 曲线命令转换过的曲线。

（3）单击工作条上的"确定"按钮，完成操作。

3.3.5 尺寸标注与图案填充

在 Mastercam X 中，尺寸标注主要包括 3 个方面的内容：尺寸标注、注释和图案填充。它们主要通过"构图（C）"→"尺寸标注（D）"命令和"标注（Drafting）"工具栏上的 按钮来完成，如图 3-25 所示。

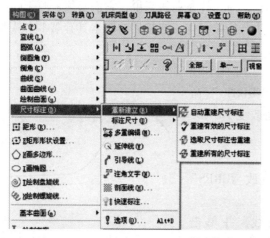

图 3-25　尺寸标注菜单和工具栏

（a）"尺寸标注"菜单；（b）"尺寸标注"工具栏

1. 尺寸标注

在绘制的图样中，图形只能反映实物的形状，而物体各部分的真实大小和它们之间的确切位置只有通过尺寸来确定。在"尺寸标注"菜单中，各选项的功能及操作方法如表 3-15 所示。

表 3-15　"尺寸标注"菜单中各选项的功能及操作方法

序号	选　项	功　能	操作方法	示　例
1	水平标注（Horizontal Dimension）	标注两点间的水平尺寸	系统提示确定水平尺寸线的两个端点，然后确定尺寸文本的位置，完成水平尺寸标注，可重复操作。按 Esc 键结束水平标注	11

序号	选　项	功　能	操作方法	示　例
2	垂直标注 （Vertical Dimension）	标注两点间的垂直尺寸	系统提示确定垂直尺寸线的两个端点，然后确定尺寸文本的位置，完成垂直尺寸标注，可重复操作。按 Esc 键结束垂直标注	
3	平行标注 （Parallel Dimension）	标注与尺寸线起止点连线平行或与所选实体平行的尺寸	系统提示确定平行尺寸线的两个端点，然后确定尺寸文本的位置，完成平行尺寸标注，可重复操作。按 Esc 键结束平行标注	
4	基准标注 （Baseline Dimension）	以已存在的线性尺寸标注尺寸线为基准，对一系列点进行线性标注，各尺寸线从一条尺寸界线开始标注	系统提示选择一个已存在的线性尺寸，然后确定尺寸线的另一端点，完成基准尺寸标注，可重复操作。按 Esc 键结束基准标注	
5	串连标注 （Chained）	以已存在的线性尺寸标注尺寸线为基准，对一系列点进行线性标注，相邻尺寸共用一个尺寸界线	系统提示选择一个已存在的线性尺寸，然后确定另一尺寸界线，完成串连尺寸标注，可重复标注。按 Esc 键结束串连标注	
6	角度标注 （Angular Dimension）	标注不平行两直线间的夹角	系统提示分别确定不平行的两条直线，然后确定尺寸文本的位置，完成角度尺寸标注，可重复操作。按 Esc 键结束角度标注	
7	圆弧标注 （Circular Dimension）	标注圆或圆弧的直径或半径	系统提示选择圆或圆弧，将光标放置在合适位置后确认，完成直径或半径尺寸标注，可重复操作。按 Esc 键结束圆弧标注	

序号	选 项	功 能	操作方法	示 例
8	法线标注（Perpendicular Dimension）	用于标注两平行线或某个点到线段的法线距离	系统提示选择线段，然后选择一个点或一条平行线，再确定尺寸文本的位置，完成法线尺寸标注，可重复操作。按 Esc 键结束法线标注	
9	相切标注（Tangent Dimension）	用来标注点、直线、圆或圆弧到圆或圆弧边线（圆周）的距离	系统提示分别确定圆或圆弧及点、直线、圆或圆弧，然后确定尺寸文本的位置，完成相切尺寸标注，可重复操作。按 Esc 键结束相切标注	11
10	点位标注（Point Dimension）	用来标注选取点的坐标	系统提示确定点，然后确定尺寸文本的位置，完成点的坐标尺寸标注，可重复操作。按 Esc 键结束点坐标标注	X-40, Y-4
11	坐标标注（Ordinate Dimension）	以选取的一个点为基准，标注一系列点与基准点的相对距离。常用于标注形状特别、没有规律的曲线和曲面	见表 3-16	见表 3-16

表 3-16 "坐标标注"菜单中各选项的功能及操作方法

序号	选 项	功 能	操作方法	示 例
1	水平坐标标注（Horizontal Ordinate Dimension）	此命令用于标注各点相对某一基准点的水平相对距离	系统提示选择水平坐标标注基准点，选择后移动基准点到适当位置，单击左键。系统提示选择水平坐标标注点，选择后产生水平坐标，到适当位置，单击左键。按 Esc 键结束操作	11 ⌀5 8 5 0 6

序号	选　项	功　能	操作方法	示　例
2	垂直坐标标注（Vertical Ordinate Dimension）	此命令用于标注各点相对某一基准点的垂直相对距离	系统提示选择垂直坐标标注基准点，选择后移动基准点到适当位置，单击左键。系统提示选择垂直坐标标注点，选择后产生垂直坐标，到适当位置，单击左键。按 Esc 键结束操作	
3	平行坐标标注（Parallel Ordinate Dimension）	此命令用于标注各点相对某一基准点的平行相对距离	系统提示选择平行坐标标注基准点，选择后移动基准点到适当位置，单击左键。系统提示选择平行坐标标注点，选择后产生平行坐标，到适当位置，单击左键。按 Esc 键结束操作	
4	现有坐标标注（Add an Existing Ordinate Dimension）	此命令用于标注各点相对某一已存在的坐标标注基准点的相对距离	系统提示选择已存在的坐标标注，选择后系统提示选择相对坐标标注点，选择后产生相对坐标，移动坐标到适当位置，单击左键。按 Esc 键结束操作	
5	自动标注（Window Ordinate Dimension）	此命令采用视窗选择的方式一次性标注所有点相对所选基准点的相对坐标	选择该命令，直接在弹出框中设置基准点坐标，或用"选择"按钮（Select）在几何图形中选择一点为基准点，单击"确认"按钮，系统提示选择要标注坐标的几何图形，视窗选择后确认，完成标注。按 Esc 键结束操作	
6	对齐坐标标注（Align Ordinate Dimension）	此命令用于产生对齐坐标标注文本的放置位置	系统提示选择已存在的坐标标注，选择后调整坐标标注到新的位置，单击左键。按 Esc 键结束操作	

2. 图形注释

注释指的是图形中的文本信息。

选择“构图（C）”→“尺寸标注（D）”→“注角文字（N）...”命令，或者在“标注（Drafting）”工具栏上单击“注释”按钮，打开如图 3-26 所示的“注解文字（Note Dialog）”对话框。

图形注释的输入有如下 3 种方式。

（1）直接输入。

在注释内容文本框中直接输入需要的文字。

注解文字
P0
L载入档案 ...
A增加符号 ...
产生方式:
单一注解
连续注解
标签抬头--单一引线
标签抬头--分段引线
标签抬头--多重引线
单一引线
分段引线
多重引线
P属性 ...

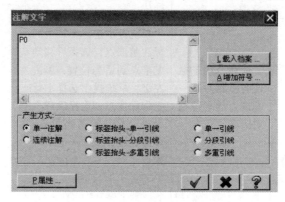

图 3-26 “注解文字”对话框

（2）载入文字。

单击“L 载入档案 ...”按钮，选择一个文本文件，即可将文件中的文字载入到注释内容文本框中。

（3）添加符号。

单击“A 增加符号 ...”按钮，打开一个对话框，在对话框中选择需要的符号，即可添加符号到注释内容文本框中。

3. 快速标注

采用快速标注（Smart Dimension）时，系统能自动判断该图素的类型，从而自动选择合适的标注方式完成标注。这样最大限～度地减少了鼠标单击次数、提高了设计效率。

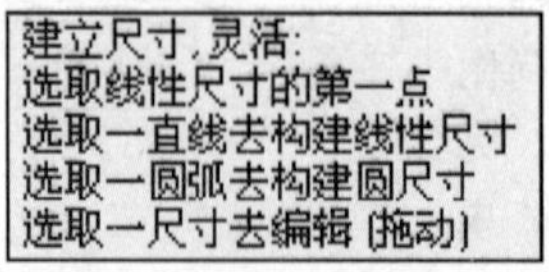

建立尺寸,灵活:
选取线性尺寸的第一点
选取一直线去构建线性尺寸
选取一圆弧去构建圆尺寸
选取一尺寸去编辑 (拖动)

图 3-27 “快速标注”的初步提示

选择“构图（C）”→“尺寸标注（D）”→“快速标注...”命令，或者在“标注”工具栏上单击“快速标注”按钮，系统显示如图 3-27 所示的提示。

在用户选择图素后，工作条显示如图 3-28 所示。在利用“快速标注”命令进行标注的过程中，用户可以借助工作条对标注做进一步的设置。

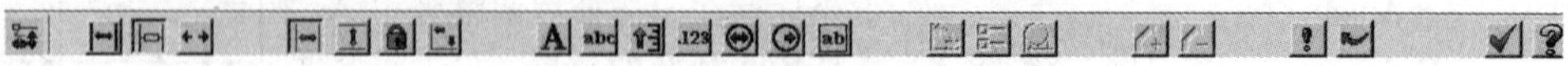

图 3-28 快速标注”工作条

4. 图案填充（剖面线）

用户经常需要重复绘制一些图案以填充图形中的某个区域，从而表达该区域的特征。这样的操作就是图案填充（Hatch）。在机械工程图中，图案填充用于一个剖切的区域，而且不同的图案填充表达不同的零部件或者材料。

选择"构图（C）"→"尺寸标注（D）"→"▨剖面线（H）..."命令，或者在"标注"工具栏上单击"快速标注"按钮▯旁的"下三角"按钮▾，选择"▨剖面线（H）"命令，进入"剖面线"对话框，如图 3-29 所示。图 3-30、图 3-31 所示为用户自定义图案填充样式设置。

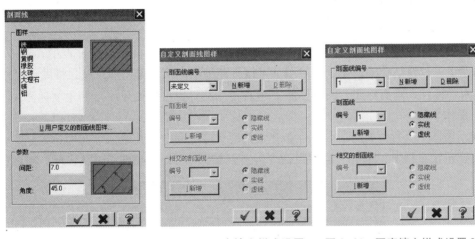

图 3-29　"剖面线"对话框　　图 3-30　图案填充样式设置 1　　图 3-31　图案填充样式设置 2

5. 编辑图形标注

选择"构图（C）"→"尺寸标注（D）"→"▨多重编辑（M）..."命令，或者在"标注"工具栏上单击"快速标注"按钮▯旁的"下三角"按钮▾，选择"▨多重编辑（M）"命令，选择需要修改的标注，然后按 Enter 键，系统打开如图 3-32 所示的尺寸标注样式设置对话框。

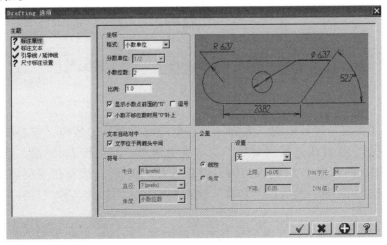

图 3-32　尺寸标注样式设置

在对话框中有许多参数可以设置，用户对这些参数的修改，都将反映到所选择的标注中。但是，这些参数的修改不会影响到其他的标注，以后新标注尺寸的参数仍按原来设置的结果显示。

3.4 项目实施

1. 图形分析

本项目实例图形为典型的二维图形，由直线、圆弧等组成。在绘制过程中，通过分层、绘制辅助线，以及结合编辑命令的使用，可以方便地绘制该二维图形；该二维图形尺寸标注类型有水平标注、垂直标注、圆弧标注（可直径标注，也可半径标注）和角度标注。

2. 操作步骤

（1）选择"文件（F）"→"新建文件（N）"命令，新建一个文档。

（2）在状态栏上，单击"层别"命令，打开如图 3-33 所示的"层别管理"对话框。

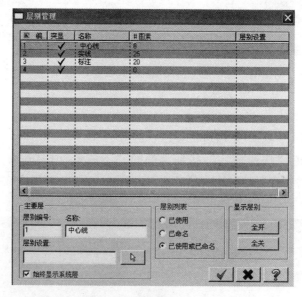

图 3-33　"层别管理"对话框

（3）在"主要层"区域中的"名称"文本框中输入图层的名称"中心线"，将第一层命名为"中心线"；接着在"层别编号"文本框中输入"2"，按 Enter 键，然后在"名称"文本框中输入图层的名称"实线"，将第二层命名为"实线"；接着在"层别编号"文本框中输入"3"，按 Enter 键，然后在"名称"文本框中输入图层的名称"标注"，将第三层命名为"标注"。

（4）在图层列表栏中，单击图层编号为 1 的图层，将该层设置为当前图层，单击"确定"按钮，关闭"层别管理"对话框。

（5）在状态栏上，单击"选择颜色"所在的色块 ，打开"颜色设置"对话框，选择红色，然后关闭对话框，选择"线型"下拉列表 中的中心线（第 3 项）。

（6）单击"绘图"工具栏中的"两点画线"按钮 ，绘制中心线 *AB* 和 *CD* 如图 3-34（a）所示。

（7）绘制直线 *CD* 的平行线 *EF*。单击"绘图"工具栏中的"两点画线"按钮 →" 平行线（a）..."，选择直线 *CD*，在 工具栏中设置间距的值为"26"，然后在直线 *CD* 的右侧单击一点，绘制出直线 *EF*，单击"确定"按钮 。同理绘制出平行于 *CD*、*AB* 的其他定位线，如图 3-34（b）所示。

（8）单击"绘图"工具栏中的"两点画线"按钮 ，在 中分别填写"112、118"，绘制出 *OP*，如图 3-34（c）所示。

（9）单击绘图工具栏中的 → P极坐标 捕捉交点"O"为圆心，在 中分别填写"92、70、130"，按 Enter 键，单击"确定"按钮 。结果如图 3-34（d）所示。

（10）在状态栏上，单击"选择颜色"所在的色块 ，打开 颜色 对话框，选择黑色，单击"确定"按钮 。选择"当前图层"列表 中选择编号为"2"的图层，选择"线型"下拉列表 中的实线（第一项），选择"线宽"下拉列表 中的较粗实线（第 2 项）。

（11）绘制圆。单击"绘图工具栏"中的" 捕捉交点 O"为圆心，在工具栏的"半径"文本框 中输入"21"，按 Enter 键，单击"确定"按钮 ，用同样的方法绘制出半径为"36、9、20、8、15"的圆。结果如图 3-35 所示。

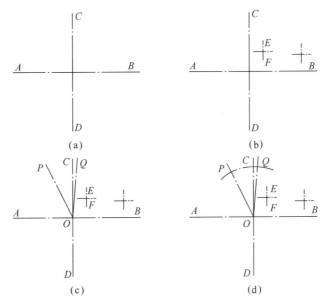

图 3-34　绘制中心线

（12）单击"绘图工具栏"中的" → P极坐标 "捕捉交点"O"为圆心，在 中分别填写"84、85、118"；按 Enter 键，捕捉交点

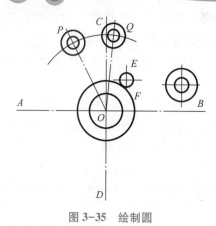

图 3-35　绘制圆

"O"为圆心,在 ⊙ [0.0 ▼] ⊿ [0.0 ▼] ⊿ [0.0 ▼] 中分别填写"100、85、118";按 Enter 键,捕捉交点"O"为圆心,在 ⊙ [0.0 ▼] ⊿ [0.0 ▼] ⊿ [0.0 ▼] 中分别填写"107、85、118",按 Enter 键,单击"确定"按钮 ✓。

(13)右击鼠标单击 ✛ 自动光标 ,打开如图 3-36 所示的"光标自动抓点设置"的对话框,只选择 ☑ 相切,单击"确定"按钮 ✓。单击绘图工具栏中的两点画线按钮 ╲,连接两个 R9 圆。单击"确定"按钮 ✓。

(14)单击"工具栏"中的" ✂ → ┿┿",剪去多余图素,结果如图 3-37 所示。

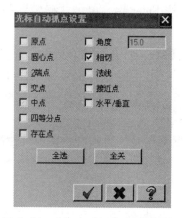

图 3-36　光标自动抓点设置对话框

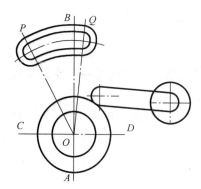

图 3-37　绘制连接圆弧和切线

(15)单击"工具栏"中的"偏置"按钮 ▯,打开如图 3-38 所示的"补正选项"对话框,在该对话框中,选择"复制",设置"次数"为1,"偏置距离"为11。选择直线 GH,然后在 GH 的上方单击,偏置产生一条新的直线 L1;继续选择所要偏置的直线,并向所需要的一侧单击,偏置产生新的直线 L2。单击"确定"按钮 ✓。

(16)单击"绘图工具栏"中的"两点画线"按钮 ╲,单击水平线 ┝┥,选择起始点,绘制分别与 R15 和 R20 相切的两条水平直线 L4、L3;同理,单击垂直线 ┃,绘制与 R15 相切的垂直直线 L5。

(17)单击"工具栏"中的 ✂ → ┿┿,剪去多余图素,结果如图 3-39 所示。

(18)单击"工具栏"中的"倒圆角"按钮 ⌐,在 ⊙ [10.0 ▼] 中分别输入"10、8、6",选择相邻线段倒圆角。结果

图 3-38　补正选项对话框

如图 3-40 所示。

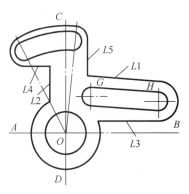

图 3-39 修剪图素结果

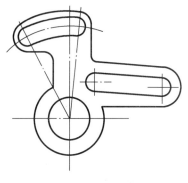

图 3-40 倒圆角

（19）在状态栏上，在"当前图层"列表 中选择编号为"3"的图层，选择"线型"下拉列表 中的实线（第一项），选择"线宽"下拉列表 中的较细实线（第 1 项）。

（20）设置尺寸标注属性。选择"构图(C) → 尺寸标注(D) → 选项..."，打开如图 3-41 所示的"Drafting 选项"对话框，在 标注属性 中将小数位数设置为"0"。其他选项使用默认值，单击"确定"按钮 。关闭对话框。

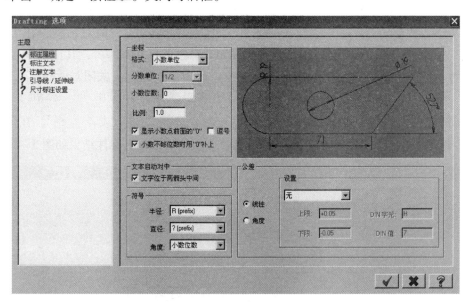

图 3-41 "Drafting 选项"对话框

（21）水平方向坐标标注。选择"构图(C) → 尺寸标注(D) → 水平标注(H)..."，捕捉所要标注尺寸的两个端点，在合适的位置单击左键标注尺寸"26"和"16"，然后选择"串连标注(D)..."，捕捉标注尺寸"26"，继续捕捉另一端点即可完成标注尺寸"71"，标注结果如图 3-42（a）所示。

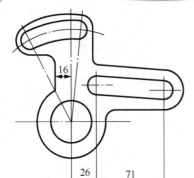

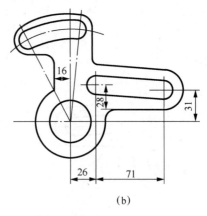

(a)   (b)

图 3-42　水平方向和垂直方向尺寸标注

（22）垂直方向坐标标注。在 尺寸标注(D) 菜单栏中单击 垂直标注(V)...，捕捉所要标注尺寸的两个端点，在合适的位置单击左键标注尺寸"31、28"，标注结果如图 3-42（b）所示。

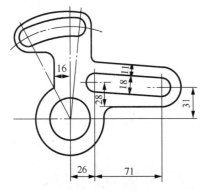

图 3-43　平行尺寸标注

（23）平行尺寸标注。在 尺寸标注(D) 菜单栏中单击 平行标注(P) ，选择间距为"18"的两条平行直线，在合适的位置单击左键标注尺寸"18、11"，标注结果如图 3-43 所示。

（24）标注直径和半径。设置尺寸标注属性。选择" 构图(C) → 尺寸标注(D) → 选项..."，打开如图 3-41 所示的" Drafting 选项"的对话框，在 标注文本 中的 文字定位方式栏选择 水平方向，其他选项使用默认值，单击"确定"按钮 。关闭对话框。

在 尺寸标注(D) 菜单栏中单击" 圆弧标注(T)..."，捕捉所要标注的尺寸，在圆弧标注工作条中（图 3-44）选择" "或者" "，在合适的位置单击左键即可。标注完后单击"确定"按钮 ，关闭对话框，标注结果如图 3-45 所示。

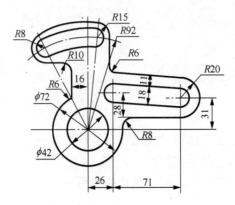

图 3-44　圆弧标注工作条

图 3-45　圆弧尺寸标注

（25）标注角度。在 尺寸标注(D) 菜单栏中单击" 角度标注(A)..."，捕捉所要标注的角度在合适的位置单击左键即可。标注完后单击"确定"按钮 。关闭对话框。标注结果如图3-46所示。

（26）选择"文件(F)→ 保存文件(S)"命令，以文件名"XIANGMU3-1"保存绘图结果。

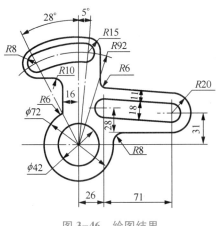

项目描述任务
操作视频

图3-46 绘图结果

3.5 项目评价（见表3-17）

表3-17 项目实施评价表

序号	检测内容与要求	分值	学生自评（25%）	小组评价（25%）	教师评价（50%）
1	学习态度	5			
2	安全、规范、文明操作	5			
3	能建立1、2、3图层，并分别命名为粗实线、细实线、中心线	5			
4	能运用图形编辑命令绘制图形	15			
5	能对图形进行修剪整理	15			
6	能进行水平、垂直、圆弧、角度尺寸标注的设置	15			
7	能使用镜像、阵列等命令绘图	15			
8	项目任务实施方案的可行性，完成的速度	10			
9	小组合作与分工	5			
10	学习成果展示与问题回答	10			

续表

序号	检测内容与要求	分值	学生自评（25%）	小组评价（25%）	教师评价（50%）
	总分	100			
			合计：		
问题记录和解决方法	记录项目实施中出现的问题和采取的解决方法				

3.6 项 目 总 结

在工程设计中，很少有图样只使用绘图命令就能完成设计，往往需要对所绘制的图素进行位置、形状等的调整，以确保图样的准确性；同时对已绘制的图素进行复制、偏置、投影等快速产生新图素的操作，可以大大提高设计者的工作效率。

图形标注是绘制设计工作中的一项重要内容，主要包括标注各类尺寸、注释和图案填充3个方面。虽然 Mastercam X 的最终目的是为了生成加工用的 NC 程序，但为了便于用户生成工程图，Mastercam X 还提供了相当强的图形标注功能。

通过本项目的学习，可以非常熟练地掌握以下内容：

（1）Mastercam X 几何对象的选择方法。

（2）使用删除与恢复命令来删除图形，通过修剪、延伸、打断和连接命令对图素进行调整，通过平移、旋转、偏置和投影等转换命令对图形进行转换等内容，从而快速地进行二维图形的设计。

（3）尺寸标注的组成和调整尺寸标注的参数设置方法。

（4）通过对图形进行线性尺寸、基线/链式尺寸、角度等各类尺寸的正确标注、注释和编辑，从而绘制完整工程图的方法。

3.7　项 目 拓 展

即使是在同一图样中，也经常需要绘制一些相同或相近的图形，此时可以根据需要，对它们进行平移、镜像、偏置（补正）、阵列、投影等操作，以加快设计速度。读者通过操作练习图 3-47 所示的二维图形，逐步体会这类图形的绘制规律。

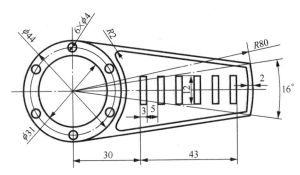

图 3-47　使用外形偏置（串连补正）和阵列命令绘制图形

1. 图形分析

本项目实例图形主要由 2 个间距为 2 mm 的外轮廓图形（2 条直线和 2 段圆弧）、6 个圆周均匀分布的直径为 4 mm 的圆、直径为 44 mm、31 mm 的圆，以及 6 个 12 mm×3 mm 的矩形组成，为一综合使用直线、圆弧、偏置和阵列等绘制命令的二维图形。

2. 操作步骤

（1）选择 "文件(F)→新建文件(N)"，新建一个文档。

（2）在状态栏中，线型选择点画线，线宽选择第一项（较细的线），绘制中心线。

（3）线型选择实线，线宽选择第 2 项（轮廓线使用较宽的实线），利用直线、圆弧命令，绘制如图 3-48 所示的外围轮廓线图。

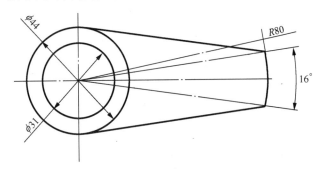

图 3-48　外围轮廓图

（4）使用相对坐标方式，利用绘圆命令和矩形命令分别绘制一个圆和一个矩形，结果如图 3-49 所示。

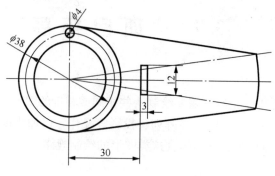

图 3-49　绘制圆和矩形

（5）单击转换工具栏中的阵列按钮 ，选择矩形，然后按 Enter 键，打开如图 3-17 所示的"矩阵选项（Rectangular Array）"对话框。在方向 1 中次数设置为"6"，平移距离为"8"；在方向 2 中次数设置为"1"，平移距离为"0"；其他选项采用默认设置。单击"确定"按键 ，关闭对话框，结果如图 3-50 所示。

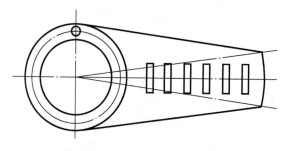

图 3-50　对矩形阵列后的结果

（6）单击转换工具栏中的旋转按钮 ，出现 旋转：选取图素去旋转 提示，选择小圆，然后按 Enter 键，打开如图 3-11 所示的旋转选项对话框。在次数中设置为"5"，旋转角度设置为"60"，选择大圆圆心为旋转中心，其他选项采用默认设置。单击确定按键 ，关闭对话框，结果如图 3-51 所示。

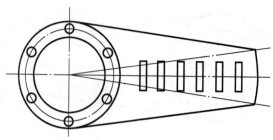

图 3-51　旋转操作结束时的效果

（7）单击转换工具栏中外形偏置（串连补正）按钮 ，打开"串连选项

（Chaining）"对话框，单击"串联选择"按钮 ，选择图形的外围轮廓线，然后单击"确定"按钮 ✓，关闭"串连选项（Chaining）"对话框。系统接着打开"串连补正（Offset Contour）"对话框，将其中的偏置距离设置为"2"，拐角处理方式选择" ⊙ 圆角"选项，其他选项采用默认设置。系统将显示外形偏置后的预览效果。单击"方向"按钮，直到所生成的新图形偏置在轮廓线的内侧。然后单击"确定"按钮 ✓，关闭"串连补正（Offset Contour）"对话框，结果如图 3-52 所示。

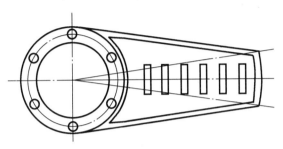

图 3-52　串连补正操作后的结果

（8）单击"草绘（Sketcher）"工具栏中的倒圆角按钮 ⌒，在工作条中，将圆角半径设置为"2"，其他选项采用默认值，在工作条中单击"确定"按钮 ✓，结束圆角操作。

（9）选择" 屏幕(R) → 清除颜色(C) "（或在工具栏选择清除颜色按钮 ），清除图形因转换操作而改变的颜色。

（10）选择" 文件(F) → 保存文件(S) "命令，以文件名"XIANGMU3-2"保存绘图结果。结果如图 3-53 所示。

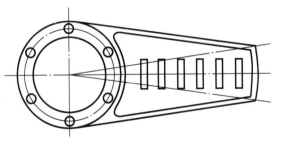

项目拓展任务
操作视频

图 3-53　圆角操作后的结果

3.8　项目巩固练习

3.8.1　填空题

1. 在 Mastercam 中，能够明确指定修剪长度的方式是_____。

2. 许多转换命令都有图形数量编辑框，其中，_____、_____、_____、_____、_____等命令指的是新生成的图形数量，而_____则指包括原图在内的总数量。

3. 圆角操作具有 4 种类型，它们分别是_____方式，在图素交接处产生一段优弧；_____方式，产生反向劣弧；_____方式，绘制一个整圆；_____方式，生成一段圆弧。

4. 修剪命令有 6 种工作方式，分别是_____、_____、_____、_____、_____、_____。

5. 一个完整的尺寸标注通常由_____、_____、_____、_____等 4 部分组成。

6. 关于图形注释的输入，主要有_____、_____和_____ 3 种方式。

7. 关于点的标注，有_____、_____、_____、_____等 4 种方式。

3.8.2 选择题

1. 在修剪/延伸命令中，只能修剪不能延伸的方式是（　　）。
 A. 修剪 1 个图素　　B. 修剪 2 个图素　　　C. 分割　　　　　　D. 修剪到指定点
2. 连接图素命令可以连接有间隙的（　　）。
 A. 直线　　　　　　B. 圆弧　　　　　　C. SP 样条线　　　　D. 曲线
3. 要等距离复制图素，应使用（　　）命令。
 A. 阵列　　　　　　B. 旋转　　　　　　C. 平移　　　　　　D. 偏置
4. 要设置图形的尺寸标注样式，应选择（　　）菜单。
 A. 文件（File）　　　　　　　　B. 编辑（Edit）
 C. 创建（Create）　　　　　　　D. 设置（Settings）
5. 在标注尺寸公差时，若要标注公差带，应在 Settings 下拉列表中选择（　　）选项。
 A. none　　　　　　B. +/-　　　　　　C. Limit　　　　　　D. DIN

3.8.3 简答题

1. 复制图形可以采用哪些方法？
2. 选择平面有哪些方法？
3. 圆角操作共有哪 4 种类型？
4. 修剪命令有哪几种工作方式？
5. 利用智能标注命令，可以标注哪些类型的尺寸？
6. 一个完整的尺寸标注通常由哪些部分组成？
7. 点的标注共有哪 4 种显示方式？
8. 在设置尺寸标注样式时，哪些参数可以通过设置比率的方式来获得？

3.8.4 操作题

绘制图 3-54～图 3-69 所示的二维图形，并标注尺寸。

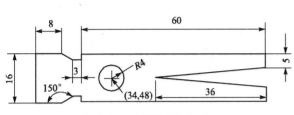

图 3-54　二维图形（一）

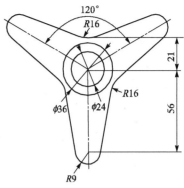

图 3-55　二维图形（二）

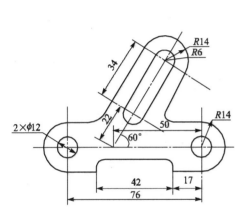

图 3-56　二维图形（三）

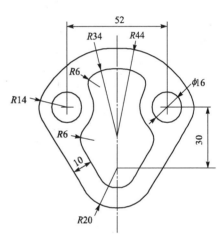

图 3-57　二维图形（四）

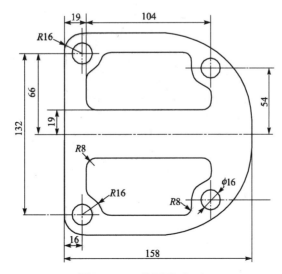

图 3-58　二维图形（五）

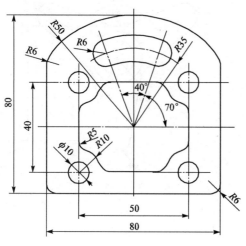

图 3-59　二维图形（六）

图 3-60　二维图形（七）

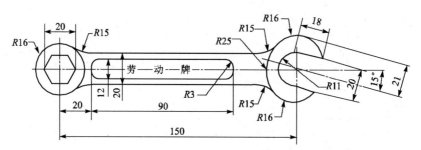

图 3-61　二维图形（八）

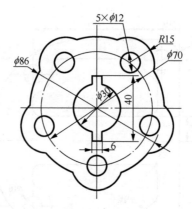

图 3-62　二维图形（九）

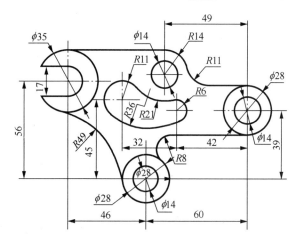

图 3-63   二维图形（十）

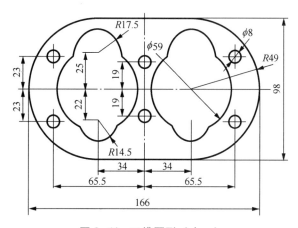

图 3-64   二维图形（十一）

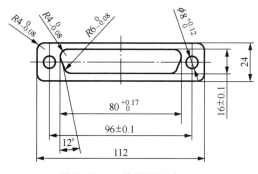

图 3-65   二维图形（十二）

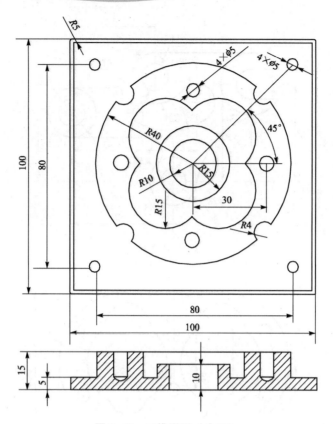

图 3-66　二维图形（十四）

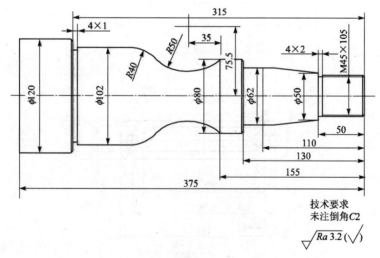

技术要求
未注倒角C2

$\sqrt{Ra\,3.2}\,(\sqrt{\ \ })$

图 3-67　二维图形（十五）

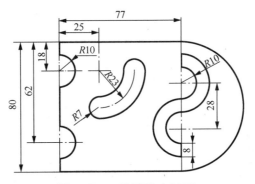

图 3-68　二维图形（十五）

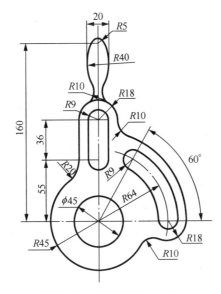

图 3-69　二维图形（十六）

项目巩固练习答案

项目 4

三维曲面造型

4.1 项目描述

本项目主要介绍 Mastercam X 三维曲面造型功能命令的使用，例如拉伸、旋转、扫掠等功能。通过本项目的学习，完成操作任务——建立图 4-1 所示的笔筒曲面模型。

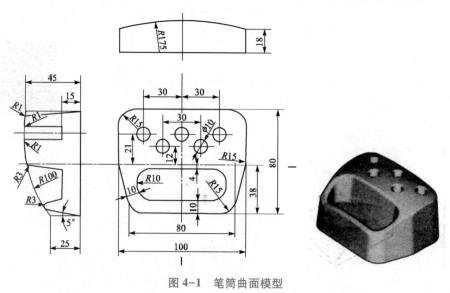

图 4-1　笔筒曲面模型

项 目 目 标

知识目标

（1）熟悉 Mastercam X 三维造型的类型。
（2）熟悉 Mastercam X 三维线架模型的构建思路。
（3）掌握 Mastercam X 构图面、视角及构图深度的设置技术。
（4）掌握 Mastercam X 曲面造型功能命令的使用技术。

技能目标

（1）能综合运用构图面、视角及构图深度，绘制三维线架模型；
（2）能综合运用 Mastercam X 三维曲面造型功能命令，对二维图像进行拉伸、旋转、扫掠等操作来创建各种各样的三维曲面，以及对曲面进行圆角、修剪、曲面融接等操作来构建较为复杂的三维曲面；
（3）完成"项目描述"中的操作任务。

　项目相关知识

4.3.1　Mastercam X 三维造型的类型

Mastercam 中的三维造型可以分为线架造型、曲面造型以及实体造型 3 种，这 3 种造型生产的模型从不同角度来描述一个物体。

线架模型用来描述三维对象的轮廓及端面特征，它主要由点、直线、曲面等组成，不具有面和体的特征，不能进行消影、渲染等操作。

曲面模型用来描述曲面的形状，一般是将线架模型经过进一步处理得到的。曲面模型不仅可以显示出曲面的轮廓，而且可以显示出曲面的真实形状。各种曲面是由许多的曲面片组成的，而这些曲面片又通过多边形网格来定义。

实体造型使设计者们能在三维空间中建立计算机模型。实体模型中除包含二维图形数据外，还包括相当多的工程数据，如体积、边界面和边等。实体模型具有体的特征，可以进行布尔运算等各种体的操作。

4.3.2 构图面、视角及构图深度设置

1. 设置构图面

在 Mastercam 中通过构图平面的设置可以将复杂的三维绘图简化为简单的二维绘图。构图面是指用户进行绘图的平面。

设置方法如下：

（1）单击如图 4-2 所示的"平面"工具栏中的相应按钮来设置俯视图（Set plances to TOP）、前视图（Set plances to FRONT）、右视图（Set plances to RIGHT）、实体面（Set plances to a solide face）、图形定面（Set plances by geometry）等构图面。

（2）选择子菜单中的"平面（Planes）"命令，在如图 4-3 所示的菜单中进行设置。

构图平面设置菜单选项的说明见表 4-1。

图 4-2 构图平面

表 4-1 构图平面设置菜单选项的说明

T 俯视图	设置为俯视图构图面，名称 Top
F 前视图	设置为前视图构图面，名称 Front
K 后视图	设置为后视图构图面，名称 Back
B 底视图	设置为底视图构图面，名称 Bottom
R 右侧视图	设置为右侧视图构图面，名称 Right Side
L 左侧视图	设置为左侧视图构图面，名称 Left Side
I 等角视图	设置视角为等角视图，同时构图面为俯视图
A 名称视角	用命名好的名称来确定构图面
E 图素定面	通过一个二维的圆弧、曲线或两条平行线或相交线、3 个点来确定构图面
S 实体面	选取实体的表面来确定构图面
O 旋转定面	将目前的构图面旋转一个角度来确定新的构图面
S 选择上次	选取上一次设置的构图平面
N 法线面	由已知的一条空间直线来确定构图面，此平面垂直于所选取的直线，即该直线的法线面
G 荧幕视角	设置一个与当前视角平面一致的构图面
WCS	设置一个与当前 WCS 一致的构图面
A 始终=WCS	设置构图面始终与当前 WCS 一致
I 原点	指定构图面的原点
另存为	命名并保存当前的构图面

2. 设置视角

在 Mastercam 中可以通过图形的视角设置来观察三维图形在某一视角的投影视图。

图形视角表示的是当前屏幕上图形的观察角度，单击该视角后，构图面自动将转化至与之相一致的构图面。

设置方法如下：

（1）单击图 4-4 所示的"屏幕视角"工具栏中的按钮来分别设置俯视图（Top View）、前视图（Front View）、右视图（Right Side View）、等角视图（Isometric View）等视图视角。

（2）单击子菜单中的"屏幕视角"按钮，然后在图 4-5 所示的"屏幕视角"菜单中选择相关命令来设置视角。

图 4-3　构图面菜单

俯视图　前视图　右视图　等角视图

图 4-4　"屏幕视角"工具栏

图 4-5　"屏幕视角"菜单

屏幕视角菜单选项的设置说明如表 4-2 所示。

表 4-2　屏幕视角菜单选项的设置说明

I 等角视图	设置屏幕视角为等角视图
D 旋转定面	通过光标动态旋转图形来进行观测
=C 构图平面	设置屏幕视角与当前构图面相同
=P 刀具平面	设置屏幕视角等于刀具平面

3. 设置构图深度

工作深度是指用户绘制出图形所处的三维深度，是用户设置的工作坐标系中的 Z 轴坐标。在如图 4-6 所示的区域中的 Z 后面的文本框中输入不同的值可用来改变当前的构图深度。

（1）通过抓点的方式来创建深度，新构图面为平行于原构图面且通过选取点的平面。

（2）直接输入构图深度，输入的距离为新构图面与原点之间的法线方向上的距离。

设置好构图深度后，所绘制的图形在等角视图下如图 4-7 所示。

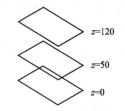

图 4-6　构图深度

图 4-7　不同构图深度的图形

4.3.3　三维线架模型的构建

三维线架模型是以物体的边界来定义物体的，其体现的是物体的轮廓特征或物体的横断面特征。它是物体的抽象表示，它的构建是 Mastercam 进行曲面和实体造型的基础，没有一个事先构建好的三维线架模型就不能很好地进行三维曲面和三维实体的构建。

在三维线架模型的构建中要灵活地运用构图面、构图深度和屏幕视角的设置，而且还要在三维空间中比较好地应用图形的转换。

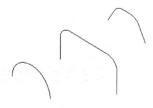

图 4-8　直纹曲面线架

1. 直纹曲面三维线架模型的构建

例 4-1　绘制如图 4-8 所示的线架模型。

操作步骤：

（1）选择"文件（File）"→"新建（New）"命令，新建一个文档。

（2）单击"屏幕视角"工具栏中的"前视图（Front View）"按钮，将视图模式设置为前视图模式，此时构图面也自动设定为前视图。

（3）单击"草图模式"工具栏中的"极坐标画弧"按钮，用捕捉原点的方式，选取原点为圆心（注：Z=0），指定半径为"20"，起始角度为"0°"，终止角度为"180°"，如图 4-9 所示。

图 4-9　极坐标画弧设置参数

（4）单击子菜单中的"2D/3D"按钮，设置为 2D，在"构图深度 Z"输入框中，输入"-40"，如图 4-10 所示。

图 4-10　构图深度设置

（5）选择"草图模式"工具栏中的"矩形形状设置（Create Rectangular Shapes）"按钮，设定宽度为"60"，高度为"30"，并使矩形的下边中点与圆弧的圆心点重合，如图 4-11 所示。

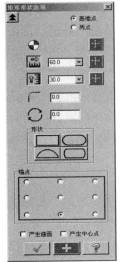

图 4-11　矩形形状设置

（6）删除矩形的下边，单击"草图模式"工具栏中的"倒圆角（Fillet Entities）"按钮，将圆弧半径设定为"10"，依次选择矩形的 3 条边，如图 4-12 所示。

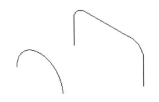

图 4-12　三维线架

（7）在构图深度 Z 输入框中，输入"-100"。

（8）绘制半圆，参数设置同步骤（3）。

（9）选择"修建/打断"工具栏中的"打成多段（Break Many Pieces）"按钮，在"段数"框中输入"3"，单击"直线/圆弧"按钮，如图 4-13 所示，选择圆弧。

图 4-13　打成多段参数设置

（10）单击"草图模式"工具栏中的"两点画线（Create Line Endpoint）"按钮，依次选择圆弧的 4 个端点，绘制 3 条线段，删除圆弧段。

（11）单击草图模式工具栏中的"倒圆角（Fillet Entities）"按钮，将圆角半径设定为"10"，依次选择 3 条直线，在等角视图中如图 4-8 所示。

（12）单击"保存"按钮，保存文件名为直纹曲面线架。

2. 网格曲面三维线架模型的构建

例 4-2　绘制如图 4-14 所示的线架模型。

操作步骤：

（1）选择"文件（File）"→"新建（New）"命令，新建一个文档。

（2）单击"屏幕视角"工具栏中的"等角视图"按钮，将视图模式设置为等角视图模式，此时构图面自动设定为俯视图。

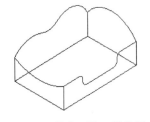

图 4-14　网格曲面的三维线架

（3）单击"草图模式"工具栏中的"矩形（Create Rectangle）"按钮，设定宽度为"75"，高度为"50"，并使矩形的中点与坐标原点重合，如图 4-15 所示。

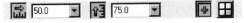

图 4-15　矩形设置框

（4）单击"转换"工具栏中的"平移（Xform Translate）"按钮，选择矩形的 4 条边，单击"确定"按钮。在弹出的"平移选项"对话框中选中"连接"单选按钮，输入平移的距离为"20"，单击"确定"按钮，生成如图 4-16 所示的图形。

（5）单击"平面"工具栏中的"前视图（Set Plances to FRONT）"按钮，将构图面设置为前视图构图面。单击"构图深度 Z"按钮，光标捕捉到如图 4-16 所示的 $P1$ 点，将构图深度设置在该点位置。

（6）单击"草图模式"工具栏中的"两点画弧（Create Arc EndPoints）"按钮，选取 $P1$、$P4$ 两点，指定半径为"50"，选择由上往下第 3 个圆弧，生成如图 4-17 所示的圆弧 $C1$。

（7）单击"构图深度 Z"按钮，光标捕捉到如图 4-16 所示的 $P2$ 点，将构图深度设置在该点位置。

（8）单击"草图模式"工具栏中的"两点画弧（Create Arc EndPoints）"按钮，选取 $P2$、$P3$ 两点，指定半径为"30"，选择由上往下第 2 个圆弧，生成如图 4-18 所示的圆弧 $C2$。

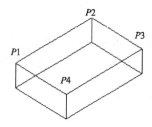

图 4-16　绘制出的矩形框

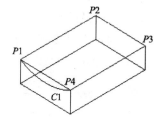

图 4-17　绘制出 $C1$ 圆弧

（9）单击"平面"工具栏中的"右视图（Set Plances to RIGHT）"按钮，将构图面设置为右视图构图面。单击"构图深度 Z"按钮，光标捕捉到 $P1$ 点，将构图深度设置在该点位置。

（10）单击"草图模式"工具栏中的"两点画弧（Create Arc EndPoints）"按钮，选取 $P1$ 和 $P1$、$P2$ 连线的中点，指定半径为"25"，选择由上往下第 2 个圆弧，生成如图 4-19 所示的圆弧 $C3$。

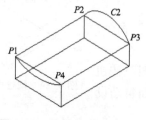

图 4-18　绘制出 $C2$ 圆弧

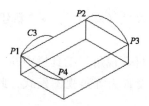

图 4-19　绘制出 $C3$ 圆弧

（11）单击"草图模式"工具栏中的"两点画弧（Create Arc EndPoints）"按钮，选取 $P2$ 和 $P1$、$P2$ 连线的中点，指定半径为"30"，选择由上往下第 2 个圆弧，生成如图 4-20 所示的圆弧 $C4$。

（12）单击"草图模式"工具栏中的"倒圆角（Fillet Entities）"按钮，将圆角半径设定为"15"，依次选择 C3 和 C4 两个圆弧，生成如图 4-21 所示圆弧 C5。

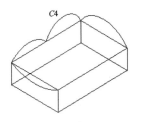

图 4-20　绘制出 C4 圆弧

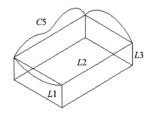

图 4-21　绘制倒圆角

（13）单击"构图深度 Z"按钮，光标捕捉到 P4 点，将构图深度设置在该点位置。

（14）单击"草图模式"工具栏中的"平行线（Create Line Perpendicular）"按钮，输入平移距离"20"，选择直线 L1 往右平移，L2 往左平移，输入平移距离"10"，选择 L2 往下平移，结果如图 4-22 所示。

（15）单击"修剪/打断"工具栏中的"在交点处（Break at Intersection）"按钮，选择 L2 和新生成的 3 条直线，单击"确定"按钮，将直线打断生成如图 4-23 所示的 5 段直线。

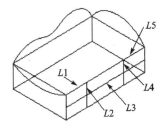

图 4-22　平移后的直线

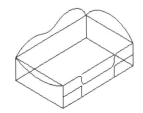

图 4-23　倒圆角后的图形

（16）单击"草图模式"工具栏中的"倒圆角（Fillet Entities）"按钮，将圆角半径设定为"3.75"，依次选择 L1 和 L2，L2 和 L3，L3 和 L4，L4 和 L5，单击"确定"按钮，生成如图 4-22 所示的圆弧。

（17）删除多余的直线，结果如图 4-23 所示。

（18）单击"保存"按钮，保存文件，名为"网格曲面线架"。

3. 三维线架模型的空间转换

在二维图形的绘制过程中，用户可以方便地使用转换功能来对图形进行镜像、平移、旋转等操作。其实在三维线架的构建以及后面介绍的曲面构建、实体造型中，一样可以通过转换命令来进行类似的操作，提高造型的效率。

三维空间转换与二维平面转换的操作方法基本相同，只是要注意三维空间中的构图平面对操作结果的影响。下面通过实例来进行说明。

1）平移操作

（1）打开绘制好的网格曲面线架文件，设置当前视角为等角视图，构图面为俯视图构图面。

CAD/CAM 软件应用技术

（2）单击"转换"工具栏中的"平移（Xform Translate）"按钮 ![]，选择所有的线框，单击"确定"按钮，输入 X 距离为"50"，结果如图 4-24 所示。

（3）设置当前视角为等角视图，构图面为右视图构图面。

（4）单击"转换"工具栏中的"平移（Xform Translate）"按钮 ![]，选择所有的线框，单击"确定"按钮，输入 X 距离为"50"，结果如图 4-25 所示。

 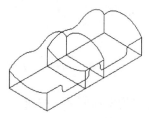

图 4-24　俯视图中的平移　　　　　　图 4-25　右视图中的平移

2）旋转操作

（1）打开绘制好的网格曲面线架文件，设置当前视角为等角视图，构图面为俯视图构图面。

（2）单击"转换"工具栏中的"旋转（Xform Rotate）"按钮 ![]，选择所有的线框，单击"确定"按钮，选择 $P1$ 作为旋转基准点，旋转角度为"90°"，结果如图 4-26 所示。

（3）设置当前视角为等角视图，构图面为前视图构图面。

（4）单击"转换"工具栏中的"旋转（Xform Rotate）"按钮 ![]，选择所有的线框，单击"确定"按钮，选择 $P1$ 作为旋转基准点，旋转角度为"90°"，结果如图 4-27 所示。

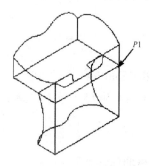 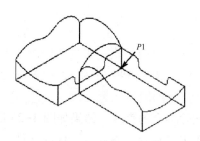

图 4-26　俯视图中的旋转　　　　　　图 4-27　前视图中的旋转

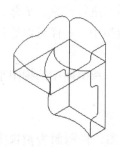

图 4-28　右视图中的旋转

（5）设置当前视角为等角视图，构图面为右视图构图面。

（6）单击"转换"工具栏中的"旋转（Xform Rotate）"按钮 ![]，选择所有的线框，单击"确定"按钮，选择 $P1$ 作为旋转基准点，旋转角度为"90°"，结果如图 4-28 所示。

3）镜像操作

（1）打开绘制好的网格曲面线架文件，设置当前视角为等角视图，构图面为俯视图构图面。

（2）单击"转换"工具栏中的"镜像（Xform Mirror）"按钮，选择所有的线框，单击"确定"按钮，选择 L1 作为镜像轴，结果如图4-29所示。

（3）设置当前视角为等角视图，构图面为前视图构图面。

（4）单击"转换"工具栏中的"镜像（Xform Mirror）"按钮，选择所有的线框，单击"确定"按钮，选择 L1 作为镜像轴，结果如图4-30所示。

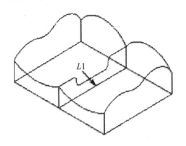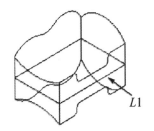

图4-29 俯视图中的镜像　　　　图4-30 前视图中的镜像

4）缩放操作

（1）打开绘制好的网格曲面线架文件，设置当前视角为等角视图，构图面为俯视图构图面。

（2）选择所有的线框，单击"转换"工具栏中的"缩放（Xform Scale）"按钮，输入比例因子为"1.5"，单击"确定"按钮，结果如图4-31所示。

5）阵列操作

（1）打开绘制好的网格曲面线架文件，设置当前视角为等角视图，构图面为俯视图构图面。

（2）选择所有的线框，单击"转换"工具栏中的"阵列（Xform Rectangular Array）"按钮，输入方向1：次数为"2"、距离为"50"、角度为"0"；方向"2"：次数为"2"、距离为"75"、角度为"90"。单击"确定"按钮，结果如图4-32所示。

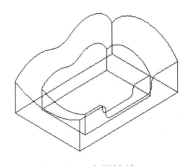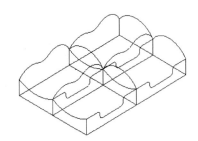

图4-31 空间缩放　　　　　图4-32 俯视图中的阵列

（3）设置当前视角为等角视图，构图面为前视图构图面。

（4）选择所有的线框，单击"转换"工具栏中的"阵列（Xform Rectangular Array）"按钮，输入方向1：次数为"2"、距离为"50"、角度为"0"；方向2：次数为"2"、距离为"75"、角度为"90"。单击"确定"按钮，结果如图4-33所示。

（5）设置当前视角为等角视图，构图面为右视图构图面。

（6）选择所有的线框，单击"转换"工具栏中的"阵列（Xform Rectangular Array）"按钮 ⊞，输入方向1：次数为"2"、距离为"50"、角度为"0"；方向2：次数为"2"、距离为"75"、角度为"90"。单击"确定"按钮，结果如图4-34所示。

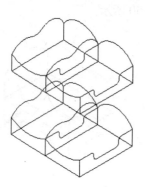 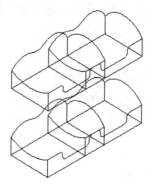

图 4-33　前视图中的阵列　　　　图 4-34　右视图中的阵列

4.3.4　曲面的构建

在 Mastercam X 系统中，曲面的类型很多，如表4-3所示。

表 4-3　曲面类型

曲面类型		说　明	应　用
几何图形曲面	挤出曲面	截面形状沿着指定方向移动形成曲面，与牵引相比，有前后两个封闭平面	构建需要封闭的圆锥、圆柱、有拔模角度的模型
	牵引曲面	截面形状沿着直线笔直地拉伸而形成的曲面，此直线由长度和角度来定义	构建圆锥、圆柱、有拔模角度的模型
	旋转曲面	截面形状绕着轴或某一直线旋转而形成的曲面	构建回转体模型
	由实体产生	选择实体，面或边界去产生曲面图素	直接构建基本曲面
	平面修剪	通过指定的边界构建一个平的曲面	构建平整平面
自由形式曲面	网格曲面	将一些缀面熔接而形成的曲面。此缀面是由4条相连接的曲线所形成的封闭区域	用于当曲面是由一组缀面构成的时候
	直纹/举升曲面	在两个或两个以上曲线之间拉出相连的直线（曲线）而形成的曲面	用于当曲面由两个或两个以上的截面形状，以直线/抛物线熔接的时候
自由形式曲面	扫描曲面	将截面外形沿着一个或两个轨迹曲线移动，或是把两个截面外形沿着一个轨迹曲线移动而得到的曲面	用以通过曲线控制截面形状或用截面外形沿曲线平移或旋转的情况

续表

曲面类型		说　明	应　用
编辑产生的曲面	曲面补正	按指定的补正距离把所选取的曲面沿着曲面的法线方向偏移而产生另一张曲面	用于将原始曲面平移一段距离得到新的曲面
	曲面倒圆角	在构建的两个曲面之间生成与其相切的曲面	用于模型需要有平滑的角落过渡，避免尖角的情况
	曲面熔接	熔接两个或 3 个原始曲面而形成一个相切于它们的曲面	用于熔接两个或 3 个曲面的情况
	曲面延伸	将曲面的长度或宽度延伸到指定的平面，或指定延伸长度	用于将原始曲面进行延伸的情况

1. 直纹、举升曲面的构建

直纹/举升曲面是由两个或两个以上的外形以熔接的方式而形成的一个曲面，其中直纹曲面是以直线的方式熔接，而举升曲面是以抛物线的方式熔接。

注：

（1）所有曲线或曲线链的起始点都应对齐，否则生成的曲面为扭曲曲面，如图 4-35 所示。

（2）曲线或曲线链串连的方向应相同，否则生成的曲面为扭曲曲面，如图 4-36 所示。

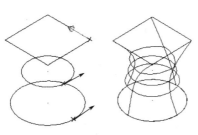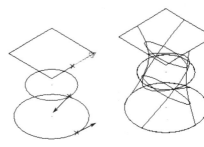

图 4-35　起始点不一致　　　　　图 4-36　串连箭头方向不一致

（3）串连选取次序的不同所产生的举升曲面也不同，如图 4-37 所示。

例 4-3　直纹曲面的创建。

操作步骤：

（1）打开例 4-1 中所绘制的直纹曲面线架。

（2）单击"曲面"工具栏中的"直纹/举升曲面（Creat Ruled/lofted Surfaces）"按钮 ，在弹出的"串连"对话框中，依次选择图 4-38 中所画的线架（注意起始点要一致，可通过选择起始点、

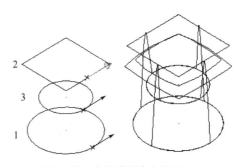

图 4-37　串连选取次序不同

换向、向前移动、向后移动、恢复选取来调整起始点），单击"确定"按钮。

（3）在"直纹/举升"工具条中选择"直纹"按钮，生成如图4-39所示的图形。

图4-38 选择起始点

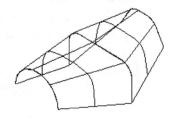
图4-39 直纹曲面

例4-4 举升曲面的创建。

操作步骤：

（1）在 Z 为 0 的地方绘制半径为"30"的圆，圆心在原点上。

（2）在 Z 为 30 的地方绘制边长为"20"，且倒圆角半径为"3"的正方形，正方形的中心在原点上。

（3）在 Z 为 60 的地方绘制半径为"15"的圆，圆心在原点上。

（4）在正方形的 P1 点处打断，如图4-40所示，保证起始点位置一致。

（5）单击"曲面"工具栏中的"直纹/举升曲面（Creat Ruled/lofted Surfaces）"按钮，在弹出的"串连"对话框中，依次选取大圆、矩形、小圆（注意保持串连箭头方向的一致性），然后单击执行。

（6）在"直纹/举升"工具条中选择"举升"按钮，生成如图4-41所示的图形。

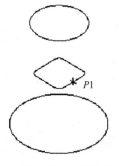
图4-40 打断位置

图4-41 举升曲面

2. 创建网格曲面

网格曲面是用 4 条边界曲线来定义，由多个缀面相互熔接形成的一个曲面。

在建立网格曲面之前，首先要明确引导方向（Along）和截断方向（Across）的设置。当设置好一个方向为引导方向后，另一个方向即为截断方向。切削方向和截断方向可以任意互换。

例4-5 创建开放模式的网格曲面。

操作步骤：

（1）打开例4-2中所绘制的网格曲面线架。

（2）单击"曲面"工具栏中的"网格曲面（Create Net Surface）"按钮⊞，在"串连选项"对话框中单击"串连"按钮，按照图4-42所示，依次选择P1和P2点，系统将自动选择"引导方向（Along）"的轮廓线，在"创建曲面"工具栏中的类型下拉列表框中选择"截断方向（Across）"，如图4-43所示。依次选择P3和P4点，如图4-42所示，系统将自动选择截断方向的轮廓线。单击"执行"按钮，生成如图4-44所示的网格曲面。

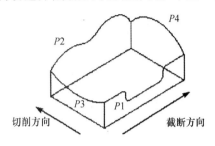

图4-42 线架模型

图4-43 类型选择

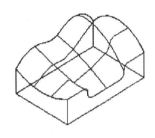

图4-44 网格曲面

例4-6 创建网格曲面。

操作步骤：

（1）单击"草图模式"工具栏中的"输入点的位置（Create Point Position）"按钮，按照表4-4输入点的坐标。生成如图4-45所示的图形。

表4-4 点的坐标

序号	X	Y	Z	序号	X	Y	Z	序号	X	Y	Z	序号	X	Y	Z
1	0	0	0	8	18	38	−5	15	40	−43	0	22	−40	19	2
2	−2	25	2	9	19	−18	−2	16	−25	3	−1	23	−38	38	4
3	3	42	3	10	15	−38	1	17	−23	24	−2	24	−37	−22	2
4	−1	−20	0	11	42	−1	4	18	−20	45	−4	25	−42	−45	0
5	2	−40	−1	12	43	20	5	19	−18	−22	0	—	—	—	—
6	20	2	−3	13	45	43	2	20	−19	−39	1	—	—	—	—
7	23	22	−2	14	38	−19	3	21	−41	1	3	—	—	—	—

（2）单击"草图模式"工具栏中的"手动绘制曲线（Create Manual Spline）"按钮，依次选择各个点，生成如图4-46所示的图形。

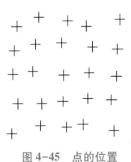

图4-45 点的位置

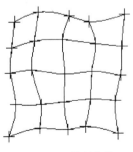

图4-46 绘制曲线

（3）单击"曲面"工具栏中的"网格曲面（Create Net Surface）"按钮⊞，在"串连选项"对话框中选择"串连"按钮，按照图4-47所示，依次选择曲线 *a*、*b*、*c*、*d*、*e*，系统将自动选择"引导方向（Along）"的轮廓线，在"创建曲面"工具栏中的类型下拉列表框中选择"截断方向（Across）"，依次选择曲线1，2，3，4，5，如图4-47所示，系统将自动选择截断方向的轮廓线。单击"执行"按钮，生成如图4-48所示的网格曲面。

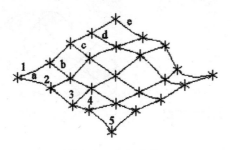

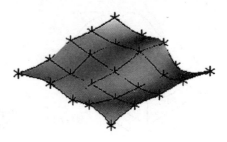

图 4-47　选择曲线　　　　　　　　　　　图 4-48　网格曲面

3. 创建旋转曲面

旋转曲面是把几何图形绕着某一轴旋转而产生的曲面。旋转曲面可以用多个图素串连而进行旋转，所得到的曲面数目就等于所有串连图素的数目。

单击"曲面"工具栏中的"旋转曲面（Create Revolved Surfaces）"按钮⋂，选中所需截面后，弹出如图4-49所示的旋转曲面工具栏，旋转角度由用户选取截面图形时的串连方向来确定，满足右手螺旋定则，大拇指指向串连方向，4个手指方向即为角度的正方向。

旋转轴　　　　方向切换　　　起始角度　　　终止角度

图 4-49　旋转曲面参数设置

例 4-7　创建旋转曲面。

操作步骤：

（1）绘制好如图4-50所示的截面图形，曲线用"手动绘制曲线（Create Manual Spline）"按钮↵绘制。

（2）单击"曲面"工具栏中的"旋转曲面（Create Revolved Surfaces）"按钮⋂，选中图4-50所示的截面，单击"确定"按钮，选择直线为旋转轴，在弹出的"旋转曲面"工具栏中输入起始角度为"0"，终止角度为"360"，单击"确定"按钮，生成如图4-51所示的曲面。

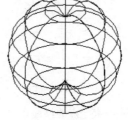

图 4-50　截面图形　　　　　　　图 4-51　旋转曲面

4. 创建扫描曲面

扫描曲面是将截面图形沿着一个或两条轨迹线扫描，或者是多个截面图形沿着一条轨迹线扫描生成的曲面。

Mastercam 中提供了 3 种形式的扫描曲面，以下分别以实例的方式来加以说明。

例 4-8　一个截面图形和一条轨迹线。

操作步骤：

（1）打开例 4-7 中所绘制的曲面。

（2）绘制截面图形和轨迹线，如图 4-52 所示（隐藏曲面）。

（3）单击"曲面"工具栏中的"扫描曲面（Create Swept Surfaces）"按钮 ，选择圆作为截面图形，单击"确定"按钮，选择曲线为轨迹线，单击"确定"按钮。在"扫描曲面"工具栏中按图 4-53 所示选择"旋转（Rotate）"按钮，单击"确定"按钮，生成如图 4-54 所示的曲面。

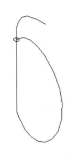

平移　旋转

图 4-52　截面图形和轨迹线　　　图 4-53　扫描参数选择

注：

平移：截面图形随轨迹线扫描不旋转，如图 4-55 所示。

旋转：截面图形随轨迹线扫描而自动旋转。

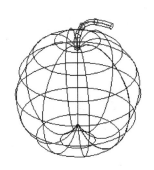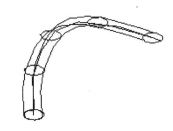

图 4-54　扫描曲面　　　　　　　图 4-55　平移方式产生曲面

例 4-9　多个截面图形和一条轨迹线。

操作步骤：

（1）绘制如图 4-56 所示的轨迹线。

（2）将视角设置为等角视图，单击状态栏中的"构图面"按钮，如图 4-57 所示。单击

"法线面（Normal）"命令，选择图 4-58 中的直线 1，按 Enter 键，生成如图 4-58 所示的构图面。

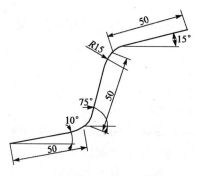

图 4-56　轨迹线

图 4-57　状态栏

（3）将构图深度 Z 设置到直线 1 的端点，并绘制如图 4-59 所示的半径为 10 的圆。

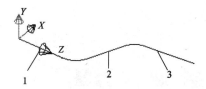

图 4-58　创建构图面

图 4-59　绘制圆

（4）利用与步骤（2）、（3）相同的方法，在直线 2、直线 3 上绘制如图 4-60 所示的圆。

（5）单击"打成若干段（Break Many Pieces）"按钮，将所有圆都打断成 4 段。

（6）单击"曲面"工具栏中的"扫描曲面（Create Swept Surfaces）"按钮，选择 3 个圆作为截面图形（注意保证串连起始点及方向一致），单击"确定"按钮，选择直线链为轨迹线，单击"确定"按钮。在"扫描曲面"工具栏中选择"旋转（Rotate）"按钮，单击"确定"按钮，生成如图 4-61 所示的曲面。

图 4-60　绘制截面图形

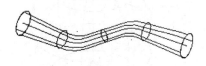

图 4-61　扫描曲面

例 4-10　一个截面图形和两条轨迹线。

操作步骤：

（1）绘制如图 4-62 所示的轨迹图形。

（2）绘制如图 4-63 所示的半径为 10 的圆弧 1。

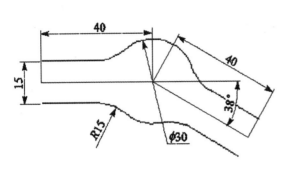

图 4-62　轨迹图形

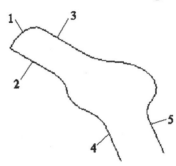

图 4-63　绘制截面图形

（3）单击"曲面"工具栏中的"扫描曲面（Create Swept Surfaces）"按钮，单击"单体（Single）"按钮，选择圆弧 1 作为截面图形，单击"确定"按钮，单击"局部串连（Partial）"按钮，选择直线 2 和直线 4（系统自动将选择直线间的圆弧）作为轨迹线 1，选择直线 3 和直线 5（系统自动将选择直线间的圆弧）作为轨迹线 2，单击"确定"按钮。生成如图 4-64 所示的曲面。

5. 创建牵引曲面

牵引曲面是指将某一串连边界线沿某一方向做牵引运动后生成的曲面。该边界线可以是二维的，也可以是三维的；可以是封闭的，也可以是开放的。

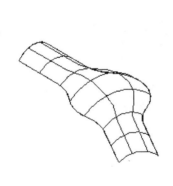

图 4-64　扫描曲面

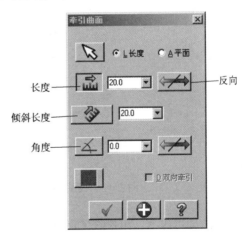

图 4-65　牵引曲面参数设置

例 4-11　创建牵引曲面。

操作步骤：

（1）绘制线架模型如图 4-56 所示。

（2）将构图面设置为俯视图构图面。

（3）单击"曲面"工具栏中的"牵引曲面（Create Draft Surface）"按钮，选择直线 1，系统自动串连所有图素，单击"确定"按钮，在弹出的"牵引面"对话框中输入长度（Length）为"20"，如图 4-65 所示。（注：如角度（Angle）为 0，则倾斜长度（Run Length）与长度（Length）相等，否则不等）单击"确定"按钮，生成如图 4-66 所示的曲面。

将角度（Angle）设置为"30°"，则生成曲面如图 4-67 所示。

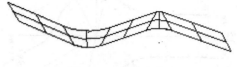

图 4-66 牵引曲面   图 4-67 带角度的牵引

6. 创建挤出曲面

挤出曲面是将一个截面形状沿指定方向移动形成的曲面，这样生成的曲面是封闭的，即与牵引面相比，挤出曲面增加了前后两个封闭平面。

例 4-12 创建挤出曲面。

操作步骤：

（1）绘制线架模型如图 4-68 所示。

（2）单击"曲面"工具栏中的"挤出曲面（Create Length Surface）"按钮🔲，选择绘制的线架，单击"确定"按钮，在弹出的"拉伸曲面"对话框中输入高度（Length）为"50"，比例（Scale）为"1"，旋转（Rotate）为"30"，补正（Offset）为"0"，角度（Angle）为"10"，如图 4-70 所示。单击"确定"按钮，生成如图 4-69 所示的曲面。

图 4-68 线架模型   图 4-69 挤出曲面

在拉伸过程中，用户除了可以设置高度、比例、旋转、补正、角度等操作，还可以设置拉伸轴线，即拉伸轴线不一定与截面图形垂直。如果用户所选择的拉伸轴线不与截面图形垂直，则系统会自动调整图形，使它与拉伸轴线垂直。如图 4-71 所示，沿直线 AB 拉伸，其结果使系统自动调整图形的位置，使其和直线 AB 垂直，并且可以设置高度与直线 AB 的长度一致。

7. 创建平整曲面

绘制平整曲面是对一个封闭的边界曲线内部进行填充后获得平整的曲面。

例 4-13 创建平整曲面。

操作步骤：

（1）绘制线架模型如图 4-72 所示。

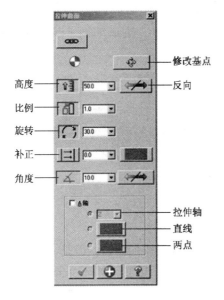

图 4-70　"拉伸曲面"对话框

标注：
- 修改基点
- 高度
- 反向
- 比例
- 旋转
- 补正
- 角度
- 拉伸轴
- 直线
- 两点

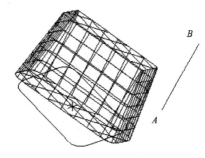

图 4-71　沿 *AB* 拉伸后的图形

（2）单击"曲面"工具栏中的"平面修剪（Create Flat Boundary Surface）"按钮 ，选择绘制的线架，单击"确定"按钮，生成如图 4-73 所示的平整曲面。

图 4-72　边界曲线

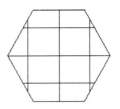

图 4-73　平整曲面

当用户选择的是一个非封闭图形时，系统将询问是否允许自动将它封闭；当用户选择的是一个三维的封闭边界时如图 4-74 所示，也可以绘制平整曲面，产生的是该图形在相应平面上投影而得到的平整曲面，如图 4-75 所示。

图 4-74　三维封闭边界

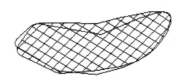

图 4-75　平整曲面

8. 由实体生成曲面

在 Mastercam 中，实体造型和曲面造型可以相互转换，使用实体造型方法创建的实体模型可以转换为曲面模型，同时也可以将编辑好的曲面模型转换为实体模型。由实体产生曲面，实际上就是提取实体的表面。

例 4-14　由实体生成曲面。

单击"曲面"工具栏中的"由实体面产生（Create Surface From Solid）"按钮田，选择如图 4-76 所示的五角星的表面，单击"确定"按钮，生成如图 4-77 所示的平整曲面。

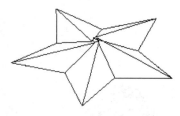

图 4-76　五角星实体

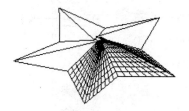

图 4-77　生成曲面

9. 曲面编辑

使用前面介绍的构建曲面的方法，用户可以创建各种类型的曲面，但是，这样创建的曲面不一定正好满足用户的设计要求，还需要对曲面进行编辑操作。在 Mastercam 中，常见的曲面编辑命令有修剪/延伸、倒圆角和曲面熔接等。

1）曲面修剪

例 4-15　修整至平面实例。

操作步骤：

（1）在俯视图中绘制一半径为 30 的圆，圆心为（0，0）。并以此圆构建牵引面，牵引长度为 80，如图 4-78 所示。

（2）单击"曲面"工具栏中的"修整至平面（Trim Surfaces to a Plane）"按钮，选取圆柱面作为被修整的曲面，单击"确定"按钮，在弹出的"平面选项（Plane Selection）"对话框中，单击"法向（Normal）"按钮如图 4-79 所示，在"修整至平面"工具栏中（Surface to plane）单击"构图面"按钮，如图 4-80 所示，返回"平面选项（Plane Selection）"对话框，在 Z 文本框中输入数据"30"，平面如图 4-81 所示，单击"确定"按钮，生成如图 4-82 所示的图形。

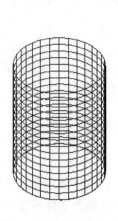

图 4-78　准备好的牵引面

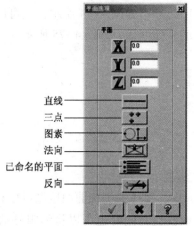

图 4-79　"平面选项"对话框

删除平面另一边的曲面

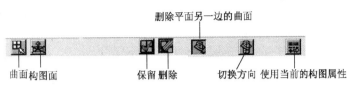

曲面构图面　　　　　保留 删除　　　切换方向 使用当前的构图属性

图 4-80　"修整至平面"工具栏

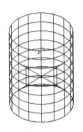

图 4-81　修整平面　　　　　图 4-82　修整后的曲面

例 4-16　修整至曲线实例。

操作步骤：

（1）在俯视图中绘制一半径为 30 的圆，圆心为（0，0）。并以此圆构建牵引面，牵引长度为 80，如图 4-78 所示。

（2）在圆柱的侧面画一正六边形，如图 4-83 所示。

（3）单击"曲面"工具栏中的"修整至平面（Trim Surfaces to Curves）"按钮⊞，选取圆柱面作为被修整的曲面，单击"确定"按钮，选择六边形作为修剪曲线，单击"确定"按钮，弹出"修剪至曲线"工具栏（Surface to Curve）如图 4-85 所示，单击"构图面"按钮，选择圆柱的上侧面为保留区域，单击"确定"按钮，生成如图 4-84 所示的图形。

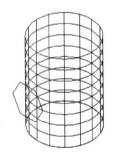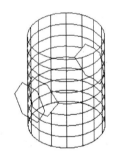

图 4-83　准备好的曲面和曲线　　　　图 4-84　修剪后的曲面

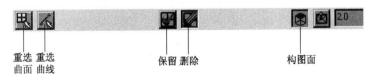

重选 重选　　　　　　保留 删除　　　　　　构图面
曲面 曲线

图 4-85　"修剪至曲线"工具栏

例 4-17　修整至曲面实例。

操作步骤：

（1）绘制如图 4-86 所示的曲面。

（2）单击"曲面"工具栏中的"修整至曲面（Trim Surfaces to Surfaces）"按钮，用光标依次选择如图 4-86 所示的曲面 1 为第一个曲面，单击"执行"按钮，曲面 2 为第二个曲面，单击"执行"按钮，弹出如图 4-88 所示的"曲面至曲面"工具栏。单击"修剪1"按钮，选择图 4-87 所示的 $P1$ 点位置作为保留区域，单击"确定"按钮，生成如图 4-89 所示的图形。单击"修剪 2"按钮，选择图 4-87 所示的 $P2$ 点位置作为保留区域，单击"确定"按钮，生成如图 4-90 所示的图形。单击"都修剪"按钮，选择图 4-87 所示的 $P1$ 点、$P2$ 点位置作为保留区域，单击"确定"按钮，生成如图 4-91 所示的图形。单击"都修剪（Both）"按钮，选择图 4-87 所示的 $P4$ 点、$P3$ 点位置作为保留区域，单击"确定"按钮，生成如图 4-92 所示的图形。

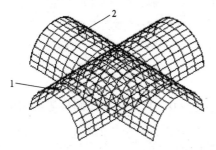

图 4-86 准备好原始曲面

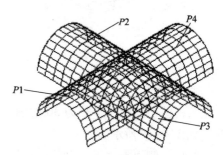

图 4-87 选择保留位置

图 4-88 "曲面至曲面"工具栏

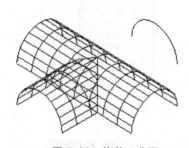

图 4-89 修剪 1 曲面

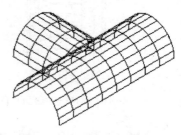

图 4-90 修剪 2 曲面

2）曲面补正

曲面补正是将选定的曲面沿着其法线方向移动一定距离产生新的曲面，其与平面图形的补正相同。

补正的距离如果为负值则偏移的方向为曲面法线的相反方向，也可以更改曲面的法线方向来改变曲面的补正方向。

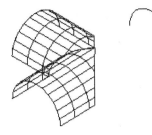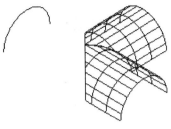

图4-91 两组曲面都修剪（一）　　图4-92 两组曲面都修剪（二）

例4-18 曲面补正实例。

操作步骤：

（1）绘制如图4-93所示的曲面。

（2）单击"曲面"工具栏中的"曲面补正（Create Offset Surfaces）"按钮 ，选择曲面，单击"执行"按钮，弹出如图4-95所示的"曲面补正"工具栏，利用工具栏中的"循环方向（Cycle/Next）""反向（Flip）"按钮，设置法线方向如图4-94所示，输入补正距离（Offset Distance）为"20"，单击"确定"按钮，生成如图4-96所示的图形。

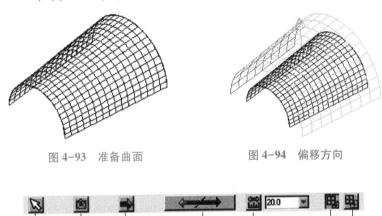

图4-93 准备曲面　　　　　　图4-94 偏移方向

重新　正向　循环　　　　反向　补正　　复制 移动
选择　切换　方向　　　　　　距离

图4-95 "曲面补正"工具栏

3）曲面延伸

曲面延伸是将一个曲面沿着其边界延伸，延伸出的曲面在边界处与原始曲面相切，并且曲面的种类、精度与原始曲面相同。

例4-19 曲面延伸实例。

操作步骤：

（1）打开前面绘制的网格曲面，如图4-97所示。

（2）单击"曲面"工具栏中的"曲面延伸（Surface Extend）"按钮 ，弹出如图4-98所示的"曲面延伸"工具栏。在"指定长度（Length）"下拉列表框中输入"10"，选择曲面，选择延伸的边界如图4-97所示，单击"确定"按钮，生成如图4-99所示的曲面。

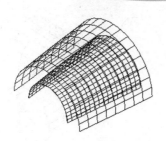

图 4-96 补正曲面

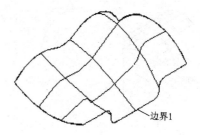

边界1

图 4-97 准备曲面

线形 非线形　　　至一 指定　　　保留 删除
　　　　　　　　　平面 长度

图 4-98 "曲面延伸"工具栏

选择"至一平面（Plane）"按钮，选择图 4-100 所示的平面，单击"确定"按钮，生成如图 4-100 所示的曲面。

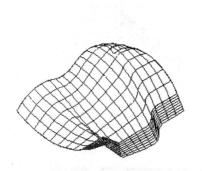

图 4-99 延伸曲面

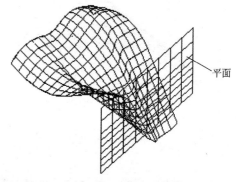

平面

图 4-100 延伸曲面至指定平面

4）恢复修剪、恢复边界

恢复修剪：将曲面恢复到以前未修整的状态。

恢复边界：用于去除曲面的边界曲线，系统自动填补生成边界内的曲面，注意边界必须是曲面本身具有的封闭曲面曲线。

例 4-20　恢复修剪、恢复边界实例。

操作步骤：

（1）打开前面绘制的例 4-16，如图 4-101 所示。

（2）单击"曲面"工具栏中的"恢复修剪（Un-trim surfaces）"按钮，鼠标单击选择圆柱面，单击"确定"按钮，生成如图 4-102 所示的曲面。

（3）单击"曲面"工具栏中的"恢复边界（Remove Boundary from Trimmed Surface）"按钮，选取圆柱面中的边界线（确保箭头的起始点在边界上），如图 4-103 所示，在弹出的"要移出所有的内部边界吗"警告框中选择"否"选项，生成如图 4-104 所示的曲面。

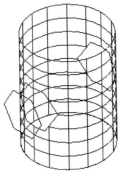

图 4-101 准备曲面

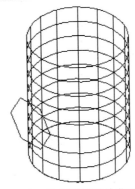

图 4-102 恢复修整后的曲面

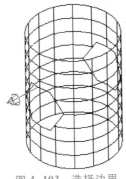

图 4-103 选择边界

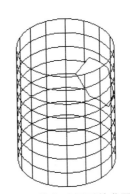

图 4-104 恢复边界后的曲面

5）填补内孔

填补内孔与恢复边界相似，不同之处在于，填补生成的是一个新的曲面。

例 4-21 填补内孔实例。

操作步骤：

（1）打开前面绘制的例 4-16，如图 4-101 所示。

（2）单击"曲面"工具栏中的"填补内孔（Fill Holes with Surfaces）"按钮，选取圆柱面中的边界线（确保箭头的起始点在边界上），如图 4-105 所示，在弹出的"要移出所有的内部边界吗"对话框中选择"否"选项，生成如图 4-106 所示的曲面。

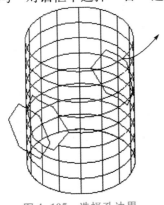

图 4-105 选择孔边界

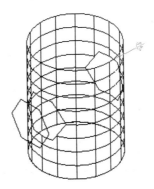

图 4-106 填补后的内孔

6）分割曲面

分割曲面是指将曲面在指定位置分开，使一个曲面变为两个曲面，以便对它们进行操作。

例 4-22 分割曲面实例。

操作步骤：

（1）打开前面绘制的例 4-6，如图 4-107 所示。

（2）单击"曲面"工具栏中的"分割曲面（Create Split Surface）"按钮▤，选择分割位置如图 4-107 所示，生成如图 4-108 所示的曲面。

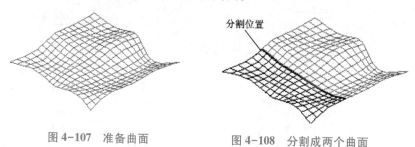

图 4-107 准备曲面   图 4-108 分割成两个曲面

10. 曲面倒圆角

曲面倒圆角可以把所选取的两组曲面通过圆角进行过渡，其主要用于将两组相交曲面平滑过渡及把物体的端部倒圆角处理的情况。

曲面倒圆角主要有曲面/曲面、曲线/曲面以及曲面/平面倒圆角。

1）曲面/曲面倒圆角

例 4-23 曲面/曲面倒圆角实例。

操作步骤：

（1）绘制如图 4-109 所示的曲面。

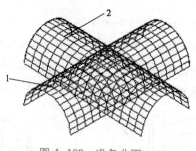

图 4-109 准备曲面

（2）单击"曲面"工具栏中的"曲面/曲面倒圆角（Fillet Surfaces to Surfaces）"按钮▧，光标依次选择如图 4-109 所示的曲面 1 为第一个曲面，单击"执行"按钮，选择曲面 2 为第二个曲面，单击"执行"按钮，弹出如图 4-110 所示的"两曲面倒圆角"对话框。单击"确定"按钮，生成如图 4-111 所示的图形。"曲面倒圆角选项"对话框如图 4-112 所示，曲面与曲面倒圆角菜单选项的说明如表 4-5 所示。

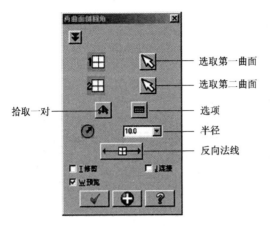

图 4-110 "两曲面倒圆角"对话框

图 4-111 倒圆角后曲面

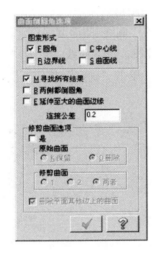

图 4-112 "曲面倒圆角选项"对话框

表 4-5 曲面与曲面倒圆角菜单选项的说明

选取第一曲面	重新选取欲倒圆角的第一组曲面
选取第二曲面	重新选取欲倒圆角的第二组曲面
半径	设置倒圆角半径值
拾取一对	在系统查找到的多个符合的结果中选择一组
正向切换	切换曲面的法线方向
修剪	确定是否对原始曲面进行修剪
选项	确定倒圆角之选项,如图 4-112 所示

注:曲面与曲面倒圆角时要注意检查两组曲面的法线方向,要求两组曲面的法线方向都要指向倒圆角曲面的圆心。如图 4-113 所示为不同的法线方向对曲面造成的影响。

2)曲线/曲面倒圆角

选择曲线/曲面倒圆角可以在一个曲线及曲面间产生曲面倒圆角。

113

例4-24 曲线/曲面倒圆角实例。

操作步骤：

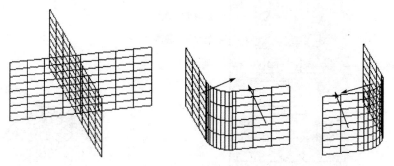

图4-113 曲面法线方向对倒圆角的影响

（1）准备好如图4-114所示的图形。

（2）单击"曲面"工具栏中的"曲线/曲面倒圆角（Fillet Surface to Curves）"按钮，选择图中的曲面，单击"执行"按钮，选取曲线，单击"执行"按钮，如图4-115所示。输入圆角半径值为"20"，修剪图形，单击"确定"按钮，生成如图4-116所示的图形。

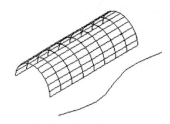

图4-114 准备好图形

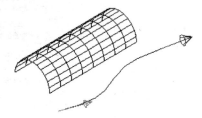

图4-115 选择曲线

3）曲面/平面倒圆角

曲面/平面倒圆角是指在原始曲面和指定的平面之间构建圆角。

例4-25 曲面/平面倒圆角实例。

操作步骤：

（1）准备好如图4-117所示的曲面。

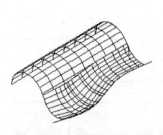

图4-116 倒圆角后的图形

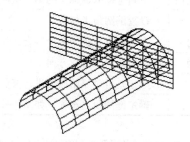

图4-117 准备好曲面

（2）单击"曲面"工具栏中的"曲面/平面倒圆角（Fillet Surfaces to a Plane）"按钮，选择图中的曲面，单击"执行"按钮，在"平面选项"对话框中单击"图素

（entities）"按钮🔲🔾，选取平面，单击"执行"按钮。输入圆角半径值"20"，修剪图形，单击"确定"按钮，生成如图 4-118 所示的图形。

4）变化半径倒圆角

例 4-26 变化半径倒圆角实例。

操作步骤：

（1）准备好如图 4-119 所示的曲面。

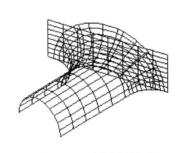

图 4-118 倒圆角后图形

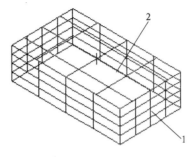

图 4-119 准备好曲面

（2）单击"曲面"工具栏中的"曲面/曲面倒圆角（Fillet Surface to Curves）"按钮🔯，用光标依次选择如图 4-119 所示的曲面 1 为第一个曲面，单击"执行"按钮，曲面 2 为第二个曲面，单击"执行"按钮，弹出"两曲面倒圆角"对话框，在该对话框中输入半径（radius）为"5"，单击"展开（Contract）"按钮⬇，显示变化半径倒圆角参数，如图 4-120 所示。变化半径参数的选项说明如表 4-6 所示。单击"中点半径（Mid Point radius）"按钮，在图 4-121 中，选择点 1 和点 2，输入变化半径（Variable Fillet）为"10"，单击"确定"按钮，生成如图 4-122 所示的图形。

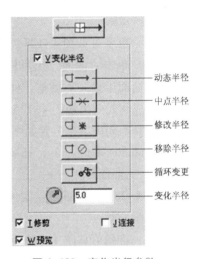

图 4-120 变化半径参数

表 4-6 变化半径参数选项的说明

选　项	说　明
动态半径	半径标记点的设置可以在所显示的标记 中心线的任意位置通过鼠标拖动来选择
中点半径	在两个已知点的中点插入一个标记点
修改半径	通过选取标记点来更改半径
移除半径	清除标记点
循环变更	循环变更半径值

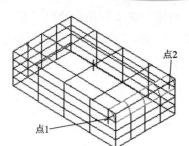

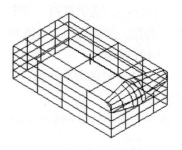

图 4-121　选择标记点　　　　　　　图 4-122　变化半径圆角

11. 曲面熔接

曲面熔接是将两个或 3 个已存在的曲面通过光滑曲面连接，并且所熔接的曲面与两个已存在的曲面相切。

曲面熔接有 3 种构建方式：两曲面熔接、三曲面熔接和三圆角曲面。

1）两曲面熔接

例 4-27　两曲面熔接实例。

操作步骤：

（1）准备好如图 4-123 所示的曲面。

（2）单击"曲面"工具栏中的"两曲面熔接（Create 2 Surfaces Blend）"按钮 ，弹出"两曲面熔接"对话框，如图 4-124 所示。选择两曲面，并设置熔接位置如图 4-123 所示，生成曲面效果如图 4-125 所示。

选择不同的熔接位置如图 4-126 所示，设置扭曲（Twist）效果如图 4-127 所示，修改端点（Modify Endpoints）如图 4-128 所示等都可以得到不同的熔接效果。

2）三曲面熔接

例 4-28　三曲面熔接实例。

操作步骤：

（1）准备好如图 4-129 所示的曲面。

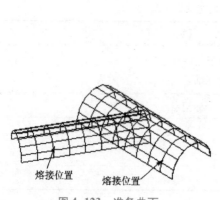

图 4-123　准备曲面

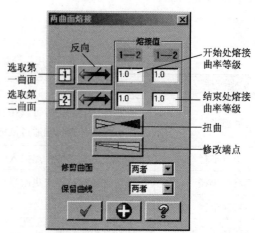

图 4-124　"两曲面熔接"对话框

图 4-125　熔接后效果

图 4-126　设置不同的熔接位置

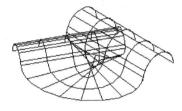

图 4-127　设置扭曲效果

图 4-128　修改端点

（2）单击"曲面"工具栏中的"三曲面熔接（Create 3 Surfaces Blend）"按钮，弹出"三曲面熔接"对话框（与两曲面熔接类似），选择 3 个曲面，并设置熔接位置如图 4-130 所示，生成曲面效果如图 4-130 所示。

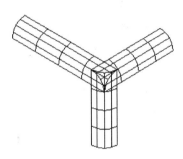

图 4-129　准备曲面

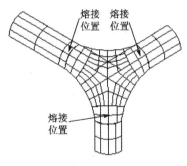

图 4-130　三曲面熔接曲面

3）三圆角曲面

例 4-29　三圆角曲面实例。

操作步骤：

（1）准备好如图 4-129 所示的曲面。

（2）单击"曲面"工具栏中的"三圆角曲面（Create 3 Fillet Blend）"按钮，选择 3 个曲面，弹出"三个圆角曲面熔接"对话框如图 4-131 所示，选择熔接边数 3，生成曲面效果如图 4-132 所示，选择熔接边数 6，生成曲面效果如图 4-133 所示。

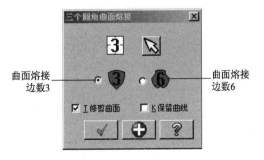

图 4-131　"三个圆角曲面熔接"对话框

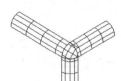

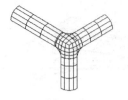

图 4-132 熔接边数 3 效果　　　　　图 4-133 熔接边数 6 效果

12. 曲面曲线

曲面曲线是指通过已有的曲面或平面来绘制曲线。一般都可以既生成曲线又生成曲面曲线，而曲面曲线只用于曲面修整的情况。

选择"构图（Create）"→"曲面曲线（Curve）"命令，即可选择所需要的"构建曲面曲线"命令，如图 4-134 所示。

1）指定边界（Create Curve on One Edge）

该命令用于选取曲面的边界线使其生成一条曲线。

例 4-30　指定边界曲面曲线实例。

操作步骤：

（1）准备好如图 4-135 所示的曲面。

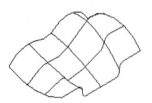

图 4-134 曲面曲线菜单　　　　　图 4-135 准备曲面

（2）单击菜单栏中的"构图（Create）"→"曲面曲线（Curve）"→"指定边界（Create Curve on One Edge）"命令，选择曲面并移动鼠标至如图 4-136 所示的位置，单击"确定"按钮，生成如图 4-137 所示的曲线。

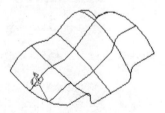

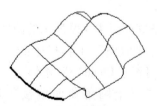

图 4-136 指定位置　　　　　图 4-137 生成曲线

该命令除了可以创建曲面的边界之外，还可以创建实体的边界线，如图 4-138 所示。

2）所有边界（Create Curve on All Edges）

该命令用于选取曲面的所有边界使其生成曲线。

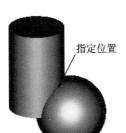

指定位置

图 4-138　创建三维实体的边界线

例 4-31　所有边界曲面曲线实例。

操作步骤：

（1）准备好如图 4-135 所示的曲面。

（2）选择"构图（Create）"→"曲面曲线（Curve）"→"所有边界（Create Curve on All Edges）"命令，选择曲面，单击"确定"按钮，生成如图 4-139 所示的曲线。

该命令除了可以创建曲面的边界之外，还可以创建实体的边界线，如图 4-140 所示。

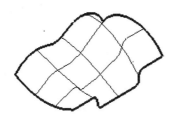

图 4-139　生成曲线　　　　　　　图 4-140　实体边界曲线

3）缀面边线（Create Constant Parameter Curve）

该命令用于沿一个完整曲面在常数参数方向上构建多条曲线。如果把曲面看做一块布料，则曲线就为布料上的纵横纤维。

例 4-32　缀面边线曲面曲线实例。

操作步骤：

（1）准备好如图 4-142 所示的曲面。

（2）选择"构图（Create）"→"曲面曲线（Curve）"→"缀面边线（Create Constant Parameter Curve）"命令，弹出如图 4-141 所示的"曲面曲线的参数设置（Create Constant Parameter）"工具栏，选择曲面，移动光标至所要生成曲线的位置，如图 4-143 所示，单击"确定"按钮，生成如图 4-144 所示的曲线。

图 4-141　"曲面曲线的参数设置"工具栏

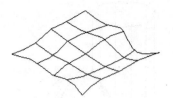

图 4-142　准备好曲面

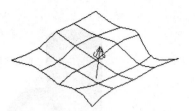

图 4-143　指定位置

（3）选择"构图（Create）"→"曲面曲线（Curve）"→"缀面边线（Create Constant Parameter Curve）"命令，选择曲面，单击"反向"按钮 ，移动鼠标至所要生成曲线的位置，如图 4-145 所示，单击"确定"按钮，生成如图 4-146 所示的曲线。

图 4-144　生成曲线　　　　图 4-145　指定位置　　　　图 4-146　生成曲线

4）曲面流线（Create Flowline Curve）

该命令产生的曲线与缀面边线相似，区别在于，"曲面流线"命令可以按照设定生成多条曲线，工具栏如图 4-147 所示。

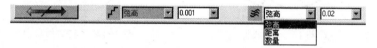

图 4-147　"曲面流线参数"工具栏

例 4-33　曲面流线曲面曲线实例。

操作步骤：

（1）准备好如图 4-148 所示的曲面。

（2）选择"构图（Create）"→"曲面曲线（Curve）"→"曲面流线（Create Flowline Curve）"命令，弹出如图 4-147 所示的"曲面流线参数（Curve Flowline）"工具栏，选择曲面，设置"距离（Distance）"为"20"，单击"确定"按钮，生成如图 4-149 所示的曲线。

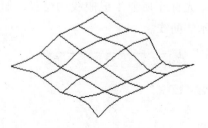

图 4-148　准备曲面

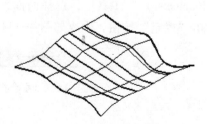

图 4-149　生成曲线

5）动态绘线（Create Dynamic Curve）

该命令用于在曲面上绘制曲线，绘制的方法与"手动输入曲线"类似，用户可以随心所欲地在曲面的任意位置单击鼠标，最后连接这些点生成曲线。

例4-34 动态绘线曲面曲线实例。

操作步骤：

（1）准备好如图4-150所示的曲面。

（2）选择"构图（Create）"→"曲面曲线（Curve）"→"曲面流线（Create Dynamic Curve）"命令，选择如图4-151所示的点，单击"确定"按钮，生成如图4-152所示的曲线。

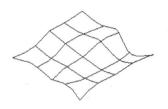 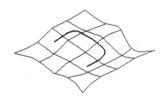

图4-150　准备曲面 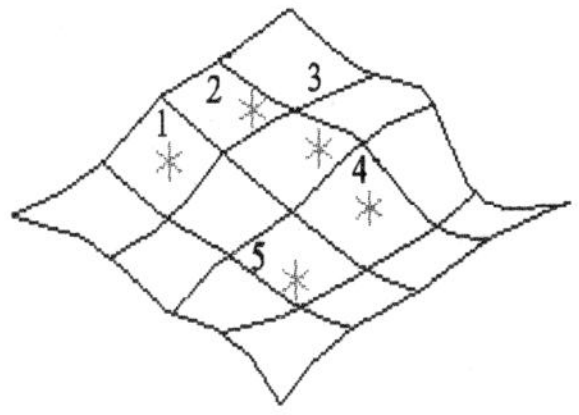　　图4-151　曲面上的所示点　　图4-152　生成曲线

6）剖切线（Create Curve Slice）

剖切线是指曲面和平面的交线，使用一个平面剖切一个曲面后，二者的交线即为剖切线。工具栏如图4-153所示。

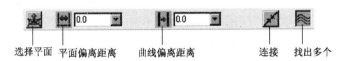

选择平面　平面偏离距离　　曲线偏离距离　　　　连接　找出多个

图4-153　"剖切线参数"工具栏

例4-35 剖切线曲面曲线实例。

操作步骤：

（1）准备好如图4-154所示的曲面。

（2）选择"构图（Create）"→"曲面曲线（Curve）"→"剖切线（Create Curve Slice）"命令，选择如图4-153中的曲面，在"剖切线参数（Curve Slice）"工具栏中单击"选择平面"按钮（否则系统将自动使用 *XOY* 平面），在弹出的"平面选项"对话框中单击"图素"按钮，选择图4-154中的平面，单击应用按钮，生成如图4-155所示的曲线。

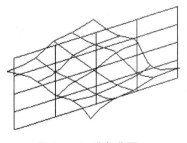

图4-154　准备曲面

在"平面平移距离"按钮后的文本框中输入"10"，单击"应用"按钮，生成如图4-156所示的图形。

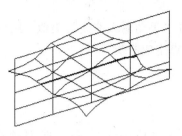

图 4-155　生成曲线

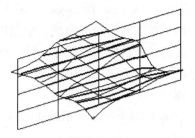

图 4-156　生成图形

7）分模线（Create Part Line Curve）

分模线是以平行构图面的平面去交截曲面，得到的最大截面处的曲线。工具栏如图 4-157 所示。

图 4-157　"分模线参数"工具栏

例 4-36　分模线曲面曲线实例。

操作步骤：

（1）准备好如图 4-158 所示的曲面。

（2）选择"构图（Create）"→"曲面曲线（Curve）"→"分模线（Curve Part Line Curve）"命令，选择如图 4-158 中的曲面，在"分模线参数（Curve Part Line）"工具栏中输入分模角度为"0"，单击"应用"按钮 ⊕，单击"确定"按钮，生成如图 4-159 所示的曲线。

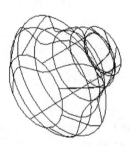

图 4-158　准备曲面

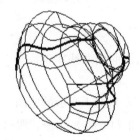

图 4-159　分模角度为 0°

在"分模线参数（Curve Part Line）"工具栏中输入分模角度为"50"，单击"应用"按钮 ⊕，单击"确定"按钮，生成如图 4-160 所示的曲线。分模线的位置如同地理中的纬度位置。

8）绘制交线（Create Curve at Intersection）

该命令用于在曲面相交处创建一条曲线。

例 4-37　绘制交线曲面曲线实例。

操作步骤：

（1）准备好如图 4-161 所示的曲面。

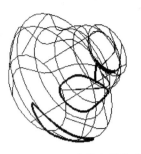

图 4-160 分模角度为 50°

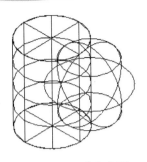

图 4-161 准备曲面

（2）选择"构图（Create）"→"曲面曲线（Curve）"→"交（（Create Curve at Intersection）"命令，选择如图 4-161 所示中的圆柱曲面作为第一曲面，按 Enter 键，选择如图 4-161 所示中的圆球曲面作为第二曲面，按 Enter 键，在"交线参数（Curve Intersection）"工具栏中输入如图 4-162 所示的数据，单击"确定"按钮生成如图 4-163 所示的曲线。

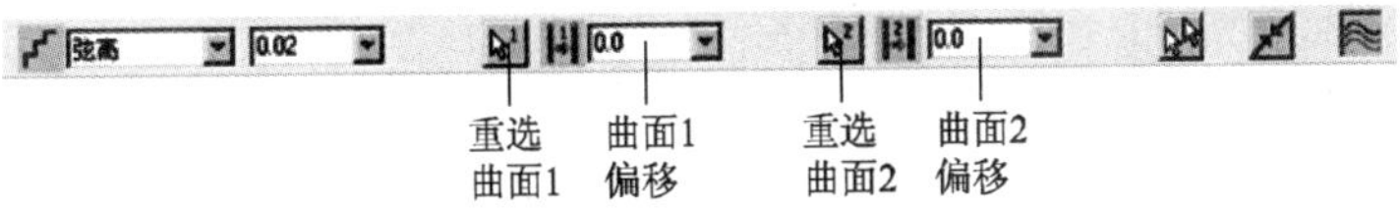

重选   曲面1   重选   曲面2
曲面1   偏移   曲面2   偏移

图 4-162 "交线参数"工具栏

在"交线参数（Curve Intersection）"工具栏中输入曲面 1 偏移距离为"5"，曲面 2 偏移距离为"5"，单击"确定"按钮，生成如图 4-164 所示的曲线。

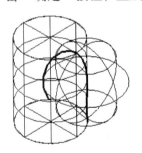

图 4-163 生成曲线

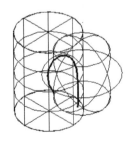

图 4-164 曲面偏移后生成的曲线

4.4 项目实施

1. 图形分析

本例先绘二维图形，然后综合运用视角视图、构图面、构图深度、点、线、圆、倒角，以及曲面修整（Flat）、牵引曲面、扫描曲面、曲面倒圆角、曲面延伸等命令绘制笔筒曲面。

2. 操作步骤

1）绘制二维轮廓

（1）选择 文件(F) → 新建文件(N)，新建一个文档。

（2）选择菜单栏中的 构图(C) → 直线(L) → 绘制任意线(E) 命令，单击操作栏中绘制连续线按钮 ，根据提示输入点："-50，0""-50，42""50，42""50，0""40，-38""-40，-38""-50，0"，按 Enter 键确定，结果如图 4-165 所示。

（3）单击工具栏中的 按钮，进行倒圆角（共有 6 处），半径为 15，结果如图 4-166 所示。

（4）在状态栏设置构图深度为 Z 15.0 ，按 Enter 键确定。

（5）在工具栏，单击 绘制圆弧。直径修改为"10"，输入圆心坐标："-30，21""0，21""30，21""15，12""-15，12"，并分别按 Enter 键确定，结果如图 4-167 所示。

注：本步骤输入的点，Z 轴坐标都是 15。

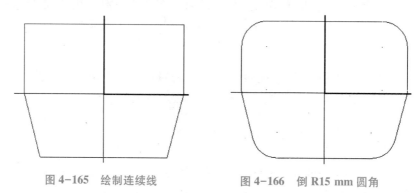

图 4-165　绘制连续线　　　　　图 4-166　倒 R15 mm 圆角

（6）在工具栏中，单击 按钮，绘制下水平线的平行线，间距为 10.0 ，结果如图 4-168 所示。

注：本步骤输入的点，Z 轴坐标都是 0。

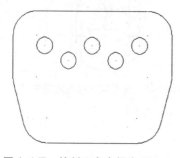 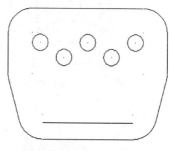

图 4-167　绘制 5 个直径为 10 mm 的圆　　　图 4-168　绘制平行线

（7）用类似的方法绘制其余三条平行线，结果如图 4-169 所示。

（8）倒圆角，圆角半径值为 10，结果如图 4-170 所示。

（9）单击工具栏中的"视角——前视图"按钮 ，进入前视图视角；单击工具栏中的"构图面——前视图"按钮 设置位面到前视角相对于你的 WCS，进入前视构图面，绘图区左下角如图 4-171 所示。

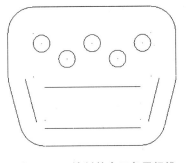

图 4-169　绘制其余三条平行线

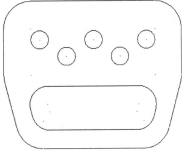

图 4-170　倒 R10 mm 的圆角

Gview:FRONT　WCS:TOP　Cplane:FRONT

图 4-171　前视图视角、前视构图面

（10）在工具栏选择 ，绘制圆弧。输入第一点坐标"-50，18"，第二点坐标"50，18"，半径修改为"175"，按 Enter 确定，单击所需的圆弧段，结果如图 4-172 所示。

（11）单击工具栏中的"视角——右视图"按钮 ，然后单击工具栏中的"构图面——右视图"按钮 设置位面到前视角相对于你的 WCS，绘图区左下角如图 4-173 所示；构图深度为 Z0.0 ，按 Enter 键确定。

Z
└─ Y

Gview:RIGHT SIDE　WCS:TOP　Cplane:RIGHT SIDE

图 4-172　两点画弧（一）

图 4-173　右视图视角、右视构图面

（12）在工具栏选择 ，绘制圆弧。输入第一点坐标"-38，25"，第二点坐标"42，45"，半径修改为"100"，按 Enter 键确定，单击所需的圆弧段，结果如图 4-174 所示。

（13）单击工具栏中的"视角——等角视图"按钮 ，结果如图 4-175 所示。

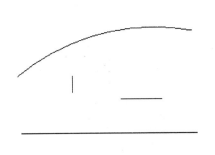

图 4-174　两点画弧（二）

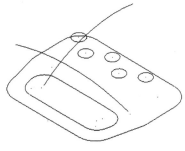

图 4-175　等角视图

125

（14）在工具栏，单击 按钮，选择平移的图素 R175 圆弧，按 Enter 键，弹出平移选项对话框，选择平移方式，单击 ＋１，在选择平移起点的提示下，以中点捕捉模式 ，选择 R175 圆弧，再选取平移终点 R100 圆弧的下端点，确定后，结果如图 4-176 所示。

2）生成 Flat 曲面

（1）选择 构图(C) → 绘制曲面(U) ▶ 平面修剪 命令，弹出串连选择对话框，根据提示"选取串连去定义平面修剪边界1"，单击倒圆角框，单击 按钮。单击工具栏中的"图形着色"按钮 ，结果如图 4-177 所示。

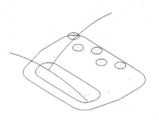
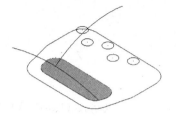

图 4-176 曲线平移　　　　　　　图 4-177 生成笔筒的 Flat 曲面（一）

（2）继续完成另外 5 个 Flat 曲面的生成，结果如图 4-178 所示。

3）生成牵引曲面

（1）视角和构图面设置后，绘图区左下角如图 4-179 所示。

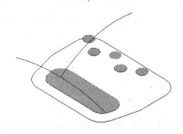

Gview:ISO   WCS:TOP   Cplane:TOP

图 4-178 生成笔筒的 Flat 曲面（二）　　　图 4-179 等角视图视角、俯视构图面

（2）选择 构图(C) → 绘制曲面(U) ▶ 牵引曲面(U) 命令，弹出串连对话框，根据提示"选取直线,圆弧,或曲线1"，依次单击 5 个圆，确保箭头同向（逆时针切于圆），确定后，弹出"牵引曲面"对话框如图 4-180 所示，将牵引长度设置为"50"，确认后如图 4-181 所示。

图 4-180 "牵引曲面"对话框　　　　图 4-181 生成 5 个圆对应的牵引曲面

（3）同理，选择 命令，串连选择倒圆封闭曲线，确保箭头逆时针切于圆，牵引角度设置为"-5"，确定后结果如图4-182所示。

（4）单击工具栏中的"构图面——右视图"按钮 设置位置到前视角相对于你的 WCS，进入右视图构图面。

（5）选择 构图(C) → 绘制曲面(U) ▶ → 扫描曲面(S) 命令，弹出"串连选项"对话框，根据提示" 扫描曲面:定义 截面方向外形 "，在"串连选项"对话框中选择单体 按钮，单击R175圆弧，确保箭头向右，单击 按钮，根据提示" 扫描曲面:定义 引导方向外形 "，单击R100圆弧，确保箭头向右上方，单击 按钮，结果如图4-183所示。

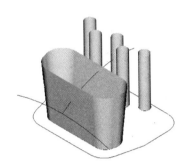 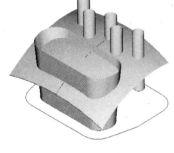

图4-182 生成倒圆封闭曲线对应的牵引曲面　　　图4-183 扫描曲面

（6）选择 构图(C) → 绘制曲面(U) ▶ → 倒圆角(I) ▶ → 曲面/曲面(S) 命令，根据提示" 选取第一个曲面或按<Esc>键去退出 "，单击大牵引曲面（共8个小曲面），确定后，根据提示" 选取第二个曲面或按<Esc>键去退出 "，单击扫描曲面，确定后，弹出"两曲面倒圆角"对话框，半径修改为"3"，点选 ☑ I修剪，如图4-184所示。倒圆角结果如图4-185所示。

图4-184 "两曲面倒圆角"对话框　　　图4-185 大牵引曲面倒圆角

（7）同理，选择5个小圆柱面为第一组曲面，扫描曲面为第二组曲面，进行倒圆角，半径修改为"1"，点选 ☑ I修剪，倒圆角结果如图4-186所示。

注：若倒圆角不成功，则表明曲面法线未相交，可通过动态修改曲面法线的方法来解决（选择 编辑(E) → 法向设定 命令），请读者自行尝试。

（8）选择 构图(C) → 绘制曲面(U) ▶ → 牵引曲面(U) 命令，单击外轮廓线，确保箭头逆时针相切于轮廓，牵引长度为 ⤢ 50.0，牵引角度为 ∠ 5.0，确定后结果如图 4-187 所示。

图 4-186 5 个小圆柱曲面倒圆角

图 4-187 生成与外轮廓线对应的牵引曲面

（9）选择 构图(C) → 绘制曲面(U) ▶ → 倒圆角(I) ▶ → 曲面/曲面(S) 命令，进行倒圆角，根据提示，选取与外轮廓线对应的大牵引曲面（共 12 个小牵引曲面）为第一组曲面，扫描曲面为第二组曲面，倒圆半径修改为"1"，点选 ☑ I 修剪，确定后结果如图 4-188 所示。

注：若倒圆角不成功，可通过 构图(C) → 绘制曲面(U) ▶ → 曲面延伸(E) 命令，延伸扫描曲面来解决。

图 4-188 完成后的笔筒造型

（10）选择 文件(F) → 保存文件(S) 命令，以文件名"XIANGMU4-1"保存绘图结果。

4.5 项目评价（见表 4-7）

项目描述任务
操作视频

表 4-7 项目实施评价表

序号	检测内容与要求	分值	学生自评（25%）	小组评价（25%）	教师评价（50%）
1	学习态度	5			
2	安全、规范、文明操作	5			
3	能分析笔筒曲面模型零件图，规划绘图思路	15			
4	能绘制曲面造型所需三维线架	15			
5	能通过 Flat 曲面、牵引曲面、扫描曲面等方式绘制笔筒曲面	15			

续表

序号	检测内容与要求	分值	学生自评 （25%）	小组评价 （25%）	教师评价 （50%）
6	能对所绘制的笔筒曲面进行倒圆角处理	15			
7	能以文件名"XIANGMU4-1"保存笔筒曲面模型	5			
8	项目任务实施方案的可行性，完成的速度	10			
9	小组合作与分工	5			
10	学习成果展示与问题回答	10			
	总分	100	合计：		

4.6　项目总结

　　曲面是用来构建模型的重要工具和手段。根据 CAD 建模原理，三维模型可以看作是由一定大小和形状的曲面围成的，因此使用曲面可以构建实体模型。同时，在 CAM 技术中，加工的任务就是使用刀具切出具有一定形状和尺寸精度的表面，因此，在加工之前，一般先绘制出零件加工后的理想表面形状。总之，三维曲面造型设计是 Mastercam X 的重要组成部分。

　　通过本项目的学习，可以非常熟练地掌握以下内容：

　　（1）产品表面往往由多种形式的曲面综合而成，读者必须具备综合、灵活应用各种曲面造型的能力。

　　（2）曲面模型的建立步骤是：① 建立线框模型；② 产生曲面；③ 编辑曲面。

　　（3）Mastercam X 三维曲面造型功能，例如拉伸曲面、旋转曲面、扫掠曲面，以及对曲面进行圆角、修剪和融接等的操作使用。

4.7　项目拓展

　　建立图 4-189 所示的轮毂曲面模型。

1. 图形分析

本例也是一个非常复杂的曲面模型。绘图思路是：绘制轮毂外形及底部曲面的线框→绘制轮毂凹槽的外形轮廓→构建轮毂外形的旋转曲面→构建轮毂凹槽底部曲面→构建凹槽曲面轮廓→构建凹槽扫描曲面→构建倒圆角曲面→曲面旋转复制。

2. 操作步骤

1）绘制轮毂外形及底部曲面的线框

设置层别（Level）：1；层别名字：外形。

（1）在前视图构图面上绘制轮毂外形如图 4-190 所示，输入 P1～P16 共计 16 个点，点的坐标如表 4-8 所示。

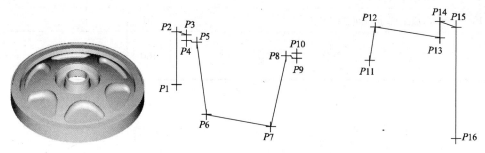

图 4-189　轮毂曲面模型　　　　　　图 4-190　轮毂外形

表 4-8　点的坐标

P1	7.062，12.267	P2	7.062，16.794	P3	7.944，16.583
P4	7.944，16.070	P5	8.861，15.923	P6	9.724，9.728
P7	15.398，8.779	P8	16.789，14.810	P9	17.703，14.599
P10	17.703，15.033	P11	42.898，6.187	P12	43.351，8.862
P13	48.689，7.978	P14	48.689，9.296	P15	50.000，8.913
P16	50.000，0				

（2）单击"草绘"工具栏中的"两点画弧（Create Arc Endpoints）"按钮，在"两点画弧（Create Arc Endpoints）"工具栏中输入半径值为"90"，依次选择 P10、P11 两点，生成如图 4-191 所示（隐藏所有点）的圆弧。

（3）单击"草绘"工具栏中的"绘制任意线（Create Line Endpoint）"按钮，输入坐标为（21.568，8.862，0），在"直线"工具栏中输入长度为"20"，角度为"-12.5"，单击"确定"按钮，生成如图 4-192 所示的图形。

图 4-191　绘制半径为 90 的圆弧　　　　　图 4-192　绘制直线

（4）单击"草绘"工具栏中的"切弧（Create Arc Tangent）"按钮，在"切弧（Create Arc Tangent）"工具栏中选择"切圆外点（Tangent Point）"按钮，输入半径

（Radius）为"8"，选取上一步骤所绘制出的极坐标线，输入圆外一点坐标值为（41.432，2.762），单击"确定"按钮，生成如图4-193所示的图形。

（5）单击"修剪/打断"工具栏中的"修剪/打断（Trim/Break）"按钮，在"修剪/打断/延伸（Trim/Extend/Break）"工具栏中单击"修剪2物体（Trim 2 entity）"按钮，分别选取保留的直线段和圆弧，生成如图4-194所示的图形。

图4-193 绘制圆弧

图4-194 修剪图形

（6）单击"草绘"工具栏中的"倒圆角（Fillet Entities）"按钮，设置圆角半径分别为"3"和"1"，绘制如图4-195所示的圆角。

（7）任意绘制一条X轴坐标为0的垂直线作为旋转轴，如图4-196所示。

图4-195 倒圆角

图4-196 绘制对称轴

2）绘制轮毂凹槽的外形轮廓

层别（Level）：2；层别名字：凹槽，关闭图层1。

（1）设置视角为俯视图视角，构图深度Z为40，2D绘图方式，隐藏图层1。

（2）单击"草绘"工具栏中的"绘制任意线（Create Line Endpoint）"按钮，选择坐标原点，在"直线（Line）"工具栏中输入长度为"50"，角度为"3.5"，单击"应用"按钮，绘制第二条线，选择坐标原点为起点，在"直线"工具栏中输入长度为"50"，角度为"56.5"。单击"确定"按钮，生成如图4-197所示的图形。

（3）单击"草绘"工具栏中的"极坐标圆弧（Create Arc Polar）"按钮，选择原点作为圆心点，在"极坐标圆弧（Arc Polar）"工具栏中输入半径为"40"，起始角度为"0"，终止角度为"60"，单击"确定"按钮生成如图4-198所示的图形。

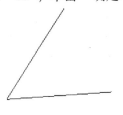

图4-197 绘制直线

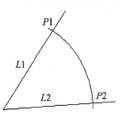

图4-198 绘制圆弧

（4）单击"转换"工具栏中的"旋转（Xform Rotate）"按钮，选取直线 L1，单击"执行"按钮，设置旋转基点为 P1 点，输入角度为"15"，单击"应用"按钮，选取直线 L2，单击"执行"按钮，设置旋转基点为 P2 点，输入角度为"-15"，单击"确定"按钮，生成如图 4-199 所示的图形。

（5）单击"草绘"工具栏中的"倒圆角（Fillet Entities）"按钮，设置圆角半径为"14"，选择 L1 和 L2 直线，单击"应用"按钮，设置圆角半径为"4"，选择 L1 和 A1，L2 和 A1，单击"确定"按钮，删除多余的线段，生成如图 4-200 所示的圆角。

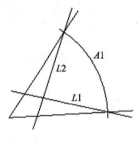

图 4-199　旋转直线

图 4-200　倒圆角

（6）单击"转换"工具栏中的"串连补正（Xform Offest Contour）"按钮，串连选取如图 4-201 所示的外形（注意箭头方向），单击"确定"按钮，在弹出的"串连补正（Offest Contour）"对话框中输入距离为"2"，单击"确定"按钮生成如图 4-202 所示的图形。

图 4-201　串连方向

图 4-202　串连补正

3）构建轮毂外形的旋转曲面

层别（Level）：3；层别名字：外形曲面，显示图层 1，隐藏图层 2。

（1）设置视角为等角视图。

（2）单击"曲面"工具栏中的"旋转曲面（Create Revolved Surfaces）"按钮，选择如图 4-203 所示的轮廓线 1，单击"确定"按钮，选择 L1 作为旋转轴（注意箭头朝上），输入旋转角度为"60"，单击"确定"按钮，生成如图 4-204 所示的曲面。

4）构建轮毂凹槽底部曲面

层别（Level）：4；层别名字：凹槽底面，关闭图层 3。

单击"曲面"工具栏中的"旋转曲面（Create Revolved Surfaces）"按钮，选择如图 4-203 所示的轮廓线 2，单击"确定"按钮，选择 L1 作为旋转轴（注意箭头朝上），输入旋转角度为"60"，单击"确定"按钮，生成如图 4-205 所示的曲面。

图 4-203　轮廓线选择

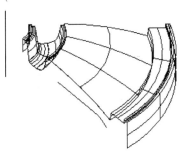

图 4-204　生成旋转曲面

5）构建凹槽曲面轮廓

打开图层 2，关闭图层 1。

（1）设置构图面为俯视图构图面。

（2）单击"转换"工具栏中的"投影（Xform Project）"按钮，选择图 4-206 中的曲线作为投影线，单击"执行"按钮，在弹出的"投影选项（Project）"对话框中选择"投影到曲面（Project onto surfaces）"按钮，选择图 4-206 中的曲面，单击"确定"按钮，生成如图 4-207 所示的图形。

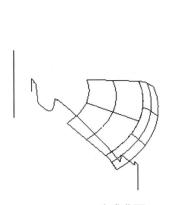

图 4-205　生成曲面

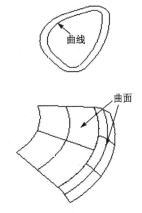

图 4-206　选择图素

（3）单击"曲面"工具栏中的"修整至曲线（Trim Surface to Curves）"按钮，选择图 4-205 中的曲面，单击"执行"按钮，在弹出的"串连选项"对话框中，单击"选项（Options）"按钮，按照图 4-208 所示修改串连公差为 0.02，单击"√"按钮，选择上一步生成的投影线，鼠标单击图 4-209 所示的 P1 点为保留区域，单击"确定"按钮，生成如图 4-210 所示的图形。

（4）打开图层 3。

133

图 4-207　投影到曲线　　　　　图 4-208　修改选项

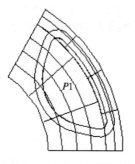

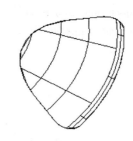

图 4-209　选择保留区域　　　　图 4-210　修剪后的曲面

（5）单击"转换"工具栏中的"投影（Xform Project）"按钮，选择图 4-211 中的曲线作为投影线，单击"执行"按钮，在弹出的"投影选项（Project）"对话框中单击"投影到曲面（Project onto surfaces）"按钮，选择图 4-211 中的曲面，单击"确定"按钮，生成如图 4-212 所示的图形。

（6）单击"曲面"工具栏中的"修整至曲线（Trim Surface to Curves）"按钮，选择图 4-186 中的曲面，单击"执行"按钮，在弹出的"串连选项"对话框中，单击"选项（Options）"按钮，按照图 4-208 所示修改串连公差为 0.02，单击"√"按钮，选择上一步生成的投影线，鼠标单击图 4-211 所示的 P1 点为保留区域，单击"确定"按钮，生成如图 4-213 所示的图形。

（7）设置图层 2 为构图层，关闭其他图层。

（8）单击"修剪/打断"工具栏中的"打成若干段（Break Many Pieces）"命令，在弹出的"打断多段（Break Many Pieces）"工具栏中输入数量（Number）为"2"，单击"线/弧（Lines/Arcs）"按钮，设置为弧，分别捕捉曲线的中点 P1 和 P2 作为断点，如图 4-214 所示，单击"确定"按钮，将曲线打成两段。

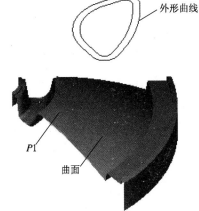

图 4-211　选择图素

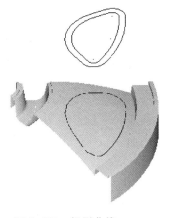

图 4-212　投影曲线

图 4-213　修剪曲面

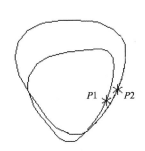

图 4-214　打断曲线

（9）单击如图 4-215 所示的按钮，设置为 3D 空间绘图。

（10）单击"草绘"工具栏中的"绘制任意线（Create Line Endpoint）"按钮，在"直线"工具栏中单击"连续线（Multi-Line）"按钮，选择坐标原点为起始点，P1 为第二点，P2 为终点，单击"确定"按钮生成如图 4-216 所示的图形。

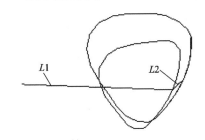

3D　屏幕视角　构图面　Z 40.0

图 4-215　设置 3D 空间绘图

图 4-216　绘制直线

（11）单击如图 4-215 所示的"构图面（Planes）"按钮，选择"图素定面（Geometry）"命令，分别选择如图 4-191 中所示的 L1 和 L2 线，生成如图 4-217 所示的坐标系的构图面，单击"确定"按钮，保存该构图面。

（12）单击"草绘"工具栏中的"两点画弧（Create Arc Endpoints）"按钮，在

"两点画弧（Arc Endpoints）"文本框中输入半径为"2"，选择 P1 和 P2 点，保留如图 4-218 所示的圆弧，删除多余的直线。

6）构建凹槽扫描曲面

层别（Level）：5；层别名字：凹槽曲面。

单击"曲面"工具栏中的"扫描曲面（Create Swept Surfaces）"按钮 ，选择圆弧为截面图形，单击"确定"按钮，外形 1 为轨迹线 1，外形 2 为轨迹线 2，单击"确定"按钮。在"扫描曲面"工具栏中单击"旋转（Rotate）"按钮，单击"确定"按钮，生成如图 4-219 所示的曲面。

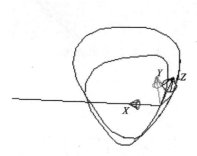

图 4-217　创建构图面

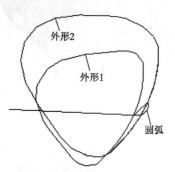

图 4-218　保留圆弧

7）构建倒圆角曲面

层别（Level）：6；层别名字：倒圆角曲面。

（1）打开图层 3、4、6。

（2）单击"曲面"工具栏中的"曲面/曲面倒圆角（Fillet Surfaces to Surfaces）"按钮 ，光标依次选择如图 4-220 所示的曲面 1、曲面 2 为第一个组曲面，单击"执行"按钮，选择曲面 3 为第二个曲面，单击"执行"按钮，在弹出的"两曲面倒圆角"对话框中输入半径为"1.2"（注意倒圆角方向）。单击"确定"按钮，生成如图 4-221 所示的图形。

图 4-219　生成曲面

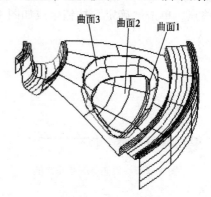

图 4-220　选择曲面

（3）单击"曲面"工具栏中的"曲面/曲面倒圆角（Fillet Surfaces to Surfaces）"按钮 ，光标依次选择如图 4-220 所示的曲面 1 为第一个曲面，单击"执行"按钮，选择曲面 2 为第二个曲面，单击"执行"按钮，在弹出的"两曲面倒圆角"对话框中输入半径为

"0.8"，单击"反向法线（Flip Normal）"按钮 ，设置倒圆角方向如图 4-222 所示。单击"确定"按钮，生成如图 4-223 所示的图形。

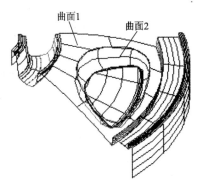

图 4-221 构建圆角曲面

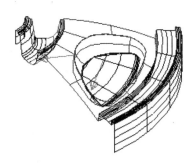

图 4-222 圆角方向

8）曲面复制

（1）设置构图面为俯视图构图面。

（2）单击"转换"工具栏中的"旋转（Xfrom Rotate）"按钮 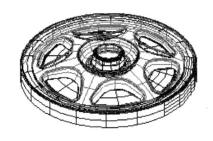，选择所有曲面，单击"执行"按钮，选择旋转基点为原点，设置旋转角度为"60"，次数为"5"，单击"确定"按钮，生成如图 4-224 所示的曲面。

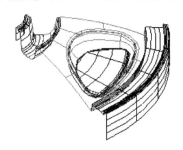

图 4-223 生成圆角面

图 4-224 轮毂曲面模型

4.8 项目巩固练习

项目拓展任务
操作视频

4.8.1 填空题

1. 举升曲面和直纹曲面的主要区别在于，生成举升曲面时，截形间是通过_____相连的，直纹曲面则是通过_____相连。

2. 曲面修剪有 3 种操作类型，它们是_____、_____、_____。

3. 曲面圆角有 3 种操作类型，它们是_____、_____、_____。

4. 对曲面进行编辑操作的命令主要有_____、_____、_____、_____、_____、_____、_____、_____等。

5. 创建_____功能是 Mastercam X 中的新增功能，它要求定义两个方向的曲面，一个是_____，另一个是_____。

6. 创建曲面流线时，可以通过指定_____、_____或者_____来确定曲线的数量。

4.8.2　选择题

1. 一个串连图素在绕某直线旋转产生旋转曲面后，该串连图素将（　　）。
　　A. 被隐藏　　　　　B. 被删除　　　　　C. 还存在　　　　　D. 不一定
2. 在绘制圆柱曲面时，其中心轴可用多种方式，但不包括（　　）方式。
　　A. 坐标轴　　　　　B. 直线　　　　　　C. 圆弧　　　　　　D. 未绘制的任意两点
3. 将曲面上的一个孔洞补起来，成为一个统一的曲面，应该使用（　　）命令。
　　A. 去除边界　　　　B. 填补孔洞　　　　C. 分割曲面　　　　D. 曲面融接
4. 在 Mastercam X 中，关丁曲面编辑，没有提供直接进行（　　）操作的命令。
　　A. 等半径圆角　　　　　　　　　　　　B. 曲面−平面圆角
　　C. 变半径圆角　　　　　　　　　　　　D. 都不对
5. 下列（　　）命令可以在曲面的常参数方向上创建曲线。
　　A. 绘制相交线　　　　　　　　　　　　B. 创建分模线
　　C. 创建边界曲线　　　　　　　　　　　D. 创建曲面流线

4.8.3　简答题

1. 举升曲面和直纹曲面的主要区别是什么？
2. 曲面倒圆角有哪 3 种类型？曲面修剪有哪 3 种类型？
3. 在创建什么曲线时，需要指定方向？
4. 将曲面上的孔洞补起来，形成一个网状的完整的曲面，应该使用什么命令？举例说明去除边界和填补孔洞有何区别？
5. 在创建曲面流线时，可以通过指定什么来指定曲线数量？
6. 曲面熔接可以熔接多少个曲面？
7. 创建剖切线是什么命令的一个特例？
8. 说明曲面法线方向对曲面倒圆角的影响。
9. 在 Mastercam 中，有哪些方法可以用来创建曲面？
10. 创建交线和剖切线有什么相同之处，它们又有什么不同之处？
11. 对曲面进行圆角操作，需要进行哪些参数设置？画图说明曲面法线方向对曲面圆角操作的影响。

4.8.4　操作题

1. 完成三维线架及曲面零件图的绘制，如图 4-225 所示。

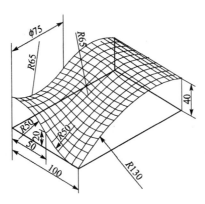

图 4-225　三维线架及曲面零件图

2. 绘制三维线架及曲面造型，如图 4-226~图 4-229 所示。

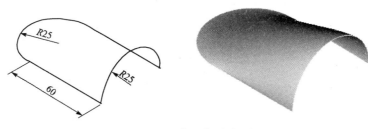

图 4-226　曲面造型（一）

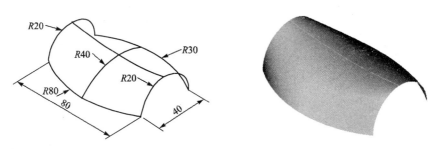

图 4-227　曲面造型（二）

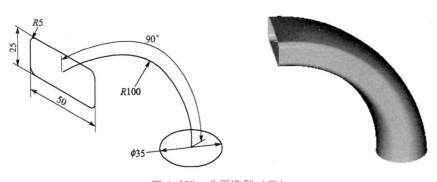

图 4-228　曲面造型（三）

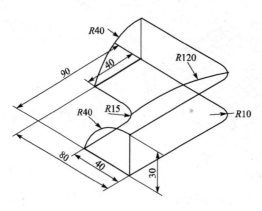

图 4-229　曲面造型（四）

3. 绘制茶壶盖零件的三维线架及曲面造型，如图 4-230 所示。

4. 绘制以下电吹风模具工作面，倒圆角半径为 4，本体用扫描曲面，手柄、出风口用直纹曲面，本体与手柄、出风口进行修剪，删除多余部分，如图 4-231 所示。

项目巩固练习答案

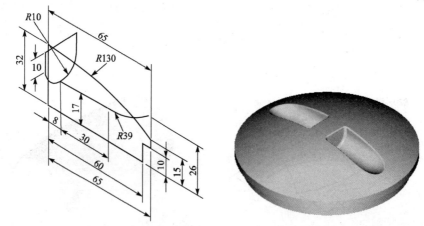

图 4-230　茶壶盖零件

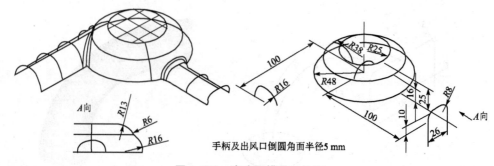

手柄及出风口倒圆角面半径 5 mm

图 4-231　电吹风模具工作面

项目 5

三维实体造型

5.1 项目描述

本项目主要介绍 Mastercam X 三维实体造型的各种方法。通过本项目的学习，完成操作任务——弯头连接件实体模型，如图 5-1 所示。

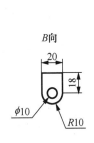

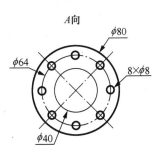

图 5-1 弯头连接零件图

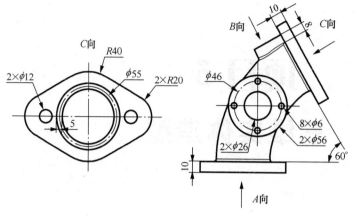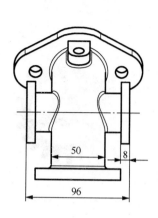

图 5-1　弯头连接零件图（续）

5.2　项目目标

知识目标

（1）了解 Mastercam X 三维实体建模的基本过程。

（2）熟悉 Mastercam X 三维实体建模的基本方法。

（2）掌握 Mastercam X 拉伸（挤压）、旋转、举升、扫描、布尔运算、倒圆角、倒直角、抽壳、牵引面等命令的使用技术。

技能目标

（1）能利用 Mastercam X 对二维图形进行拉伸（挤压）、旋转、举升、扫描以及将空间曲面转换为实体等操作来创建三维实体。

（2）能通过对三维实体进行布尔运算、圆角、倒角、抽壳、牵引面等操作来创建各种各样的复杂实体。

（3）完成"项目描述"中的操作任务。

5.3　项目相关知识

5.3.1　三维实体建模的基本过程

Mastercam 中的三维实体除了可以描述三维模型的轮廓和表面特征之外还可以描述模型体积的特征，它是由多个特征组成的一个整体。三维实体比二维图形更具体、更直接地表现物体的结构特征，它包含丰富的模型信息，为产品的后续处理提供了条件。

三维实体的构建过程就是多个实体特征的堆积过程，通常先构建出一个挤出特征，然后在其基础上利用增加凸缘的方法产生一个实心的三维实体，再在此实体上挖一个孔，切割一部分材料，倒一个圆角等，最后构建出所要的三维实体。

Mastercam 中三维实体建模的过程和步骤如下。

（1）构建三维实体外形。

三维实体外形如同曲面造型中所需的三维线架模型，在构建三维实体之前需要事先构建出所需的二维图形。如需挤出如图 5-2 所示的实体，则要事先构建出如图 5-3 所示的外形。

图 5-2　挤出实体　　　　图 5-3　二维图形

（2）构建、编辑实体特征。

在 Mastercam 中可以通过挤出、旋转、扫描、举升、基本实体命令来构建三维实体的基本特征，并在此基础上进行倒圆角、倒角、薄壳、布尔运算、牵引、修整等操作，最终构建出实体模型。"实体"工具栏如图 5-4 所示。

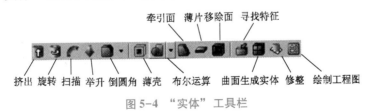

图 5-4　"实体"工具栏

（3）实体管理操作。

在 Mastercam 中通过实体管理的方法（如图 5-5 所示）可以很方便地对实体特征进行管理，可观察三维实体的构建记录，可以改变特征的次序，修改特征的参数和图形。

三维实体的构建过程不是一个固定不变的流程，在三维实体的构建过程中次序往往被打乱，如构建好某一特征后需要实体管理进行修改，然后再进行其他实体特征的构建。

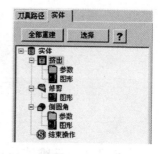

图 5-5　实体管理

5.3.2　三维实体建模的基本方法

1. 基本实体

基本实体是系统内部定义好的由参数进行驱动的实体。用户不需要定义实体的外形曲线链，只需要定义基本的实体参数，就可以确定实体的大小、形状和位置等。

操作步骤如下：

在菜单栏中选择"构图"→"基本曲面"命令，选择"S实体"单选按钮，在图 5-6 所示的"基本实体"子菜单中单击所需要的基本实体命令，设置好参数，即可产生基本实体。如表 5-1 所示为基本实体某一选项的轴的定位参数说明。

图 5-6　"基本实体"子菜单

表 5-1　轴的定位参数说明

选　项	说　　明
X	指定系统坐标系中的 X 轴方向为轴向
Y	指定系统坐标系中的 Y 轴方向为轴向
Z	指定系统坐标系中的 Z 轴方向为轴向
直线	指定已存在的任一直线方向为轴向，并询问是否使用直线的长度来代替原始高度
两点	通过两点连接的方式来确定轴向

2. 挤出

挤出是指把事先构建好的二维封闭曲线链通过指定的方向进行拉伸的造型，既可进行实体材料的增加，也可进行实体材料的切除。

例 5-1　挤出操作步骤及实例。

准备好二维封闭曲线链，如图 5-7 所示，单击"实体"工具栏中的"挤出实体（Solid Extrude）"按钮，打开"串连选项"对话框。在对话框中单击"串连（chain）"按钮，选择图中的任一线段，然后单击"确定"按钮。（注：如果串连外形时，串连的方向为顺时针方向，则拉伸的方向朝上；如果串连外形时，串连的方向为逆时针方向，则拉伸的方向朝下。）

图 5-7　挤出串连方向和拉伸方向

在弹出的"实体挤出的设置（Extrude Chain）"对话框设置如图 5-8 所示的数据，最后效果如图 5-9 所示。如表 5-2 所示为打开"挤出"选项卡时实体挤出的设置参数说明，表 5-3 为打开"薄壁"选项卡时挤出实体的参数设置说明。

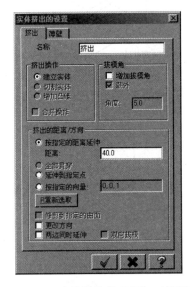

图 5-8　"实体挤出的设置"对话框

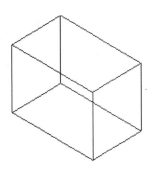

图 5-9　挤出实体

表 5-2　打开"挤出"选项卡时实体挤出的设置参数说明

选　项		说　明	
挤出操作	建立实体	构建一个新的主体	见图 5-10
	切割实体	从已有的主体零件中切割挤出的实体	
	增加凸缘	从已有的主体零件中增加挤出的实体	
挤出的距离/方向	距离	设定要挤出的距离	
	全部贯穿	只用于切割时，切割的距离贯穿整个主体	
	延伸到指定点	用于空间上的一点来定义挤出的方向和距离	
	按指定的向量	通过向量定义挤出的方向和距离，如设置（0，0，1）则表示沿着 Z 轴方向挤出 1 个距离	
重新选取		重新选择挤出的方向	
修剪到指定的曲面		将挤出特征修整到所选取的表面，仅限于切割主体和增加凸缘，见图 5-11	
更改方向		改变挤出方向	
两边同时延伸		将图素沿着正反两个方向同时拉伸	
拔模角		牵引时设定拔模角度	见图 5-12
双向拔模		仅用于对称挤出时（即选中两边同时延伸），设置相同的拔模角	

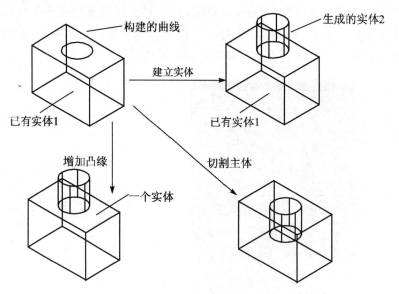

图 5-10　3 种挤出操作产生的实体

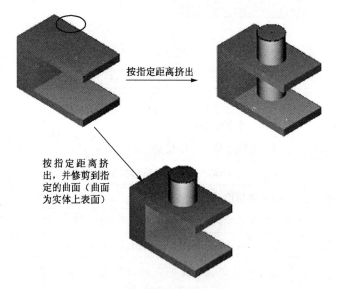

图 5-11　挤出的方向

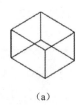

（a）　　　　　　　　　（b）　　　　　　　　　（c）　　　　　　　　　（d）

图 5-12　不同拔摸厚度设置

（a）不采用拔模角；（b）拔模角朝外 20°；（c）拔模角朝内 20°；（d）双向拔模 20°

表 5-3 打开"薄壁"选项卡时挤出实体的设置参数说明

选　项	说　明	
薄壁实体	设置挤出时是否构建成薄壁实体	见图 5-13
厚度向内	设定薄壁零件厚度向内加厚	
厚度朝外	设定薄壁零件厚度向外加厚	
内外同时产生薄壁	设定薄壁零件厚度同时向内、向外加厚，需同时设定内外厚度尺寸	
在开放轮廓的两端同时产生拔模角	仅在拔模角设置好后才能选用，用于设定薄壁实体外形为开放轮廓时在端点处加入拔模角	见图 5-14

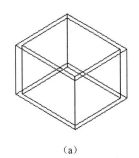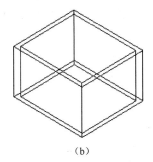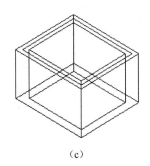

（a）　　　　　　　　（b）　　　　　　　　（c）

图 5-13 不同薄壁设置

（a）厚度向内；（b）厚度朝外；（c）内外同时产生薄壁

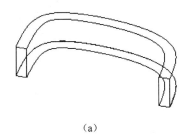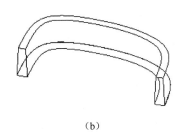

（a）　　　　　　　　　　（b）

图 5-14 开放式轮廓

（a）开放轮廓产生薄壁；（b）在开放轮廓的两端同时产生拔模角

3. 旋转

旋转实体是将二维平面曲线链绕旋转轴旋转一定角度后，由截面移动轨迹所形成的实体模型。既可通过旋转构建主体，也可通过旋转增加凸缘或切割主体。

例 5-2 旋转操作步骤及实例。

准备好旋转轴和二维曲线链，如图 5-15 所示，单击"实体"工具栏中的"旋转实体（Solid Revolve）"按钮，打开"串连选项"对话框。在对话框中单击"串连（chain）"按钮，选择图中的圆作为串连 1，单击"确定"按钮，然后选择直线作为旋转轴，单击"确定"按钮。在弹出的"旋转实体的设置（Revolve Chain）"对话框中按图 5-17 所示设置好参数，单击"✓"按钮，产生如图 5-16 所示的旋转实体。

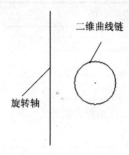

图 5-15 轮廓线　　　　　　　　　　图 5-16 旋转实体

注:

通常实体的旋转要求旋转曲线链必须是封闭的，旋转薄壁件除外（如图 5-18 所示为开放曲线链）。

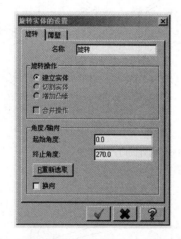

图 5-17 "旋转实体的设置"对话框　　　　　图 5-18 开放曲线旋转

4. 扫描

扫描实体是将二维封闭曲线链（截面曲线链）沿一定的轨迹线（路径曲线链）运动后，由截形运动轨迹所形成的实体特征。扫描既可构建主体，也可增加凸缘或切割主体。

例 5-3 扫描操作步骤及实例。

准备好二维封闭曲线链和轨迹线，如图 5-19 所示，单击"实体"工具栏中的"扫描实体（Solid Sweep）"按钮 ⚫，打开"串连选项"对话框。在对话框中单击"串连（chain）"按钮 ⚙，选择图中的矩形作为串连 1，圆作为串连 2，单击"确定"按钮，然后选择曲线作为轨迹线，单击"确定"按钮。在弹出的"扫描实体的设置（Sweep Chain）"对话框中选择建立主体，单击"确定"按钮，产生如图 5-20 所示的扫描实体。

5. 举升

举升是将多个封闭的平面曲线链通过直线或曲线过渡的方式构建出实体特征。举升既可构建主体，也可增加凸缘或切割主体。

例 5-4 举升操作步骤及实例。

图 5-19　截面图形

图 5-20　实体效果

准备好如图 5-21 所示的外形图素（在图中位置要把线段打断成两段），单击"实体"工具栏中的"举升实体（Solid Loft）"按钮 ⬇，打开"串连选项"对话框。在对话框中单击"串连（chain）"按钮 ⬤⬤⬤，选择图中最下方的圆作为外形 1，依次向上选择大圆为外形 2，小圆为外形 3，矩形为外形 4（注意确保 4 个外形的箭头和起始点的方向一致如图 5-22 所示），单击"确定"按钮。在弹出的"举升实体的设置（Loft Chain）"对话框中选择建立主体，单击"确定"按钮，产生如图 5-23 所示的举升实体。

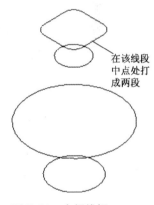

在该线段中点处打成两段

图 5-21　空间线框

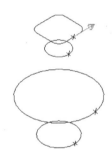

图 5-22　箭头起始点和方向

注：

在"举升实体的设置（Loft Chain）"对话框中，如果选择以直纹方式产生实体，则生成如图 5-24 所示的以直线连接的举升实体，否则生成如图 5-23 所示的以圆弧连接的举升实体。

图 5-23　举升实体

图 5-24　以直纹方式产生的实体

6. 薄壳

薄壳是指将实体内部掏空，使实体成为具有一定壁厚的空心实体。

例 5-5 薄壳操作步骤及实例。

打开举升中画好的实体，如图 5-25 所示，单击"实体"工具栏中的"薄壳"按钮，选择花瓶的上表面作为开口面，在"实体薄壳的设置"对话框中选择薄壳方向为"朝内"，厚度为 2，单击"确定"按钮，产生如图 5-26 所示的薄壳实体。

注：

（1）在薄壳时若选择实体面作为开口面，则实体从选择的面位置挖入实体，其他面保留所设定的厚度，若选实体主体，则实体将内部挖空如图 5-27 所示。

（2）在"实体薄壳设置"对话框中参数朝内、朝外、双向分别用于控制所保留的面的厚度是从实体边缘向内、朝外及双向测量，并且可以在对话框中设置向内、朝外的不同厚度。

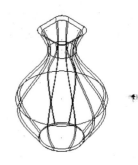

图 5-25　花瓶实体　　　　图 5-26　花瓶薄壳　　　　图 5-27　实体主体薄壳

7. 倒圆角

实体倒圆角是指在实体的指定边界线上产生圆角过渡，一般用于实体造型的最后构建。

例 5-6 倒圆角操作过程及实例。

打开如图 5-29 所示的花瓶，单击"实体"工具栏中的"倒圆角（Solid Fillet）"按钮，选择花瓶的上表面作为倒圆角面。单击"确定"按钮，在弹出的如图 5-28 所示的"实体倒圆角参数（Fillet Parameters）"对话框中选择"固定半径"单选项，输入半径值"1.5"，单击"✔"按钮，产生如图 5-29（b）所示的圆角。

图 5-28　"实体倒圆角参数"对话框　　　　图 5-29　瓶口倒圆角
　　　　　　　　　　　　　　　　　　（a）选择倒圆角面；（b）倒圆角后的效果

注：

（1）实体倒圆角可以选择实体边界、实体面、实体主体等实体图素，如图 5-30 所示。

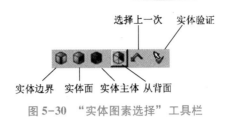

图 5-30　"实体图素选择"工具栏

（2）图 5-30 所示的"实体图素选择"工具栏中的菜单说明见表 5-4。

表 5-4　"实体图素选择"工具栏中的菜单说明

选　项	说　明
实体边界	选择实体中的任意边作为倒圆角的边界
实体面	选择实体中的面，此时该面的所有边界为实体倒圆角的边界
实体主体	选择实体的主体，此时该实体的所有边界为实体倒圆角的边界
从背面	可以选择当前视角中不可见的实体表面
选择上一次	选取上一次所选取的实体图素
实体验证	验证所选取的多个实体图素是否正确

（3）"实体倒圆角参数（Fillet Parameters）"对话框中的参数说明见表 5-5。

表 5-5　"实体倒圆角参数"对话框中的参数说明

参　数	说　明
固定半径	倒圆角固定半径不变
变化半径	倒圆角半径沿边线变化，此命令只在选择实体边界时有效
超出的处理	决定如何处理当倒圆角半径大到超出原来与边相连的两个面进入第三个面的情形。分为默认、保持熔接、保持边界 3 类。默认：系统根据情况自动确定。保持熔接：尽可能在溢出区使倒圆角和溢出面间保持倒圆角面或原来的相切条件。保持边界：尽可能在溢出区保持面的边
角落斜接	此复选项仅用于固定半径倒圆角，确定 3 个或 3 个以上的边交于一点时，将每个倒圆角与面延长求交，而不对倒圆角边进行圆滑处理，如图 5-31 所示
沿切线边界延伸	决定所选取的边线是否沿其相切边线倒圆角

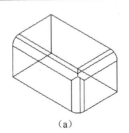
（a）

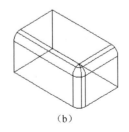
（b）

图 5-31　角落斜接对比

（a）角落斜接；（b）角落未斜接

（4）变化半径倒圆角的关键是如何确定在关键点处的不同半径值，如何增加、删除关键点。

例 5-7　变化半径实体倒圆角的操作过程及实例。

绘制一个 100×60×50 的长方体，如图 5-32 所示，单击"实体"工具栏中的"倒圆角（Solid Fillet）"按钮，选择长方体上的 L1、L2、L3 三条边，单击"确定"按钮，在弹出的"实体倒圆角参数（Fillet Parameters）"对话框中选择"变化半径"单选项，输入半径值为"10"。单击边界 1，右击鼠标在弹出的菜单中选择"中点插入"命令，然后选择 L1，即可在 L1 的中点位置插入关键点，输入半径为"5"。单击边界 2，右击鼠标在弹出的菜单中选择"中点插入"命令，然后选择 L2，输入半径为"12"，右击鼠标在弹出的菜单中选择"修改半径"命令，选择如图 5-33 所示的点 1，修改其半径为"8"。单击边界 3，右击鼠标在弹出的菜单中选择"中点插入"命令，然后选择 L3，输入半径为"8"，右击鼠标，在弹出的菜单中选择"修改半径"命令，选择点 2，修改其半径为"5"，"实体倒圆角参数（Fillet Parameters）"对话框如图 5-35 所示，单击"✓"按钮，产生如图 5-34 所示的圆角。

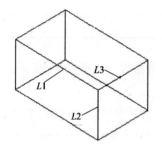

图 5-32　长方体

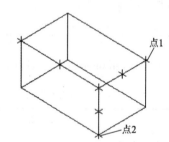

图 5-33　关键点的位置

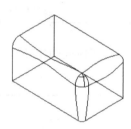

图 5-34　倒圆角后的结果

图 5-35　"实体倒圆角参数"对话框

8. 倒角

圆角虽然好看，但不易加工，因此，实际加工中还经常对实体进行倒角。实体倒角有 3 种形式：单一距离（Solid One-distance Chamfer）、不同距离（Solid two-distance Chamfer）、距离/角度（Solid Distance and Angle Chamfer）（表 5-6）。

表 5-6　"实体倒角参数"对话框说明

选　项	说　明
单一距离（如图 5-36 所示）	在倒角的两个表面截取相同的长度，如图 5-37 所示
不同距离（如图 5-38 所示）	在倒角的两个表面截取不同的长度，需要指定两个距离，如图 5-39 所示
距离/角度（如图 5-40 所示）	在倒角的一个表面截取一定长度，并以一定的角度修整到另一表面，如图 5-41 所示

图 5-36　单一距离倒角设置

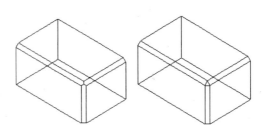

图 5-37　单一距离倒角

图 5-38　不同距离倒角设置

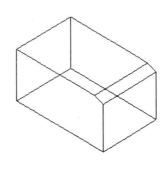

图 5-39　不同距离倒角

图 5-40　角度距离倒角设置

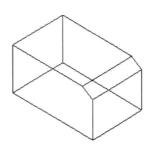

图 5-41　角度距离倒角

9. 牵引面

牵引实体面就是将实体的某个表面，绕指定的边界线或该表面与其他表面的交线旋转一定的角度。"牵引面参数"对话框说明如表 5-7 所示。

153

表 5-7 "牵引面参数（Draft Faces Parameters）"对话框说明

选 项	说 明
牵引到实体面	通过实体面来确定牵引面的变形，与实体相交处的几何尺寸保持不变。如图 5-42 所示，选择 4 个侧面为所需牵引面，选取顶面为牵引方向平面，则实体牵引后，顶面的尺寸保持不变
牵引到指定平面	通过平面来确定牵引面的变形，与平面相交处的几何尺寸保持不变。如图 5-43 所示，选择 4 个侧面为所需牵引面，单击"三点定面"按钮，选取上下对称面为牵引方向平面，则实体牵引后，对称面的尺寸保持不变
牵引到指定边界	通过所需牵引区曲面的边界来确定牵引面的变形，指定边界处的几何尺寸保持不变。如图 5-44 所示，选择前侧曲面作为所需牵引面，指定边界如图，下底面为牵引方向平面，实体牵引后边界尺寸保持不变
牵引挤出	此方式只针对挤出切割方式构建的实体型腔，其牵引方向由原来构建挤出的方向来确定。如图 5-45 所示，选取孔的圆柱面为所需牵引面，角度设置为正值

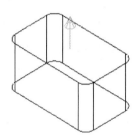 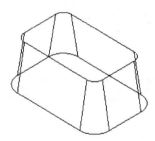

图 5-42 牵引到实体面

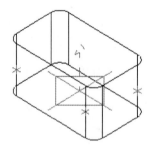 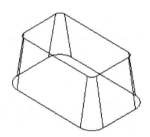

图 5-43 牵引到指定平面

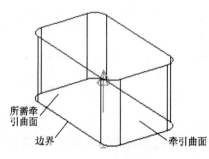 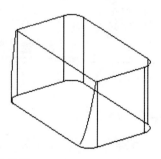

图 5-44 牵引到指定边界

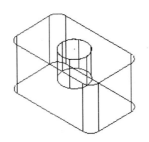
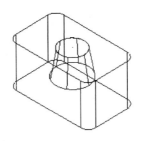

图 5-45　牵引挤出

10. 布尔运算

布尔运算是通过交集、并集、差集的方式将多个实体合并为一个实体的过程。在 Mastercam 中对应的命令为交集、结合和切割。在布尔运算中所选择的第一个实体为目标实体，其余的为工具实体，运算后的结果为一个实体。

1）结合

例 5-8　结合操作步骤与实例。

准备好如图 5-46 所示的实体，单击"实体"工具栏中的"布尔运算结合（Boolean Add）"按钮，选择实体 1 作为目标实体，实体 2 作为工具实体，单击"确定"按钮，产生如图 5-47 所示的一个实体。

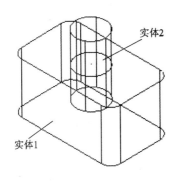
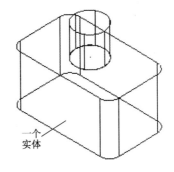

图 5-46　结合操作前　　　　　　　图 5-47　结合操作后

2）交集

例 5-9　交集操作步骤与实例。

在俯视图中绘制如图 5-48 所示的二维图形，在右视图中绘制如图 5-48 所示的二维图形，注意绘图的高平齐原则。单击"实体"工具栏中的"挤出实体（Solid Extrude）"按钮，利用建立主体的方法挤出两个二维图形至如图 5-49 所示的两个实体（确保两个实体都完全相交到）。单击"实体"工具栏中的"布尔运算交集（Boolean Common）"按钮，依次选择两个实体，单击"确定"按钮，产生如图 5-50 所示的一个实体。

3）切割

例 5-10　切割操作步骤与实例。

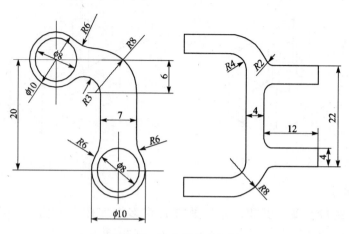

图 5-48   交集操作准备图

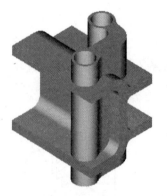

图 5-49   挤出两个实体

图 5-50   交集操作后的结果

操作步骤：

（1）在俯视图中绘制如图 5-51 所示的矩形，单击"实体"工具栏中的"挤出实体（Solid Extrude）"按钮 ![icon]，在对话框中单击"串连（chain）"按钮 ![icon]，选择图中的任一线段，然后单击"确定"按钮（注意拉伸方向朝下）。在弹出的"实体挤出的设置（Extrude Chain）"对话框中输入距离为"2"，单击"确定"按钮，生成高为 2 的长方体。

（2）在"构图深度 Z"文本框中输入深度为"-1"，在俯视图中绘制如图 5-52 所示的图形，单击"实体"工具栏中的"挤出实体（Solid Extrude）"按钮 ![icon]，向上挤出厚度为 2 的实体（为了方便在布尔运算时选择工具主体），如图 5-53 所示。

（3）选择构图平面至右视图平面，单击"构图深度 Z"按钮，选择点 1 作为当前构图深度，绘制如图 5-54 所示的三角形。单击"实体"工具栏中的"挤出实体（Solid Extrude）"按钮 ![icon]，选择"切割主体（Extend through all）"命令，"全部贯穿（Extend through all）"命令，单击"确定"按钮，然后选择第 2 步产生的实体作为切割主体，生成如图 5-55 所示的实体。

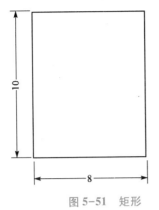

图 5-51 矩形

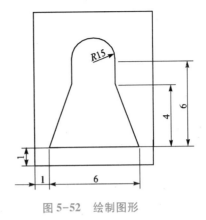

图 5-52 绘制图形

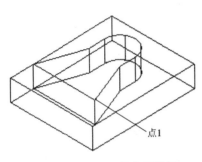

图 5-53 挤出后结果

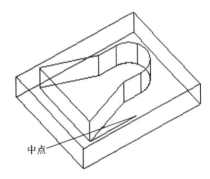

图 5-54 画出三角形

（4）单击"实体"工具栏中的"布尔运算切割（Boolean Remove）"按钮 ，依次选择实体 1 作为目标主体，实体 2 作为工具主体，单击"确定"按钮，产生如图 5-56 所示的实体。

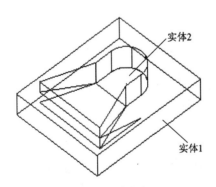

图 5-55 挤出切割

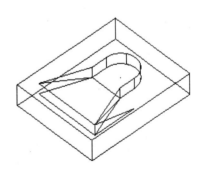

图 5-56 布尔运算切割后的结果

5.4.1　图形分析

弯头连接件的主体结构是由多个挤出实体和一个扫描实体构成。具体构建流程如图 5–57 所示。

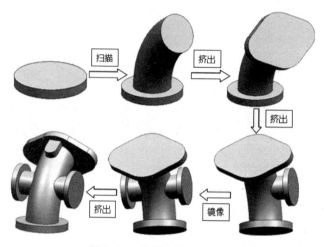

图 5–57　主体结构构建流程

在实体的主要结构上还由很多局部切割特征，如 $\phi8$、$\phi10$、$\phi12$ 的孔，以及圆环槽等。具体构建流程如图 5–58 所示。

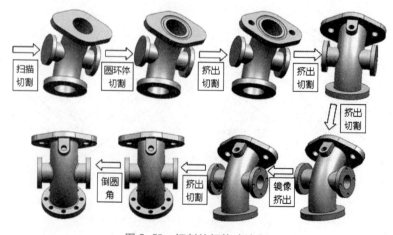

图 5–58　切割特征构建流程

5.4.2　操作步骤

1. 构建主体结构

1）设置工作环境

设置"视角（Gview）"为"Top "，"构图平面（Cplane）"为"Top ▨"，"构图深度 Z"为"0"。

2）主体特征构建

（1）单击"草图模式"工具栏中的"C 圆心点"按钮 ⊙，在原点处绘制如图 5-59 所示 φ80 的圆。

（2）单击"屏幕视角"工具栏中的"I 等角视图"按钮 ⊗，进入等角视图视角。单击"画实体"工具栏的"S 挤出"按钮 ⬛，选中 φ80 的圆，单击确定按钮 ✔，在弹出的"实体挤出的设置"对话框中，选择"挤出操作"为建立实体，"挤出的距离"为"10"，如图 5-59 所示，单击确定按钮 ✔，生成如图 5-60 所示实体。

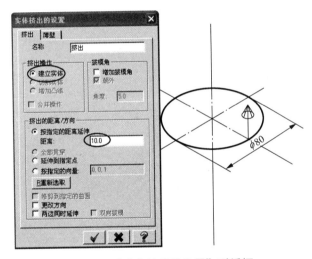

图 5-59　"实体挤出的设置"对话框

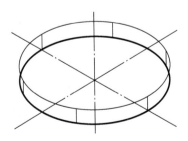

图 5-60　实体挤出后效果图

（3）在屏幕下方的状态栏中将构图模式切换至"2D"（注：在 3D 模式下将捕捉空间中存在的点，而不做平面投影）。单击屏幕视角工具栏中的"F 前视图"按钮 ⬛，进入前视图视角。

（4）使用"P 极坐标" [按钮和"E 两点画线" [按钮，绘制如图 5-61 所示两段长为 10 的直线和一段 60°、R100 的圆弧。

（5）单击屏幕视角工具栏中的"I 等角视图"按钮 [，进入等角视图视角，单击平面工具栏中的"设置平面为俯视图"按钮 [，将构图平面设置为俯视图。使用草图模式工具栏中的"C 圆心点"按钮 [，在如图 5-62 所示位置绘制直径为 50 的圆。

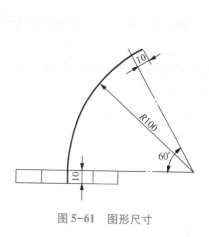

图 5-61　图形尺寸

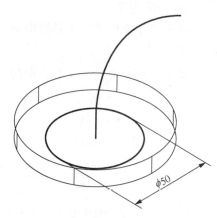

图 5-62　图形尺寸

（6）单击"画实体"工具栏中的"S 扫描"按钮 [，选中圆作为扫描截面，单击"确定"按钮 [，选择直线和圆弧组成的线段作为扫描路径，在弹出的"扫描实体的设置"对话框中选择增加凸缘，如图 5-63 所示，单击"确定"按钮 [，生成实体特征，如图 5-64 所示。

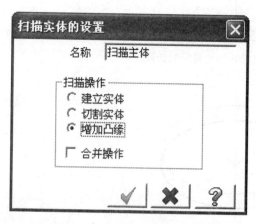

图 5-63　"扫描实体的设置"对话框

图 5-64　实体效果图

（7）在屏幕下方的状态栏中单击"平面"按钮，在弹出的命令列表中选择如图 5-65 所示的"S 实体面"命令。选择如图 5-66 所示实体面为构图平面，单击"确定"按钮 [。在弹出的"新建视角"对话框中将名称修改为"9"（注：以备后期重复使用），如图 5-67 所示，单击"确定"按钮 ，生成新的构图平面。

图 5-65　平面命令列表

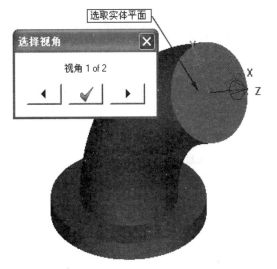

图 5-66　选择实体面

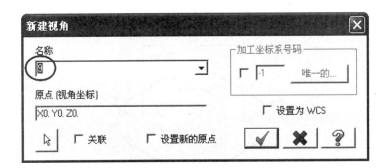

图 5-67　新建视角名称

（8）在屏幕下方的状态栏中单击"屏幕视角"按钮，在弹出的命令列表中选择如图 5-68 所示的"A 名称视角"命令。选择名称为"9"的视角（上一步保存的名称），如图 5-69 所示，单击"确定"按钮 ，生成新的视角。

图 5-68　屏幕视角命令列表

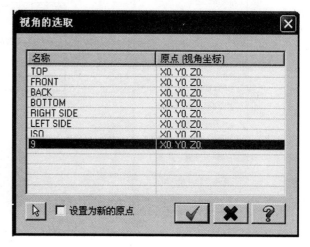

图 5-69　视角的选取

（9）使用"C 圆心点"按钮 和"E 两点画线" 按钮，绘制如图 5-70 所示图形。

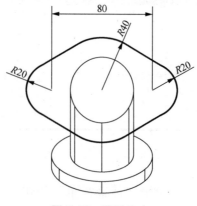

图 5-70　图形尺寸

（10）单击"画实体"工具栏的"S 挤出"按钮，选中上一步绘制的图形，单击"确定"按钮，在弹出的"实体挤出的设置"对话框中，选择"挤出操作"为增加凸缘，"挤出的距离"为"10"（注意：挤出方向如图 5-71 所示），单击"确定"按钮，生成如

图 5-72 所示实体。

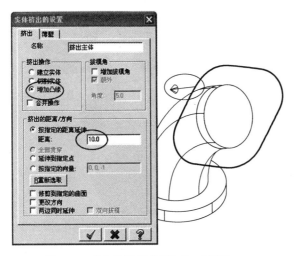

图 5-71　"实体挤出的设置"对话框

图 5-72　实体三维效果

（11）单击"屏幕视角"工具栏中的"F 前视图"按钮 ，进入前视图视角。将构图模式切换至"2D"，在"构图深度 Z"输入框中输入深度值"40"，如 平面 Z40.0 。

（12）使用"C 圆心点"按钮 ，在如图 5-73 所示位置绘制一个直径为 35 的圆。

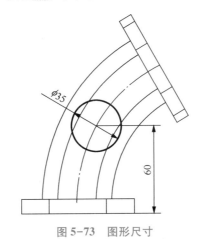

图 5-73　图形尺寸

（13）单击"画实体"工具栏的"S 挤出"按钮 ，选中上一步绘制的圆，单击"确定"按钮 ，在弹出的"实体挤出的设置"对话框中，选择"挤出操作"为新建实体，"挤出的距离"为"40"（注意：挤出方向如图 5-74 所示），单击"确定"按钮 ，生成如图 5-75 所示实体。

（14）单击"屏幕视角"工具栏中的"F 前视图"按钮 ，进入前视图视角。使用"C 圆心点"按钮 ，在如图 5-76 所示位置绘制一个直径为 55 的圆。

（15）单击"画实体"工具栏的"S 挤出"按钮 ，选中上一步绘制的圆，单击"确定"按钮 ，在弹出的"实体挤出的设置"对话框中，选择"挤出操作"为增加凸缘，

163

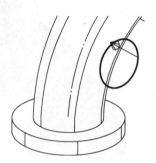

图 5-74　挤出方向

图 5-75　实体三维效果

"挤出的距离"为"8"（注意：挤出方向如图 5-77 所示），单击"确定"按钮 ✓，选中上一步生成的 φ35 圆柱，生成如图 5-78 所示实体，此时工作区中有两个实体，实体管理器中的内容如图 5-79 所示。

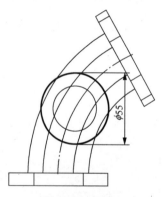

图 5-76　图形尺寸

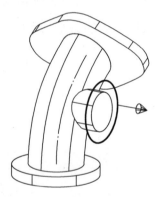

图 5-77　挤出方向

图 5-78　三维效果

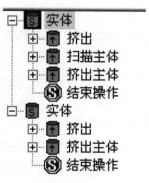

图 5-79　实体管理员

164

（16）单击"平面"工具栏中的"设置平面为俯视图"按钮 ，将构图平面设置为俯视图（注：在不同视图中镜像轴不同）。单击"转换"工具栏中的"M 镜像"按钮 ，选择上一步生成的实体（即实体管理器中的第二个实体），如图 5-80 所示，单击"确定"选择按钮 ，在弹出的"镜像选项"对话框中选择如图 5-81 所示按钮。此时工作区预览如图 5-82 所示，单击"确定"按钮 ，生成如图 5-83 所示实体。

图 5-80 选择实体

图 5-81 "镜像选项"对话框

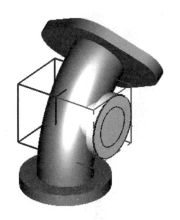

图 5-82 镜像预览

图 5-83 三维实体效果

（17）在"画实体"工具栏中单击"A 布尔运算：结合"按钮 ，依次选择三个实体，单击"确定"选择按钮 ，将三个实体结合成一个实体。

（18）在屏幕下方的状态栏中单击"平面"按钮，在弹出的命令列表中选择"S 实体

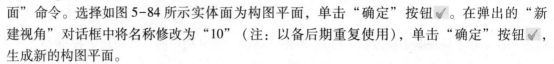
面"命令。选择如图 5-84 所示实体面为构图平面，单击"确定"按钮 ✓。在弹出的"新建视角"对话框中将名称修改为"10"（注：以备后期重复使用），单击"确定"按钮 ✓，生成新的构图平面。

（19）在屏幕下方的状态栏中单击"屏幕视角"按钮，在弹出的命令列表中选择如图所示的"A 名称视角"命令。选择名称为 10 的视角（上一步保存的名称），单击"确定"按钮 ✓，生成新的视角。

（20）使用"C 圆心点"按钮 ⊙（注：绘制辅助线）和"E 两点画线" ✎ 按钮，在 2D 状态下，绘制如图 5-85 所示矩形。

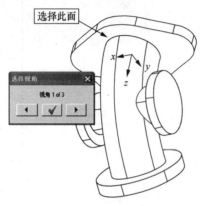

图 5-84　构图平面选择

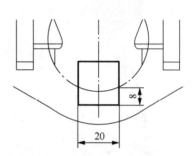

图 5-85　图形尺寸

（21）单击"画实体"工具栏的"S 挤出"按钮 🔳，选中上一步绘制的矩形，单击"确定"按钮 ✓，在弹出的"实体挤出的设置"对话框中，选择"挤出操作"为增加凸缘，"挤出的距离"为"28"，单击"确定"按钮 ✓，生成如图 5-86 所示实体。

图 5-86　实体三维效果

（22）单击"画实体"工具栏中的"F 倒圆角"按钮 🔳，在普通选项工具栏中仅选择"选择边 Select edge"按钮 🔳（如图 5-87 所示），选择如图 5-88 所示边界，单击"确定"选择按钮 🔵，在弹出的"实体倒圆角参数"对话框中输入半径"10"，单击"确定"按钮，生成如图 5-89 所示圆角特征。

图 5-87　圆角选择方式设置

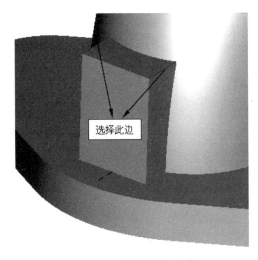

图 5-88　选择倒圆角边界

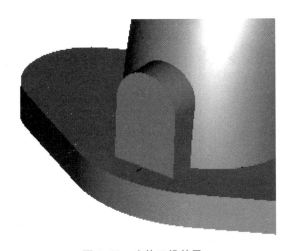

图 5-89　实体三维效果

2. 构建切割实体

1）扫描切割实体

（1）单击"屏幕视角"工具栏中的"T 俯视图"按钮 ，进入俯视图视角。在"构图深度 Z"输入框中输入深度值"0"。

（2）使用"C 圆心点"按钮 ，在如图 5-90 所示位置绘制一个直径为 40 的圆。

（3）单击"画实体"工具栏中的"S 扫描"按钮 ，选中 ϕ40 圆作为扫描截面，单击

167

"确定"按钮✓，选择直线和圆弧组成的线段作为扫描路径，在弹出的"扫描实体的设置"对话框中选择增切割实体，单击"确定"按钮✓，生成如图5-91所示实体特征。

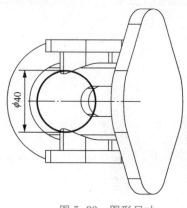

图5-90　图形尺寸

图5-91　实体三维效果

2）圆环体切割

（1）单击"草图模式"工具栏中的"T画圆环体"按钮◉，在弹出的"圆环体选项"对话框中输入圆环半径为"27.5"，圆管半径为"2.5"，方式为"S实体"（如图5-92所示），选中上表面中心为圆环放置基准点。单击"延伸"按钮⬇，在"轴的定位"中选择两点方式✚⋯✚，在工作区中选择如图5-93所示两点为轴的定位点，单击"确定"按钮生成如图5-94所示的圆环。

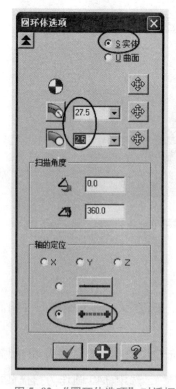

图5-92　"圆环体选项"对话框

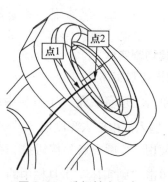

图5-93　选择轴定位点

图 5-94 圆环体效果图

（2）单击"画实体"工具栏中的"V 布尔运算：切割"按钮 ⬚ ，依次选择如图 5-95 所示的目标实体和工具实体，单击"确定"选择按钮 ⬤ ，生成如图 5-96 所示实体。

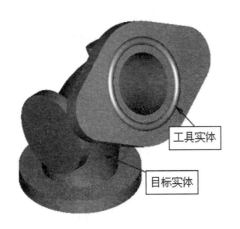

图 5-95 切割选择

图 5-96 实体三维效果

3）挤出切割

（1）在屏幕下方的状态栏中单击"屏幕视角"按钮，在弹出的命令列表中选择如图所示的"A 名称视角"命令。选择名称为"9"的视角，单击"确定"按钮 ✓ ，生成新的视角。单击"构图深度 Z"按钮，选择上表面中的点为新的构图位置，此时 Z 值为 101.60254。

（2）使用"C 圆心点"按钮 ⦿ ，在如图 5-97 所示位置绘制两个直径为 12 的圆。

（3）单击"画实体"工具栏的"S 挤出"按钮 ⬛ ，选中上一步绘制的两个圆，单击"确定"按钮 ✓ ，在弹出的"实体挤出的设置"对话框中，选择"挤出操作"为切割实体，"挤出的距离"为"20"，单击"确定"按钮 ✓ ，生成如图 5-98 所示图形。

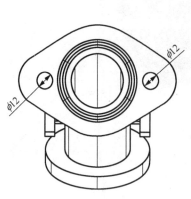

图 5-97　图形尺寸

图 5-98　实体三维效果

（4）在屏幕下方的状态栏中单击"平面"按钮，在弹出的命令列表中选择如图 5-99 所示的"S 实体面"命令。选择如图所示实体面为构图平面，单击"确定"按钮√。在弹出的"新建视角"对话框中将名称修改为"11"，单击"确定"按钮√，生成新的构图平面。

（5）使用"C 圆心点"按钮◉，在如图 5-100 所示位置绘制一个直径为 10 的圆。

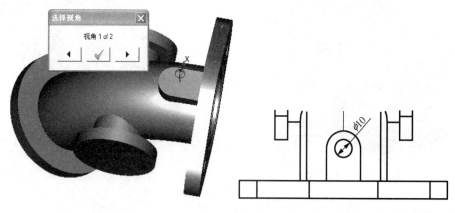

图 5-99　选择构图平面　　　　　　　　　图 5-100　图形尺寸

（6）单击"画实体"工具栏的"S 挤出"按钮◙，选中上一步绘制的圆，单击"确定"按钮√，在弹出的"实体挤出的设置"对话框中，选择"挤出操作"为切割实体，"挤出的距离"为"20"，单击"确定"按钮√，生成如图 5-101 所示图形。

（7）单击平面工具栏中的"设置平面为前视图"按钮▣，将构图平面切换至前视图平面。设置"构图深度 Z"为"40"，单击屏幕视角工具栏中的"F 前视图"按钮▣，进入前视图视角。

（8）使用"草图模式"工具栏中的"C 圆心点"按钮◉和"转换"工具栏中的"R 旋

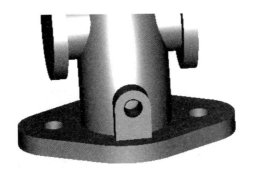

图 5-101　实体三维效果

转"按钮 ，在如图 5-102 所示位置绘制四个直径为 6 的圆和一个直径为 25 的圆。

（9）单击"画实体"工具栏的"S 挤出"按钮 ，选中上一步绘制的直径为 6 的圆，单击"确定"按钮 ，在弹出的"实体挤出的设置"对话框中，选择"挤出操作"为切割实体，"挤出的距离"为"10"，单击"确定"按钮 。

（10）单击"画实体"工具栏的"S 挤出"按钮 ，选中上一步绘制的直径为 25 的圆，单击"确定"按钮 ，在弹出的"实体挤出的设置"对话框中，选择"挤出操作"为切割实体，"挤出的距离"为"40"，单击确定按钮 。生成如图 5-103 所示图形。

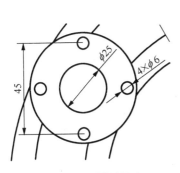

图 5-102　图形尺寸

图 5-103　实体三维效果

（11）利用相同的方法，处理另一侧的切割特征。

（12）设置"视角（Gview）"为俯视图 ，"构图面（Cplane）"为俯视图 ，"构图深度 Z"为"0"。

（13）使用"草图模式"工具栏中的"C 圆心点"按钮 和"转换"工具栏中的"R 旋转"按钮 ，在如图 5-104 所示位置绘制 8 个直径为 8 的圆。

（14）单击"画实体"工具栏的"S 挤出"按钮 ，选中上一步绘制的直径为 8 的圆，单击"确定"按钮 ，在弹出的"实体挤出的设置"对话框中，选择"挤出操作"为切割实体，"挤出的距离"为"10"，单击"确定"按钮 。生成如图 5-105 所示图形。

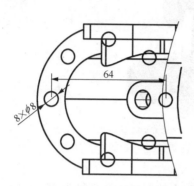

图 5-104　图形尺寸

图 5-105　实体三维效果

3. 实体修饰

1）实体倒圆角

单击"画实体"工具栏中的"F 倒圆角"按钮　，在普通选项工具栏中仅选择"选择边 Select edge"按钮　，选择如图 5-106 所示边界，单击"确定"选择按钮　，在弹出的"实体倒圆角参数"对话框中输入半径"2"，单击"确定"按钮，生成如图 5-107 所示圆角特征。

图 5-106　选择倒圆角边界

图 5-107　实体三维效果

2）保存文件

选择"文件(F)→保存文件(S)"命令，以文件名"XIANGMU5-1"保存绘图结果。

项目描述任务
操作视频

172

5.5　项目评价（见表5-8）

表5-8　项目实施评价表

序号	检测内容与要求	分值	学生自评（25%）	小组评价（25%）	教师评价（50%）
1	学习态度	5			
2	安全、规范、文明操作	5			
3	能构建弯头连接件的主体结构	25			
4	能构建弯头连接件的切割实体（扫描切割）	10			
5	能构建弯头连接件的切割实体（圆环体切割）	10			
6	能构建弯头连接件的切割实体（挤出切割）	10			
7	能对实体进行修饰（倒圆角）	10			
8	项目任务实施方案的可行性，完成的速度	10			
9	小组合作与分工	5			
10	学习成果展示与问题回答	10			
总分		100	合计：		
问题记录和解决方法	记录项目实施中出现的问题和采取的解决方法				

5.6　项 目 总 结

通过本项目的学习，可以熟练地掌握以下内容。

（1）三维实体比二维图形更具体、更直接地表现物体的结构特征，它包含丰富的模型信息，为产品的后续处理（分析、计算、制造）提供了条件。

（2）在 Mastercam X 中，除了可以直接使用系统提供的命令创建方体、球体以及圆锥体等基本实体外，还可以通过对二维图形进行拉伸、旋转，进行布尔运算、倒圆角以及抽壳等操作来创建各种各样的复杂实体。

5.7　项目拓展

项目拓展任务
操作视频

5.7.1　底座零件建模（见图 5-108）

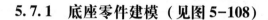

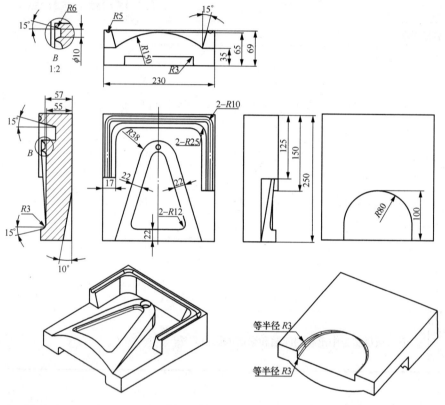

图 5-108　底座零件图

1. 图形分析

底座零件的主要结构是在 230×250 的矩形底板上增加了多个挤出特征。具体构建流程
如图 5-109 所示。

图 5-109　建模流程（一）

底座零件的主要操作步骤在实体修建部分，包含了曲面修剪和扫描修剪，具体构建流程
如图 5-110 所示。

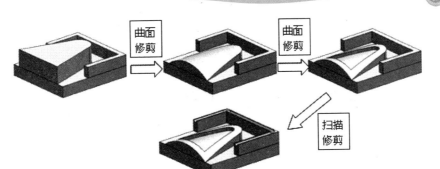

图 5-110　建模流程（二）

底座零件中还包含了两处拔模特征、圆角特征以及孔特征，具体构建流程如图 5-111 所示。

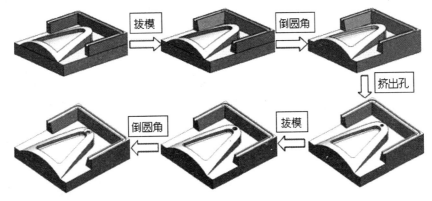

图 5-111　建模流程（三）

底座零件的背面还有一个旋转切割特征以及圆角特征，具体构建流程如图 5-112 所示。

图 5-112　建模流程（四）

2. 操作步骤

1）构建主体结构

（1）设置工作环境。

设置"屏幕视角（Gview）"为 Top ，"构图平面（Cplane）"为 Top ，"构图深度 Z"为"0"。

（2）构建主体特征。

① 单击"草图模式"工具栏中的"E 矩形形状设置"按钮 ，在坐标原点绘制如图 5-113 所示宽 230、高 250 的矩形。

② 单击"画实体"工具栏的"X 挤出"按钮 ，选中矩形为挤出轮廓，设置"挤出操作"

175

为建立实体，挤出距离为"35"，如图5-114所示，单击"确定"按钮 ✓，完成挤出操作。

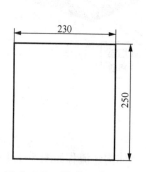

图5-113　图形尺寸（一）

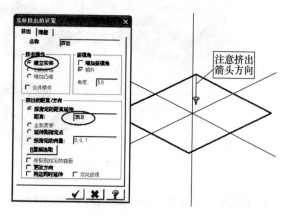

图5-114　实体挤出对话框及挤出箭头方向

③ 隐藏上一步绘制的矩形轮廓，使用草图模式工具栏中的"E 两点画线" ✎ 按钮，绘制如图5-115所示图形。

④ 单击"画实体"工具栏的"X 挤出"按钮 🗇，选中矩形为挤出轮廓，设置"挤出操作"为增加凸缘，挤出距离为"34"，单击"确定"按钮 ✓，生成如图5-116所示实体。

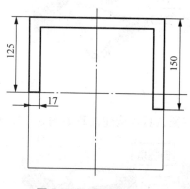

图5-115　图形尺寸（二）

图5-116　实体三维效果（一）

⑤ 单击"平面"工具栏中的"设置平面为前视图"按钮 🗇，单击"构图深度 Z"按钮，选择如图5-117所示位置为前视图平面的构图深度，此时构图深度 Z 为"125"。

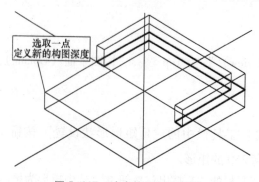

图5-117　确定构图深度位置

⑥ 单击"菜单栏"中的"屏幕"→"B 隐藏图素"命令，选中上一步绘制的直线，进行隐藏，如图 5-118 所示。

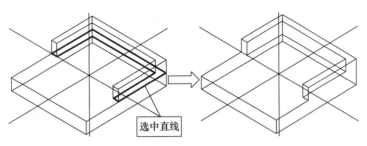

选中直线

图 5-118 隐藏图形

⑦ 单击"屏幕视角"工具栏中的"F 前视图"按钮 ，进入前视图视角。

⑧ 单击"草图模式"工具栏中的"E 两点画线" 按钮，在弹出的"line"工具栏中选择"水平线 Horizontal"按钮 ，在工作区中任意绘制一条经过 Y 轴的水平线，在"line"工具栏中如图 5-119 位置处输入 Y 轴坐标为"30"，生成如图 5-120 所示直线。

图 5-119 Line 对话框设置

30

图 5-120 图形尺寸（三）

⑨ 单击转换工具栏中的"O 单体补正"按钮 ，选中上一步绘制的水平线，输入补正距离为"150"，单击"确定"按钮 ，绘制竖直辅助线找正圆心，生成如图 5-121 所示图形。

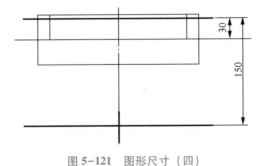

30

150

图 5-121 图形尺寸（四）

⑩ 单击"草图模式"工具栏中的"P 极坐标"圆弧按钮 ，在弹出的"Arc Polar"工具栏中输入半径"150"，起始角度"45"，终止角度"135"，如图 5-122 所示。删除多余

177

的辅助线后圆弧如图 5-123 所示。

图 5-122　Arc Polar 对话框设置

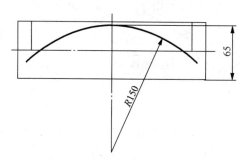

图 5-123　图形尺寸（五）

⑪ 单击"屏幕视角"工具栏中的"I 等角视图"按钮，进入等角视图视角。

⑫ 单击"平面"工具栏中的"设置平面为俯视图"按钮，单击"构图深度 Z"按钮，选择如图 5-124 所示位置为俯视图平面的构图深度，此时构图深度 Z 为"0"。

⑬ 单击"草图模式"工具栏中的"C 圆心点"按钮，单击"光标自动抓点"工具栏中的"相对点"按钮，捕捉如图 5-125 所示轮廓线的中点，在弹出如图 5-126 所示的"Relative Position"对话框中输入距离"160"，角度"90"，单击"确定"按钮，生成如图 5-127 所示圆。

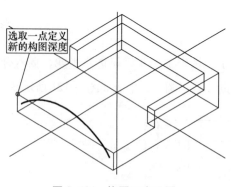

图 5-124　构图深度设置

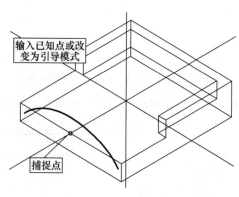

图 5-125　设置构图深度

图 5-126　相对点捕捉设置

⑭ 在状态区上将绘图模式切换至 3D，绘制如图 5-128 所示图形。

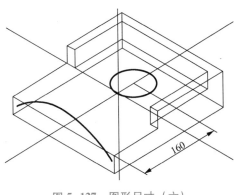

图 5-127　图形尺寸（六）　　　　　图 5-128　绘制图形

注：绘图模式不切换至 3D 模式，将无法选择圆弧与直线的交点。

⑮ 修剪并删除多余的辅助线，单击"画实体"工具栏的"S 挤出"按钮，选择挤出轮廓，设置"挤出操作"为建立实体，挤出距离为"30"，如图 5-129 所示。

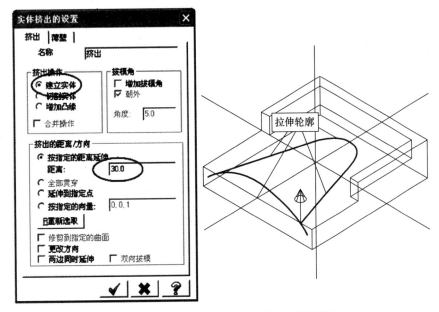

图 5-129　实体挤出对话框及挤出边界选择

2）实体修剪

（1）曲面修剪实体。

① 单击"平面"工具栏中的"设置平面为前视图"按钮，将构图平面切换至前视图。单击"画曲面"工具栏中的"D 牵引曲面"，选择如图 5-130 所示 R150 曲线，单击"确定"按钮。在弹出的"牵引曲面"对话框中输入长度"200"，单击"确定"按钮，生成如图 5-131 所示曲面。

179

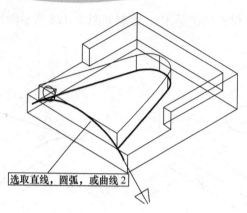

选取直线，圆弧，或曲线 2

图 5-130　选择 R150 圆弧

图 5-131　牵引曲面

②在"画实体"工具栏中单击"T 修剪"按钮 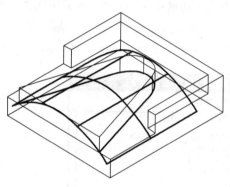，选择三角形实体为要修剪的实体，单击"确定"选择按钮 🔴，弹出"修剪实体"对话框。在"修剪实体"对话框中选择"修剪到曲面"，选择如图 5-132 所示曲面，观察修剪保留部分的箭头。若如图 5-133 所示，则在"修剪实体"对话框中选择"F 修剪另一侧"按钮，否则，直接单击"确定"按钮 ✓，修剪后的实体如图 5-134 所示。

选择此曲面

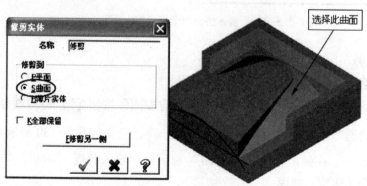

图 5-132　曲面选择

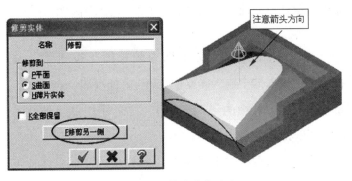

图 5-133　箭头方向确定

图 5-134　实体三维效果（二）

③ 在"画实体"工具栏中单击"A 布尔运算：结合"按钮 ，依次选择两个实体，单击"确定"选择按钮 ，将两个实体结合成一个实体。

④ 在"画曲面"工具栏中单击"O 曲面补正"按钮 ，选中曲面，单击"确定"选择按钮 ，在弹出的"Offset Surfaces"工具栏中输入距离"10"，单击"确定"按钮，生成如图 5-135 所示的曲面。

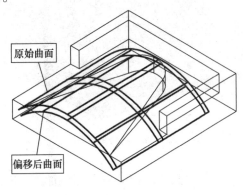

图 5-135　偏移曲面

⑤ 选中原始曲面及偏移后曲面，单击"R 屏幕"菜单中的"B 隐藏图素"命令，将两曲面隐藏。

⑥ 单击"平面"工具栏中的"设置平面为俯视图"按钮 ，将构图模式切换至"2D"，在"构图深度 Z"输入框中输入深度值"30"，如 平面 Z 30.0 。

⑦ 单击"屏幕视角"工具栏中的"T 俯视图"按钮 ，进入俯视图视角。在状态区上将绘图模式切换至 2D 模式。

⑧ 恢复显示三角形的轮廓线，并利用转换工具栏中的"O 单体补正"按钮 ，将三角形轮廓线，偏移 22 的距离。如图 5-136 所示。

⑨ 单击"草图模式"工具栏中的"E 选两物体"按钮 ，在弹出的"Fillet"工具栏中输入圆角半径"12"，选择如图 5-137 所示的边，生成 R12 的圆角。

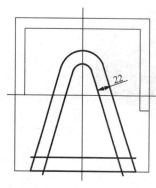

图 5-136　图形尺寸（七）

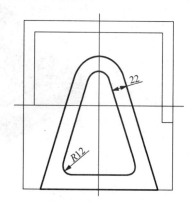

图 5-137　图形尺寸（八）

⑩ 单击"画实体"工具栏的"S 挤出"按钮 ，选择挤出轮廓，"挤出操作"选择为建立实体，设置距离为"50"，如图 5-138 所示。

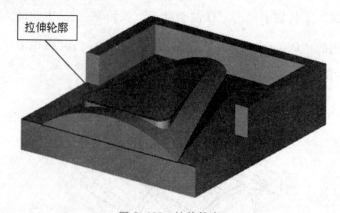

图 5-138　拉伸轮廓

⑪ 单击"屏幕视角"工具栏中的"I 等角视图"按钮 ，进入等角视图视角。恢复显示偏移后的曲面，并隐藏主体特征，如图 5-139 所示。

⑫ 在"画实体"工具栏中单击"T 修剪"按钮 ，在弹出"修剪实体"对话框中选择修剪到曲面，选中工作区中的曲面，注意观察修剪保留部分的箭头，单击"确定"按钮 ，修剪后的实体如图 5-140 所示。

图 5-139　隐藏主体特征

图 5-140　修剪实体后效果

⑬ 回复显示实体，并隐藏曲面。

⑭ 在"画实体"工具栏中单击"V 布尔运算：切割"按钮 ，依次选择如图 5-141 所示的目标实体和工具实体，单击"确定"选择按钮 ，将目标实体切割出工具实体，如图 5-142 所示。

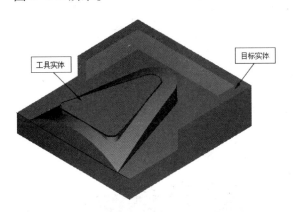

图 5-141　切割体选择

图 5-142　切割后三维效果

（2）扫描切割实体。

① 单击"平面"工具栏中的"设置平面为俯视图"按钮 ，将构图模式切换至"2D"，单击"构图深度 Z"按钮，选择图形上表面的点为俯视图平面的构图深度，此时构图深度 Z 为"34"。

② 利用草图模式工具栏中的"E 两点画线" 按钮和"E 选两物体"按钮 ，绘制如图 5-143 所示线条。

③ 单击"屏幕视角"工具栏中的"I 等角视图"按钮 ，进入等角视图视角。单击"平面"工具栏中的"设置平面为前视图"按钮 ，单击"构图深度 Z"按钮，选择如图 5-144 所示位置为前视图平面的构图深度，此时构图深度 Z 为"0"。

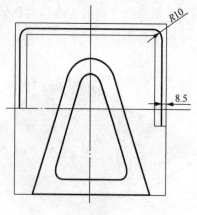

图 5-143　图形尺寸（九）

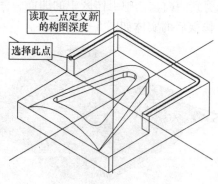

图 5-144　构图深度选择

④ 利用草图工具栏中的"C 圆心点"按钮⊙，在线段端点绘制一个直径为 10 的圆，如图 5-145 所示。

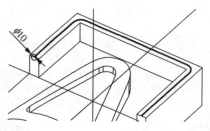

图 5-145　图形尺寸（十）

⑤ 单击"画实体"工具栏中的"S 扫描"按钮，选中圆作为扫描截面，单击"确定"按钮，选择线段作为扫描路径，在弹出的"扫描实体的设置"对话框中选择切割实体，如图 5-146 所示，单击确定按钮，生成切割特征，如图 5-147 所示。

图 5-146　"扫描实体的设置"对话框

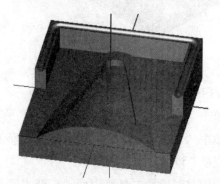

图 5-147　扫描切割后三维效果

3）实体特征修饰

（1）实体面拔模。

① 单击"画实体"工具栏中的"D 牵引面"按钮，选中如图 5-148 所示平面为要

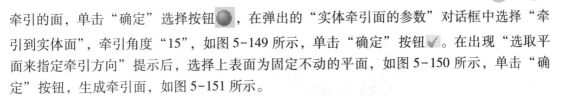

牵引的面，单击"确定"选择按钮●，在弹出的"实体牵引面的参数"对话框中选择"牵引到实体面"，牵引角度"15"，如图 5-149 所示，单击"确定"按钮✓。在出现"选取平面来指定牵引方向"提示后，选择上表面为固定不动的平面，如图 5-150 所示，单击"确定"按钮，生成牵引面，如图 5-151 所示。

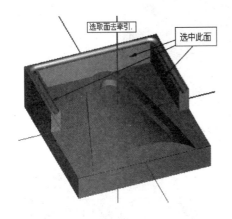

图 5-148　选择牵引面

图 5-149　"实体牵引面的参数"对话框

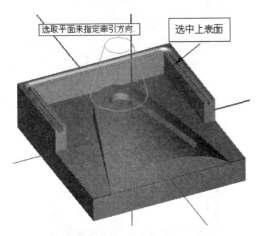

图 5-150　实体牵引方向

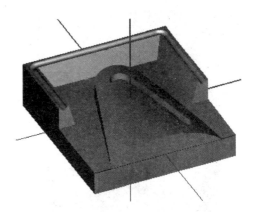

图 5-151　实体三维效果（三）

② 单击"画实体"工具栏中的"D 牵引面"按钮■，选中如图 5-152 所示平面为要牵引的面，单击"确定"选择按钮●，在弹出的"实体牵引面的参数"对话框中选择"牵引到指定边界"，牵引角度"15"，如图 5-153 所示，单击"确定"按钮✓。在出现"选取高亮面的参考边"提示后，选取高亮面的上面边界，如图 5-154 所示，单击"确定"选择按钮●，重复相同的步骤，依次选择侧面的上边界，直到出现"选取边界或面来确定牵引方向"提示。此时选择上表面为固定不动的平面，如图 5-155 所示，单击"确定"按钮，生成牵引面，如图 5-156 所示。

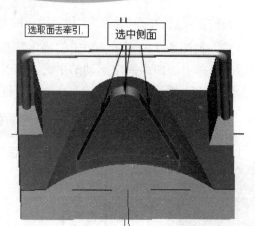

图 5-152　选择牵引面

图 5-153　"实体牵引面的参数"对话框

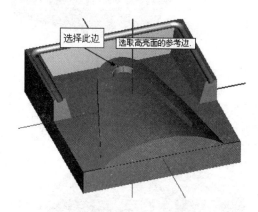

图 5-154　选择参考边

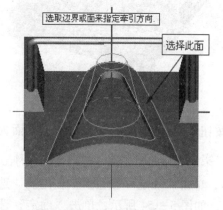

图 5-155　选择面确定牵引方向

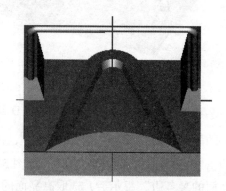

图 5-156　实体三维效果（四）

（2）实体倒圆角。

① 单击"画实体"工具栏中的"F 倒圆角"按钮，在普通选项工具栏中仅选择"选择边 Select edge"按钮（如图 5-157 所示），选择如图 5-158 所示边界，单击"确定选

择”按钮，在弹出的“实体倒圆角参数”对话框中输入半径“25”，单击“确定”按钮，生成如图 5-159 所示圆角特征。

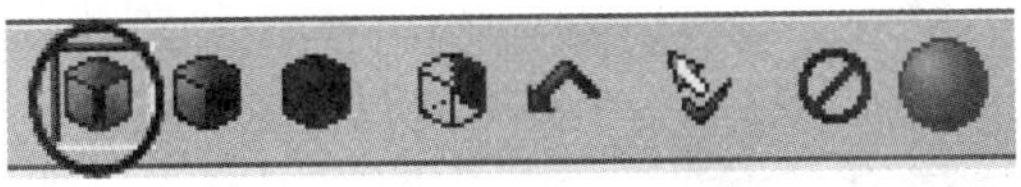

图 5-157　倒圆角选择模式

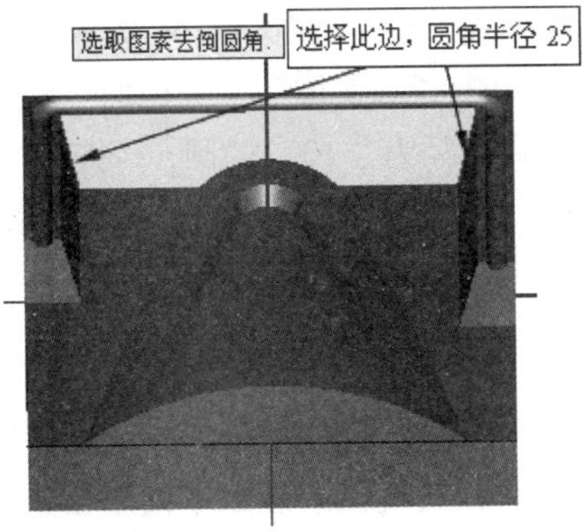

图 5-158　选择倒圆角边界（一）

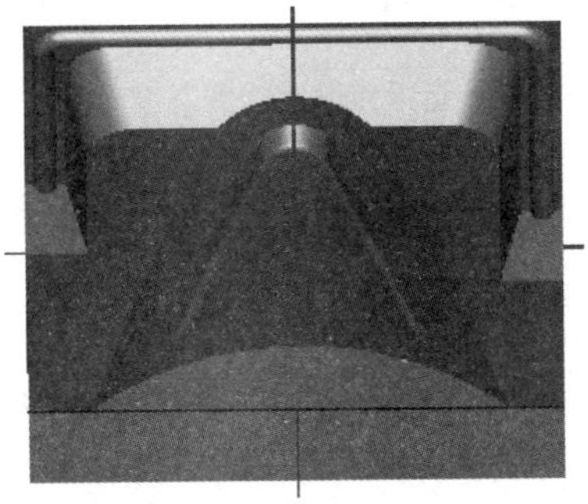

图 5-159　实体三维效果（五）

② 单击“画实体”工具栏中的“F 倒圆角”按钮，在“普通选项”工具栏中仅选择“选择面 Select face”按钮（如图 5-160 所示），选择如图 5-161 所示曲面，单击“确定选择”按钮，在弹出的“实体倒圆角参数”对话框中输入半径“25”，单击“确定”按钮，生成如图 5-162 所示圆角特征。

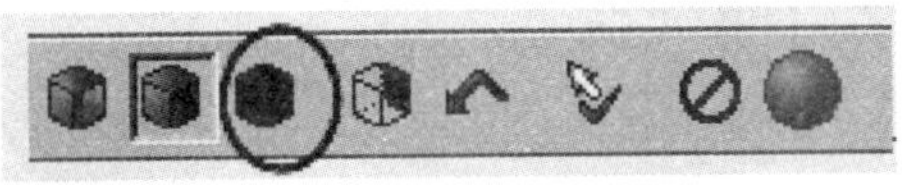

图 5-160　倒圆角选择模式

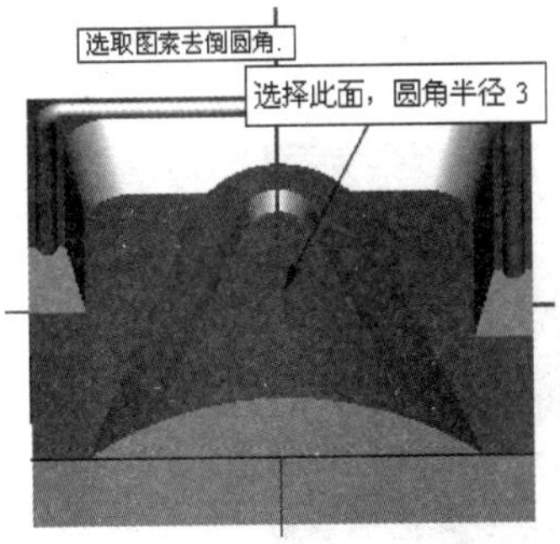

图 5-161　选择倒圆角边界（二）

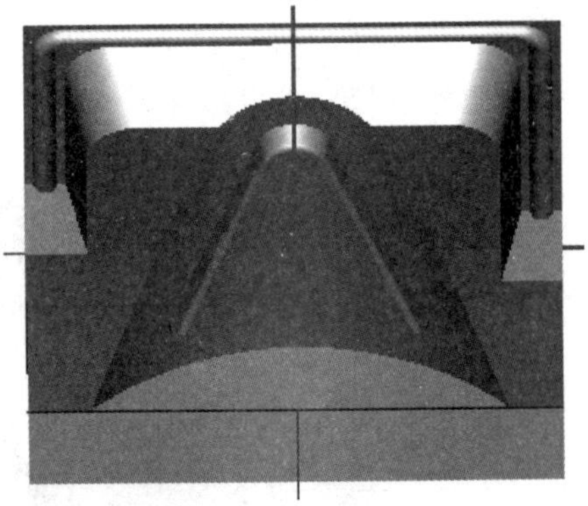

图 5-162　实体三维效果（六）

图 5-163 选择点确定构图深度

（3）孔特征修饰。

① 单击平面工具栏中的"设置平面为俯视图"按钮，将构图模式切换至"2D"，单击"构图深度 Z"按钮，选择曲面上表面的点为俯视图平面的构图深度，如图 5-163 所示，此时构图深度 Z 为"30"。

② 利用"草图模式"工具栏中的"C 圆心点"按钮，绘制如图 5-164 所示。

③ 单击"画实体"工具栏的"S 挤出"按钮，选择直径为"10"的圆，"挤出操作"为切割实体，距离为"8"，单击"确定"按钮，生成孔特征，如图 5-165 所示。

④ 单击"画实体"工具栏中的"D 牵引面"按钮，选中如图所示孔的侧面为要牵引的面，单击"确定"选择按钮，在弹出的"实体牵引面的参数"对话框中选择"牵引到实体面"，牵引角度"15"，单击"确定"按钮。在出现"选取平面来指定牵引方向"提示后，选择孔的底面为固定不动的平面，牵引方向如图 5-166 所示，单击"R 换向"按钮（注：如果牵引方向与图示方向相反，即"上大下小"，则直接单击"确定"按钮），生成牵引面，如图 5-167 所示。

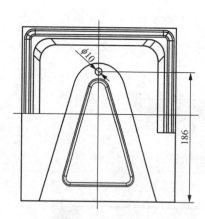

图 5-164 图形尺寸（十一）

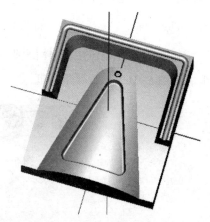

图 5-165 实体三维效果（七）

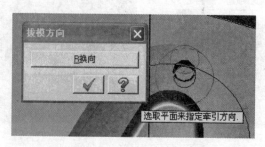

图 5-166 确定牵引方向

⑤ 单击"画实体"工具栏中的"F 倒圆角"按钮 ▢，在"普通选项"工具栏中仅选择"选择边 Select edge"按钮 ▢，选择孔口边界，单击"确定"选择按钮 ●，在弹出的"实体倒圆角参数"对话框中输入半径"6"，单击"确定"按钮，生成如图 5-168 所示圆角特征。

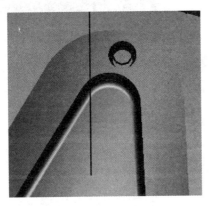

图 5-167　实体三维效果（八）

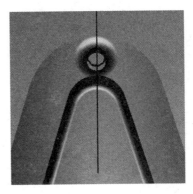

图 5-168　实体三维效果（九）

4）背面特征的创建

（1）旋转切割实体。

① 单击"平面"工具栏中的"设置平面为俯视图"按钮 ▢，将构图模式切换至"2D"，单击"构图深度 Z"按钮，选择下底面上的点为俯视图平面的构图深度，如图所示，此时构图深度 Z 为"-35"。

② 单击"屏幕视角"工具栏中的"T 俯视图"按钮 ▢，进入俯视图视角。

③ 利用"草图模式"工具栏中的"E 两点画线" ◣ 按钮和"C 圆心点"按钮 ◉，绘制如图 5-169 所示线条。

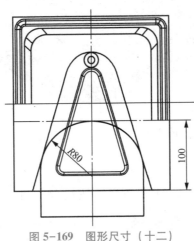

图 5-169　图形尺寸（十二）

④ 单击"画实体"工具栏的"R 旋转"按钮 ▨，选取 R80 的圆弧轮廓作为旋转截面，中心线为旋转轴，如图 5-170 所示（注：如果旋转方向与图示方向相反，则在"方向"对

话框中单击"R反向"按钮），单击"确定"按钮 ✓。在弹出的"旋转实体的设置"对话框中选择"选择操作"为切割实体，终止角度为"10"，如图5-171所示，单击"确定"按钮 ✓，生成如图5-172所示切割特征。

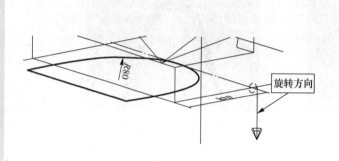

图 5-170　确定旋转方向

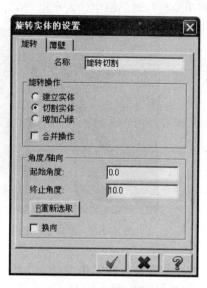

图 5-171　旋转实体对话框

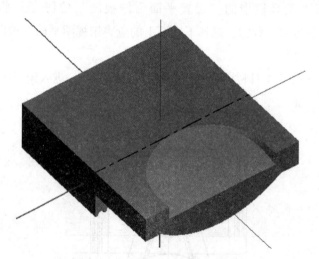

图 5-172　实体三维效果（十）

（2）圆角特征修饰。

单击"画实体"工具栏中的"F倒圆角"按钮 ⬛，在"普通选项"工具栏中仅选择"选择边 Select edge"按钮 ⬛，选择如图5-173所示边界，单击"确定选择"按钮 ⬤，在弹出的"实体倒圆角参数"对话框中输入半径"3"，单击"确定"按钮，生成如图5-174所示圆角特征。

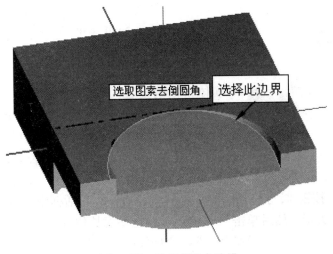

图 5-173　选择倒圆角边界

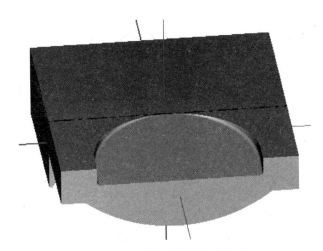

图 5-174　实体三维效果（十一）

（3）保存文件

选择""命令，以文件名"XIANGMU5-2"保存绘图结果。

5.7.2　连杆零件建模

1. 图形分析

连杆零件实体模型如图 5-175 所示。该零件建模时充分运用了挤出
（拉伸）实体命令的各个选项功能。

项目拓展任务
操作视频

2. 操作步骤

（1）选择"文件（File）"→"新建（New）"命令，新建一个文档。

（2）单击"屏幕视角"工具栏中的"前视图（Front View）"按钮，将视图模式设
置为前视图模式。

图 5-175　连杆零件实体模型效果图

（3）绘制一直径为 20 的圆。单击"实体"工具栏中的"挤出实体（Solid Extrude）"按钮，打开"串连选项"对话框。在对话框中单击"串连（chain）"按钮，选择该圆，然后单击"确定"按钮。在弹出的"实体挤出的设置（Extrude Chain）"对话框中，设置"延伸距离（Distance）"为"20"，单击"确定"按钮，完成挤出实体的操作，结果如图 5-176 所示。

（3）在圆柱的端面上绘制边长为 20 的正方形，位置如图 5-177 所示，单击"实体"工具栏中的"挤出实体（Solid Extrude）"按钮，打开"串连选项"对话框。在对话框中单击"串连（chain）"按钮，选择正方形，然后单击"确定"按钮（注意拉伸方向）。在弹出的"实体挤出的设置（Extrude Chain）"对话框中，选择"增加凸缘（Add Boss）"选项，设置"延伸距离（Distance）"为"20"，单击"确定"按钮，完成挤出实体的操作，结果如图 5-178 所示。

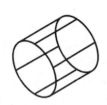

图 5-176　产生圆柱

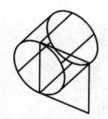

图 5-177　绘制矩形

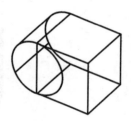

图 5-178　挤出实体

（5）单击"构图平面"工具栏中的"俯视图（Top View）"按钮，将构图面设置为俯视图平面。

（6）在实体的上表面绘制直径为 20 的圆，位置如图 5-179 所示，单击"实体"工具栏中的"挤出实体（Solid Extrude）"按钮，打开"串连选项"对话框。在对话框中单击"串连（chain）"按钮，选择该圆，然后单击"确定"按钮（注意拉伸方向）。在弹出的"实体挤出的设置（Extrude Chain）"对话框中，选择"增加凸缘（Add Boss）"选项，设置延伸距离（Distance）为"20"，单击"确定"按钮，完成挤出实体的操作，结果如图 5-180 所示。

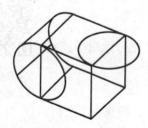

图 5-179　绘制圆

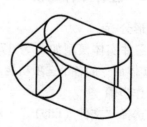

图 5-180　挤出实体

（7）单击"屏幕视角"工具栏中的"前视图（Front View）"按钮 ，将视图模式设置为前视图模式。

（8）在实体的下底面绘制如图 5-181 所示的图形。单击"实体"工具栏中的"挤出实体（Solid Extrude）"按钮 ，打开"串连选项"对话框。在对话框中单击"串连（chain）"按钮 ，选择该二维曲线链，然后单击"确定"按钮（注意拉伸方向）。在弹出的"实体挤出的设置（Extrude Chain）"对话框中，选择"增加凸缘（Add Boss）"选项，拔模角（Angle）选择"向内"选项设置为"10"，设置延伸距离（Distance）为"5"，单击"确定"按钮，完成挤出实体的操作，结果如图 5-182 所示。

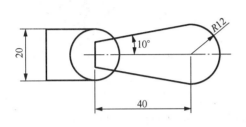

图 5-181　绘制截面图形

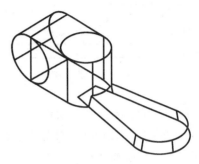

图 5-182　挤出后效果

（9）在如图 5-183 所示的位置绘制圆，单击"实体"工具栏中的"挤出实体（Solid Extrude）"按钮 ，打开"串连选项"对话框。在对话框中单击"串连（chain）"按钮 ，选择该圆，然后单击"确定"按钮（注意拉伸方向）。在弹出的"实体挤出的设置（Extrude Chain）"对话框中，选择"增加凸缘（Add Boss）"选项，拔模角（angle）"向内"为"10"，设置"延伸距离（Distance）"为"5"，单击"确定"按钮，完成挤出实体的操作，结果如图 5-184 所示。

（10）单击"屏幕视角"工具栏中的"前视图（Front View）"按钮 ，将视图模式设置为前视图模式。

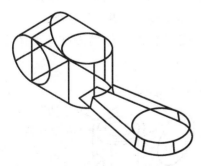

图 5-183　挤出拔模

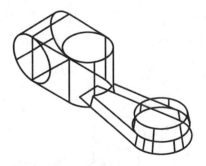

图 5-184　增加凸台

（11）在实体对称截面上绘制如图 5-185 所示的三角形。单击"实体"工具栏中的"挤出实体（Solid Extrude）"按钮 ，打开"串连选项"对话框。在对话框中单击"串连（chain）"按钮 ，选择该三角形，然后单击"确定"按钮。在弹出的"实体挤出的设置（Extrude Chain）"对话框中，选择"增加凸缘（Add Boss）"选项，设置"延伸距离（Distance）"为"2"，两边同时延伸，单击"确定"按钮，完成挤出实体的操作，结果如图 5-186 所示。

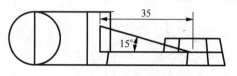

图 5-185　绘制截面图形

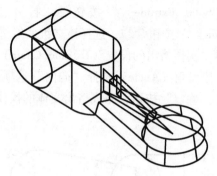

图 5-186　挤出实体

（12）在凸台的上表面绘制直径为 15 的圆，单击"实体"工具栏中的"挤出实体（Solid Extrude）"按钮 ⬆，打开"串连选项"对话框。在对话框中单击"串连（chain）"按钮 ⚬⚬⚬，选择该圆，然后单击"确定"按钮（注意挤出方向）。在弹出的"实体挤出的设置（Extrude Chain）"对话框中，选择"切割主体（Extend through all）"选项，"全部贯穿（Extend through all）"选项，单击"确定"按钮，完成挤出实体的操作，结果如图 5-187 所示。

（13）在如图 5-188 所示的位置绘制直径为 10 和 16 的圆。单击"实体"工具栏中的"挤出实体（Solid Extrude）"按钮 ⬆，打开"串连选项"对话框。在对话框中单击"串连（chain）"按钮 ⚬⚬⚬，选择直径为 16 的圆，然后单击"确定"按钮（注意挤出方向）。在弹出的"实体挤出的设置（Extrude Chain）"对话框中，选择"切割主体（Extend through all）"选项，设置"延伸距离（Distance）"为"2"，单击"确定"按钮，完成挤出实体的操作。继续单击"实体"工具栏中的"挤出实体（Solid Extrude）"按钮 ⬆，选择直径为 10 的圆，然后单击"确定"按钮（注意挤出方向）。在弹出的"实体挤出的设置（Extrude Chain）"对话框中，选择"切割主体（Extend through all）"选项，"全部贯穿（Extend through all）"选项，单击"确定"按钮，完成挤出实体的操作，如图 5-189 所示。

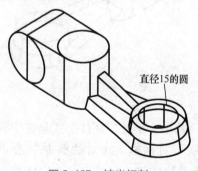

图 5-187　挤出切割

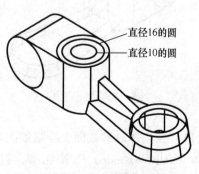

图 5-188　绘制圆

（14）利用与步骤（13）相同的方法，切割实体得到如图 5-190 所示的图形。

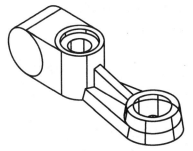

图 5-189　挤出切割实体

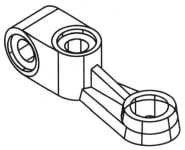

图 5-190　进一步切割

（15）单击"实体"工具栏中的"倒圆角（Solid Fillet）"按钮，选择图 5-191 中的边界线，然后单击"确定"按钮，打开"实体倒圆角参数（Fillet Parameters）"对话框，输入固定半径值为"1"，单击"确定"按钮，生成如图 5-192 所示的圆角。

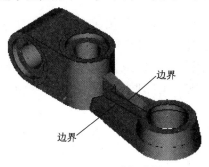

图 5-191　选择边界

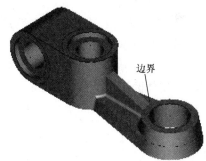

图 5-192　倒圆角实体

（16）单击"实体"工具栏中的"单一距离倒角（Solid One-distance Chamfer）"按钮，选择如图 5-192 所示的边界，单击"确定"按钮，输入倒角距离为"1"，单击"确定"按钮，结果如图 5-175 所示。

（17）单击"保存"按钮，保存文件，名为"XIANGMU5-3"。

5.7.3　排气管道零件建模

1. 图形分析

排气管道零件实体模型如图 5-193 所示。该零件建模时综合运用了举升、挤出（拉伸）、薄壳（抽壳）等实体命令。

项目拓展任务
操作视频

图 5-193　排气管道零件实体模型效果图

2. 操作步骤

（1）选择"文件（File）"→"新建（New）"命令，新建一个文档。

（2）单击"屏幕视角"工具栏中的"右视图（Right Side View）"按钮 ⬛，将视图模式设置为右视图模式。

（3）绘制如图 5-194 所示的矩形，矩形中心位于坐标原点，在"构图深度 Z"处的文本框中输入数据"36"，再绘制如图 5-195 所示的矩形。

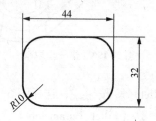

图 5-194 绘制矩形

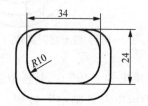

图 5-195 绘制二维截面图形

（4）单击"实体"工具栏中的"举升实体（Solid Loft）"按钮 ⬇，打开"串连选项"对话框。在对话框中单击"串连（chain）"按钮 ⬤⬤⬤，选择图中大矩形作为外形 1，小矩形作为外形 2，（注意确保两个外形的箭头和起始点的方向一致），单击"确定"按钮。在弹出的"举升实体的设置（Loft Chain）"对话框中选择"建立主体"选项，单击"确定"按钮，生成如图 5-196 所示的举升实体。

（5）单击"屏幕视角"工具栏中的"前视图（Front View）"按钮 ⬛，将视图模式设置为前视图模式。

（6）在如图 5-197 所示的中点处，绘制如图 5-143 所示的直线和圆弧。

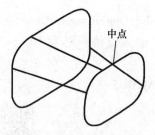

中点

图 5-196 举升实体

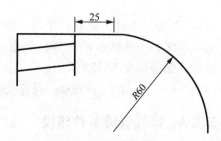

图 5-197 绘制轨迹线

（7）单击"实体"工具栏中的"扫描实体（Solid Sweep）"按钮 ⬛，打开"串连选项"对话框。在对话框中单击"串连（chain）"按钮 ⬤⬤⬤，选择图中的小矩形作为串连 1，单击"确定"按钮，然后选择直线和圆弧为轨迹线，单击"确定"按钮。在弹出的"扫描实体的设置（Sweep Chain）"对话框中选择"增加凸缘（Add Boss）"选项，单击"确定"按钮，产生如图 5-198 所示的扫描实体。

（8）单击"屏幕视角"工具栏中的"前视图（Front View）"按钮 ⬛，将视图模式设置为前视图模式。设置"构图深度 Z"为"0"。绘制如图 5-199 所示的半径为 36 的半圆和半径为 28 的圆。

图 5-198　扫描实体

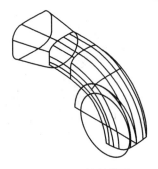

图 5-199　绘制截面

（9）单击"实体"工具栏中的"挤出实体（Solid Extrude）"按钮![按钮]，打开"串连选项"对话框。在对话框中单击"串连（chain）"按钮![按钮]，选择半径为 36 的半圆，然后单击"确定"按钮。在弹出的"实体挤出的设置（Extrude Chain）"对话框中，选择"增加凸缘（Add Boss）"选项，"两边延伸"选项，设置"延伸距离（Distance）"为"27"，单击"确定"按钮，完成挤出实体的操作，如图 5-200 所示。

（10）单击"实体"工具栏中的"倒圆角（Solid Fillet）"按钮![按钮]选择，如图 5-201 所示的边界。单击"确定"按钮，在弹出的"实体倒圆角参数（Fillet Parameters）"对话框中选择"固定半径"选项，输入半径值为"3"，单击"确定"按钮，产生如图 5-202 所示的圆角。

图 5-200　挤出实体

边界线1
边界线2

图 5-201　选择边界

（11）单击"实体"工具栏中的"薄壳"按钮![按钮]，选择如图 5-203 所示的两个开口面。单击"确定"按钮，在"实体薄壳的设置"对话框中选择薄壳方向为"朝内"，厚度为"1"，单击"确定"按钮。产生如图 5-204 所示的薄壳实体。

（12）单击"实体"工具栏中的"挤出实体（Solid Extrude）"按钮![按钮]，打开"串连选项"对话框。在对话框中单击"串连（chain）"按钮![按钮]，选择半径为 28 的圆，然后单击"确定"按钮。在弹出的"实体挤出的设置（Extrude Chain）"对话框中，选择"切割主体（Extend through all）"选项，"两边延伸，全部贯穿（Extend through all）"选项，单击"确定"按钮，完成挤出实体的操作，如图 5-205 所示。

图 5-202　实体倒圆角

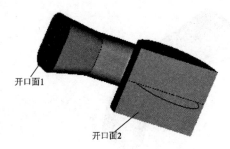

图 5-203　选择开口面

图 5-204　薄壳实体

图 5-205　挤出切割

（13）在实体的下底面绘制如图 5-206 所示的二维图形。

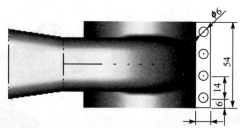

图 5-206　绘制截面

（14）单击"实体"工具栏中的"挤出实体（Solid Extrude）"按钮 ，打开"串连选项"对话框。在对话框中单击"串连（chain）"按钮，选择矩形和 4 个小圆（注意箭头方向一致），然后单击"确定"按钮。在弹出的"实体挤出的设置（Extrude Chain）"对话框中，选择"增加凸缘（Add Boss）"选项，设置距离为 2，单击"确定"按钮，完成挤出实体的操作，如图 5-193 所示。

项目拓展任务
操作视频

（15）单击"保存"按钮，保存文件名为"XIANGMU5-4"。

5.8　项目巩固练习

5.8.1　填空题

1. 在 Mastercam 中,使用命令直接绘制的规则三维实体有_____、_____、_____、_____和_____。

2. 在 Mastercam 中,由二维截形生成三维实体的方法,主要有_____、_____、_____、_____。

3. 直接对实体进行编辑的命令,主要有_____、_____、_____、_____、_____、_____等。

4. 对实体进行圆角,当圆角半径过大产生溢出时,有_____和_____两种处理方式。

5. 对实体抽壳时,抽壳方向有_____、_____和_____3 种方式。

5.8.2　选择题

1. 用户不能使用（　　）来修剪三维实体。
   A. 平面　　　　　B. 三点　　　　　C. 曲面　　　　　D. 实体

2. 对实体进行布尔运算有多种方式,但下列的（　　）命令并不属于布尔运算命令。
   A. 并集　　　　　B. 交集　　　　　C. 逼近　　　　　D. 差集

3. 对实体进行（　　）操作时,不需要指定方向。
   A. 并集运算　　　B. 牵引实体面　　C. 实体抽壳　　　D. 加厚薄壁实体

4. 对实体进行（　　）操作时,需要指定方向。
   A. 并集运算　　　B. 实体圆角　　　C. 实体倒角　　　D. 修剪实体

5.8.3　简答题

1. 构建实体有哪些方法,各有什么特点?
2. 实体造型的步骤大致是怎样的?
3. 实体管理器的作用是什么?
4. 在 Mastercam 的实体抽壳中,抽壳方向有哪 3 种?
5. 对实体进行倒圆角时,当圆角半径过大产生溢出时,有哪几种处理方式?
6. 在 Mastercam 中实体倒角有哪 3 种方式?
7. 布尔运算有哪几种方式?
8. 用户不能使用什么来修剪三维实体?
9. 对实体进行什么操作时,不需要指定方向?

10. 用扫描产生实体时，扫描路径如何规划？

11. 扫描曲面和扫描实体有哪些相同点，又有哪些不同点？

12. 创建举升实体时，如何避免产生扭曲现象？

13. 牵引实体表面的操作有哪些类型，各有何特点？

5.8.4 操作题

1. 绘制蜗轮箱盖实体造型零件图，如图 5-207 所示。

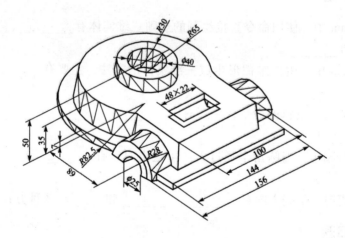

图 5-207 蜗轮箱盖实体

2. 绘制如图 5-208～图 5-221 所示的实体。

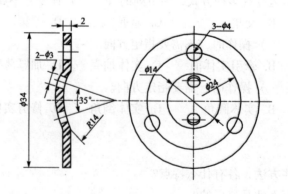

图 5-208 实体（一）

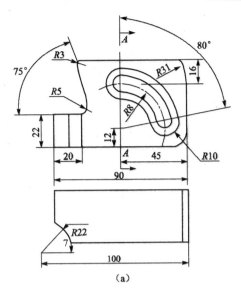

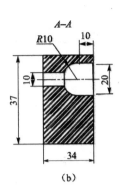

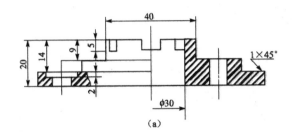

（a）　　　　　　　　　　　　　　　（b）

图 5-209　实体（二）

（a）

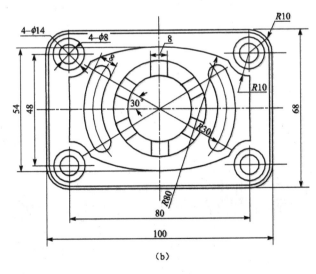

（b）

图 5-210　实体（三）

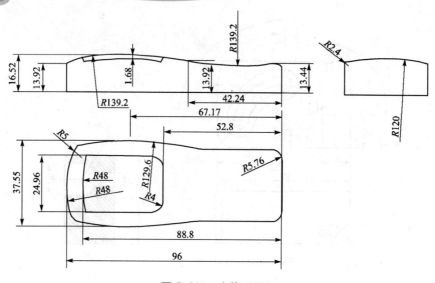

图 5-211 实体（四）

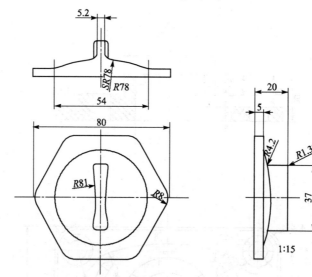

图 5-212 实体（五）

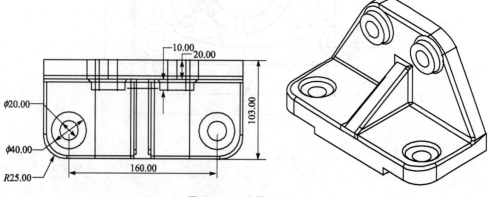

图 5-213 实体（六）

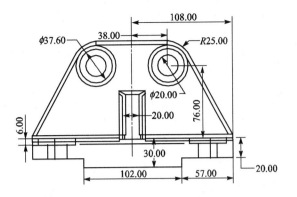

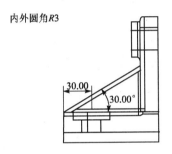

内外圆角R3

图 5-213　实体（六）（续）

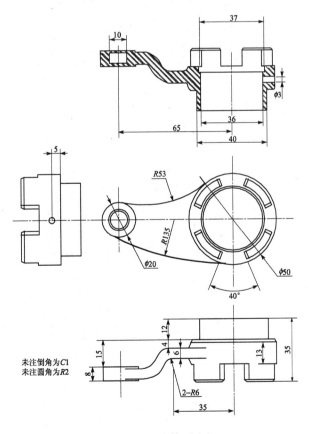

未注倒角为C1
未注圆角为R2

图 5-214　实体（七）

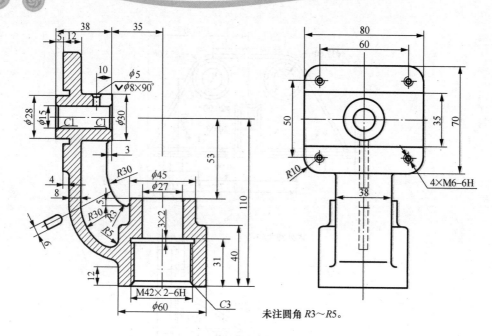

未注圆角 R3～R5。

图 5-215　实体（八）

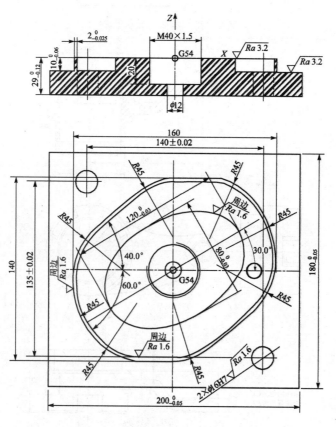

图 5-216　实体（九）

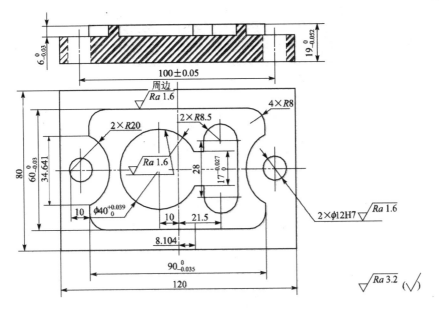

图 5-217   实体（十）

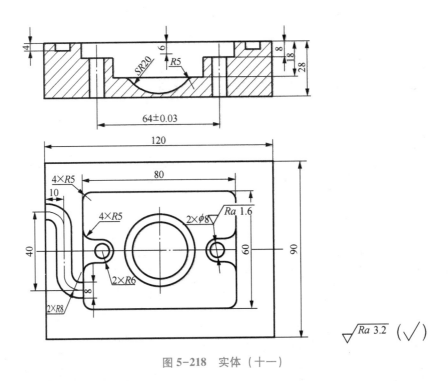

图 5-218   实体（十一）

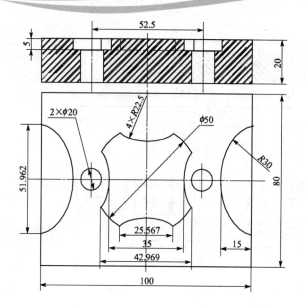

图 5-219　实体（十二）

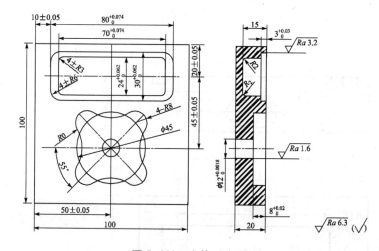

图 5-220　实体（十三）

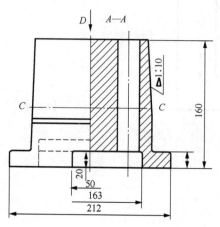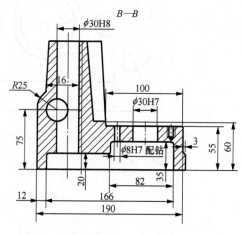

图 5-221　实体（十四）

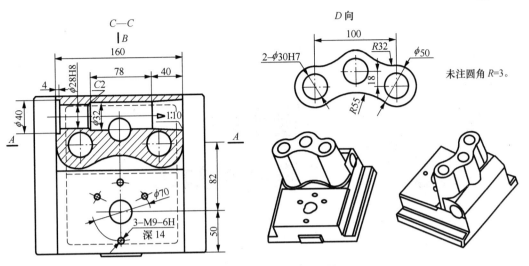

图 5-221　实体（十四）（续）

3. 零件图如图 5-222 所示，完成零件实体造型。技术要求：① 外侧脱模斜度为 2°，内侧脱模斜度为 6°；② 未注圆角为 R1。

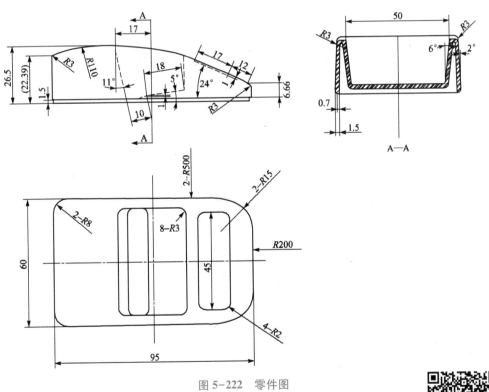

图 5-222　零件图

项目 6

二维铣削加工

项目描述

　　本项目主要介绍 Mastercam X 加工的基础知识和基本设置，以及几种二维铣削加工方法的综合应用。通过本项目的学习，完成操作任务——对如图 6-1 所示的型腔体零件进行自动加工路径规划，以及后置处理生成数控加工程序。零件材料为 LY12（硬铝）。技术要求：① $\phi32^{+0.039}$、$\phi36^{+0.039}$ 两阶梯孔要求镗孔；② $2-\phi12^{+0.027}$、$3-\phi12^{+0.027}$ 要求镗孔；③ 其余表面粗糙度 $Ra3.2$。

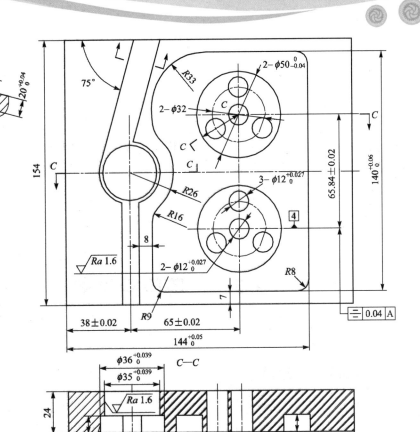

图 6-1 型腔体零件图

6.2 项 目 目 标

知识目标

（1）熟悉 Mastercam X 加工的基础知识和基本设置，包括加工坐标系、工件设置、刀具管理、操作管理、串连管理、后处理设置等。

（2）掌握外形铣削、挖槽、钻孔、面铣削、全圆铣削、雕刻等二维铣削加工命令的使用技术。

技能目标

（1）对二维铣削加工模组能进行一些基本设置，例如加工坐标系、工件设置、刀具管理、操作管理、串连管理、后处理等。

（2）能使用 Mastercam X 二维刀具路径模组生成二维刀具路径。

（3）能对 Mastercam X 的每种二维铣削加工进行刀具选择、刀具补偿、主轴转速、进给速度、切削量等特定加工参数进行选择和设置。

（4）完成"项目描述"中的操作任务。

6.3 项目相关知识

6.3.1　加工设备选择

在 Mastercam X 中，绘制好图形后就要输入加工参数，以产生刀具路径。因为不同的加工设备对应不同的加工方式和后处理文件，所以在输入具体加工参数前首先要选择机床设备类型，以确定用何种机床进行加工，然后输入各设备所特有的加工参数。

Mastercam X 的机床设备种类主要有铣床（Mill）、车床（Lathe）、线切割激光机床（Router）3 种。其中铣削模块可以用来生成铣削加工刀具路径，及进行外形铣削、型腔加工、钻孔加工、平面加工、曲面加工以及多轴加工等的模拟；车削模块可以用来生成车削加工刀具路径，及进行粗/精车、切槽和车螺纹的加工模拟。在 3 种设备中，车削模块和线切割激光加工模块属于二维加工，是 Mastercam 的附带功能，铣削模块属于三维加工。铣削加工是 Mastercam 的主要功能。

1. 铣床（Mill）

选择"机床类型（M）"→"铣削（M）"命令，可以看到铣床的类型，如图 6-2 所示。

铣床设备类型可分为如下 7 种。

（1）MILL 3-AXIS HMC—3 轴卧式铣床。机床主轴平行于机床工作台面。

（2）MILL 3-AXIS VMC—3 轴立式铣床。机床主轴垂直于机床台面。

（3）MILL 4-AXIS HMC—4 轴卧式铣床。在 3 轴铣床的工作台上加一个数控分度头，并和原来的 3 轴联动，就变成了 4 轴联动数控铣床。

（4）MILL 4-AXIS VMC—4 轴立式铣床。

（5）MILL 5-AXIS TABLE-HEAD VERTICAL—5 轴立式铣床。如果在 3 轴铣床工作台上安装一个数控回转工作台，在数控回转工作台上再安装一个数控分度头，就变成了 5 轴联动数控铣床。

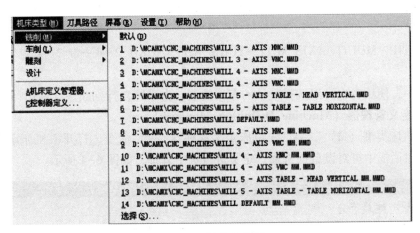

图 6-2　铣床的类型

（6）MILL 5-AXIS TABLE-HEAD HORIZONTAL—5 轴卧式铣床。

（7）MILL DEFAULT—默认的铣床。

在本书中，使用者可以选择默认的铣床类型，由系统自行判断该零件用哪种铣床。

2. 车床（Lathe）

选择"机床类型（M）"→"车削（L）"命令，可以看到车床的类型，如图 6-3 所示。

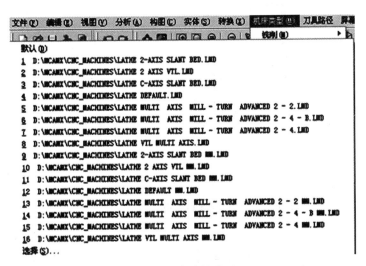

图 6-3　车床的类型

车床设备类型可分为如下 6 种。

（1）LATHE 2-AXIS—2 轴车床。

（2）LATHE C-AXIS MILL-TURN-BASIC—带旋转台的 C 轴车床。

（3）LATHE DEFAULT—默认的车床。

（4）LATHE MULTI-AXIS MILL-TURN ADVANCED 2-2—带 2-2 旋转台的多轴车床。

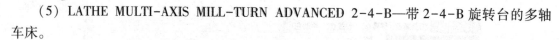

（5）LATHE MULTI-AXIS MILL-TURN ADVANCED 2-4-B—带 2-4-B 旋转台的多轴车床。

（6）LATHE MULTI-AXIS MILL-TURN ADVANCED 2-4—带 2-4 旋转台的多轴车床。

在本书中，使用者也可以选择默认的车床类型，由系统自行判断该零件用哪种车床。

3. 机床定义管理器（Machine Definition Manager）

选择"机床类型（M）"→"A 机床定义管理器…"命令，打开"机床定义管理器"对话框。在对话框中可对设备的选择、定义进行集中管理，如图 6-4 所示。

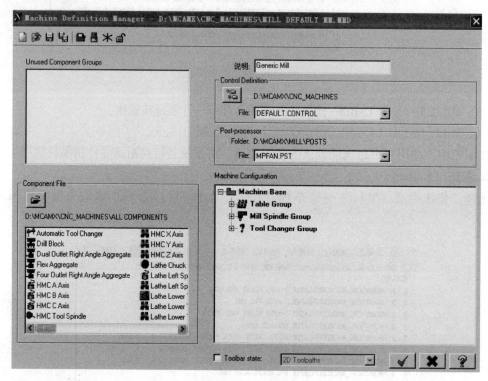

图 6-4 "机床定义管理器"对话框

6.3.2 刀具设置、工件设置和材料设置

1. 刀具设置

Mastercam X 在生成刀具路径前，首先要选择该加工中使用的刀具。一个零件的加工可能要分成若干步骤和使用若干把刀具，刀具的选择直接影响加工的成败和效率。刀具参数中设置的一系列相关加工参数也可以直接在加工中使用。Mastercam X 提供了强大的刀具管理功能。

1）选择刀具

选择"刀具路径"→"刀具管理器…"命令，弹出如图 6-5 所示的"刀具管理器（Tool Manager）"对话框，在刀具库中选择需要的刀具，单击窗口右侧的按钮，再单击确定按钮，即可完成从刀具库中选择刀具的操作。

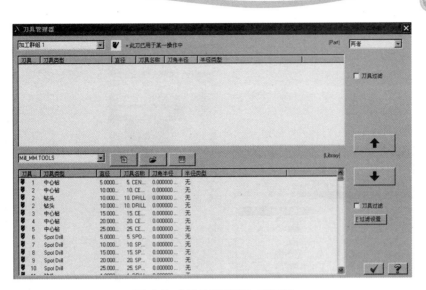

图6-5 "刀具管理器"对话框

"刀具管理器"对话框中列出了当前刀具库中刀具的简要参数，包括刀具号码、刀具类型、刀具直径、刀具名称、刀角半径、刀角半径类型等。

当刀具列表中刀具数量较多时，可在"刀具管理器"对话框中单击"F 过滤设置…"按钮，弹出"刀具过滤设置"对话框，如图6-6所示。该对话框的选项使刀具管理器只显示适合过滤器标准的那些刀具。

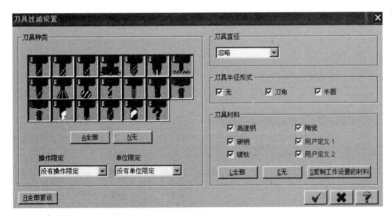

图6-6 "刀具过滤设置"对话框

2）修改刀具

从刀具库中选择的刀具，其刀具参数（如刀径、刀长、切刃长度等）采用的是系统给定的参数。用户可以对相应参数进行修改来得到所需要的刀具。

在"刀具管理器"对话框中，在已有的刀具上单击鼠标右键，打开如图6-7所示的快捷菜单，用户可通过该快捷菜单对刀具进行编辑。图6-8所示为单击"E 编辑现有刀具…"按钮后出现的 Endmill Flat 选项卡。

图 6-7　刀具编辑快捷菜单

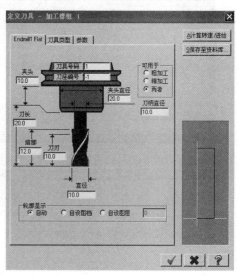

图 6-8　Endmill Flat 选项卡

3）自定义新刀具

除了从刀具库中选择加工刀具和修改刀具库刀具来产生加工刀具外，用户还可以自行定义新的刀具来产生加工刀具。

在"刀具管理器"对话框中的空白处单击鼠标右键（见图 6-9），在弹出的菜单中选择"N 新建刀具 ..."命令，系统弹出"刀具类型"选项卡，如图 6-10 所示。

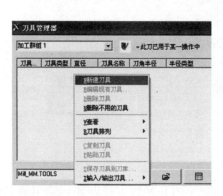

图 6-9　自定义新刀具

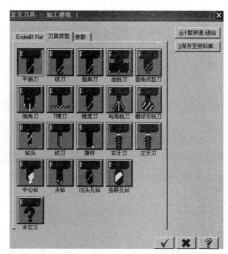

图 6-10　"刀具类型"选项卡

4）刀具加工参数设置

在"定义刀具"对话框中（见图 6-10），单击"参数"标签，弹出如图 6-11 所示的"参数"选项卡。在此对话框中可完成对刀具加工参数的设置。

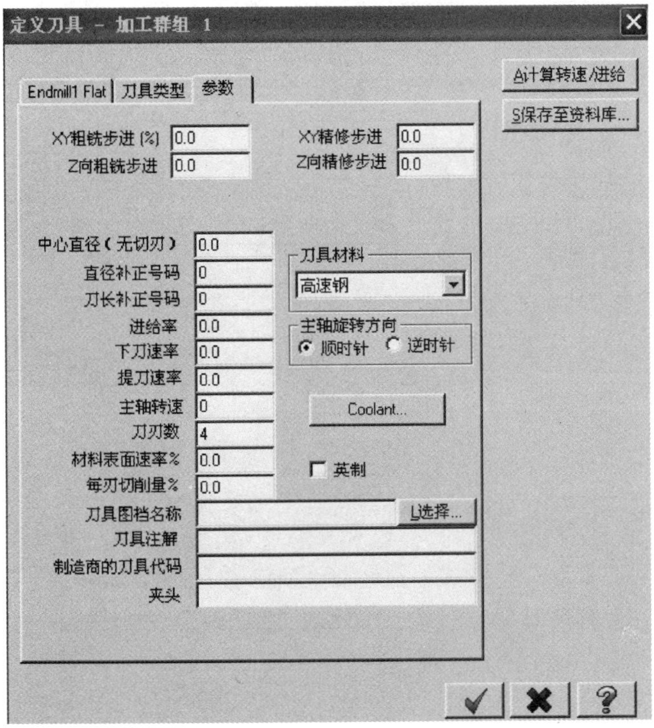

图 6-11　"参数"选项卡

2. 工件设置

在操作管理器中，单击"◆材料设置"（工件设置）图标（见图 6-12），系统弹出"机器群组属性（Machine Group Properties）"对话框，并切换到"材料设置（Stock Setup）"选项，如图 6-13 所示。

图 6-12　启动工件设置命令（操作管理器）

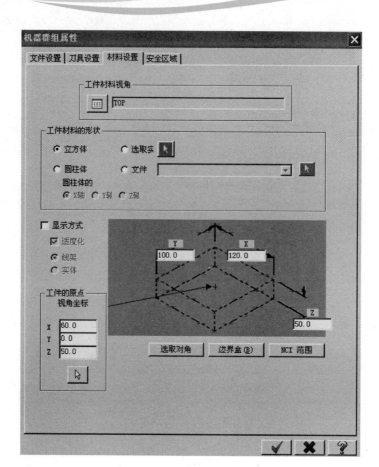

图 6-13 "材料设置"选项卡

1）工件类型选择

根据毛坯形状选择"立方体（Rectangular）"或"圆柱体（Solid）"单选项。选择"圆柱体"单选项时，可选 X、Y 和 Z 轴来确定圆柱摆放的方向。选择"实体（Solid）"单选项则可通过单击 ▷ 按钮在图上选择一部分实体作为毛坯形状。选择"文件（File）"单选项则可通过单击 ▷ 按钮从一个 STL 文件中输入毛坯形状。用户也可通过"显示方式（Display）"复选项，决定是否在屏幕上显示工件。

2）工件尺寸设置

Mastercam X 系统提供了几种设置工件尺寸的方法。

用户可以通过在 X、Y 和 Z 文本框中输入数值以确定工件尺寸。

（1）选取毛坯的角。单击"选取对角"（Select corners）按钮，返回到图形区，选择零件的相对角以定义一个零件毛坯，返回图形区后选择图形对角的两个点，表示图形的两个角，该选项可根据选择的角重新计算毛坯原点，毛坯上 X 和 Y 轴尺寸也随着改变。

（2）边界盒。单击"边界盒（B）"（Bounding box）按钮，根据图形边界确定工件尺寸，并自动改变 X 轴，Y 轴和原点坐标。

（3）NCI 范围。单击"NCI 范围"（NCI extens）按钮，根据刀具在 NCI 文档中的移动范围确定工件尺寸，并自动改变 X 轴，Y 轴和原点坐标。

3）工件原点设置

默认的毛坯原点位于毛坯的中心。

可以通过在工件原点设置的 X、Y 和 Z 文本框中输入坐标值以确定工件原点。

也可单击 按钮返回到图形区中选择一点作为工件原点，X、Y 和 Z 轴的坐标值将自动改变。

3. 材料设置

工件材料的设置包括材料的选择和材料的定义。工件材料的选择会直接影响主轴转速、进给速度等加工参数。

1）材料的选择

选择"刀具路径"→"材料管理器 ..."命令，打开"材料选择"对话框，或者在操作管理器中选择"材料设置"（工件设置）选项，在打开的"机器群组属性（Machine Group Properties）"对话框中再选择"刀具设置"选项，在材质栏单击"选择 ..."按钮，将打开"材料列表"对话框，如图 6-14 所示。

在"材料列表（Material list）"对话框中，可通过"显示选项（Display options）"组中的选项来选择材料库。一般选择"毫米"单选项。也可以在对话框中的任意位置单击鼠标右键，打开如图 6-15 所示的快捷菜单，通过该快捷菜单来实现材料列表的设置。

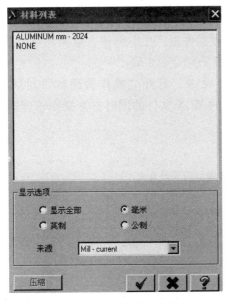

图 6-14　"材料列表"对话框

图 6-15　材料库快捷菜单

2）材料的定义

如果在打开的"机器群组属性（Machine Group Properties）"对话框中选择"刀具设置"选项，在材质栏单击"编辑 ..."按钮，将打开"材料定义"对话框，如图 6-16 所示。通过该对话框用户可以设置毛坯材料的参数。

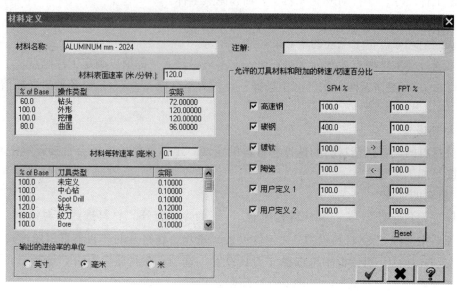

图 6-16 "材料定义"对话框

6.3.3 操作管理

加工零件产生的所有刀具路径都将显示在操作管理器中。用户可以在操作管理器中对刀具路径和零件的所有加工操作进行管理。操作管理器可以产生、编辑、重新计算刀具路径，并可以进行加工模拟、后处理等操作，以验证刀具路径是否正确。

选择"视图（V）"→"▓切换操作管理"命令，打开"操作管理器"对话框，如图 6-11 所示。也可以在打开一个含有刀具路径的 MCX 文件的同时打开操作管理器。

1. 操作管理器中的图标符号

操作管理器中各图标符号及含义如表 6-1 所示。

表 6-1 操作管理器中各图标符号及含义

图标	含　义	图标	含　义
	选择所有加工操作	▼	插入箭头向前移动
	选择所有不可用操作	▲	插入箭头向后移动
	重生所有加工操作	↰	插入箭头移动到选择的加工操作后
	重新生成不可操作	⬍	当加工操作很多，使插入箭头不在显示范围内时，单击此按钮迅速显示插入箭头位置
	执行选中操作的刀具路径模拟		刀具路径组群符号，一个工件的所有加工信息都在其中
	执行选中操作的实体加工模拟	山	设备符号，一个工件的所有加工信息的公共设定包括在其中，包括设备类型、工件设置、刀具基本参数和安全区域

218

图标	含　义	图标	含　义
G1	POST 后处理产生 NC 程序		单击该图标，打开"加工参数"对话框，可以进行参数修改操作
	高速铣削，优化加工操作效率		可对一种加工操作方式的刀具路径的有关参数进行管理，标示"√"说明调用该刀具路径
	删除所有的加工操作		单击该图标进入"刀具参数"对话框，可以进行相关参数的修改
	锁定选择的加工操作，此时该加工操作编辑后的参数无法重生		单击该图标，可以对当前串连进行修改或重新定义串连
	隐藏/显示选择的加工操作的刀具路径		单击该图标，出现刀路模拟（Backplot）子菜单，可以进行当前刀具路径的快速模拟操作
	锁定选择的加工操作的 NC 程序输出，此时该加工操作无法利用 POST 功能输出 NC 程序	▶	下一步刀具路径操作的输入位置

2. 刀具路径模拟

在操作管理器中选择一个或几个操作，单击 按钮，打开如图 6-17 所示的"刀路模拟"对话框。对话框中的各个选项可以对刀具路径模拟的各项参数进行设置。如图 6-18 所示为刀具路径模拟图形显示区及控制条。"刀路模拟"对话框和图形显示控制条中各图标的含义如表 6-2 所示。

图 6-17　"刀路模拟"对话框

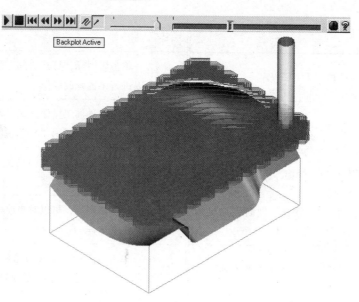

图 6-18　刀具路径模拟图形显示区及控制条

表 6-2　"刀路模拟"对话框和图形显示控制条中各图标的含义

图标	含　义	图标	含　义
	扩展按钮		单击该按钮，开始刀具路径的模拟操作
	当该图标处于按下状态时，可用各种颜色显示刀具路径		单击该按钮，停止刀具路径的模拟操作
	当该图标处于按下状态时，在刀具路径模拟过程中显示刀具		单击该按钮，结束当前的模拟操作，返回到先前停止的位置
	当该图标处于按下状态时，在刀具路径模拟过程中显示刀具夹头		单击该按钮，后退一个模拟加工中设置的步进量
	从一加工点移至另一加工点，需抬刀快速位移，此时并未切削，按下此按钮将显示快速位移路径		单击该按钮，前进一个模拟加工中设置的步进量
	显示刀具路径的节点位置		单击该按钮，快速移动到下一个移动停止位
	当该图标处于按下状态时，在模拟过程中对刀具路径涂色快速检验		当该图标处于按下状态时，模拟运动显示刀具轨迹
	单击此按钮，系统弹出"快速模拟配置（Backplot Options）"对话框		当该图标处于按下状态时，模拟运动只显示运动过程，不显示运动轨迹
	单击此按钮，保存刀具及夹头在某处的显示状态		拖动滑块可以调节模拟速度

续表

图标	含　义	图标	含　义
🖫	保存刀具路径为几何图形	▬▬▬	显示模拟加工的进程
🔲	允许用户直接选择刀具路径上的某段作为隔离区域	⬤	设置停止条件

3. 实体仿真加工

在操作管理器中选择一个或几个操作，单击 🔷 按钮，打开"实体切削验证"对话框，如图 6-19 所示。在图形显示区可观察仿真加工过程和结果，如图 6-20 所示。表 6-3 所示为"实体切削验证"对话框中各图标的含义。

图 6-19 "实体切削验证"对话框

图 6-20 仿真加工过程

表 6-3 "实体切削验证"对话框中各图标的含义

图标	含　义	图标	含　义
⏮	结束当前仿真加工，返回到初始状态	速度 ▭▭ 品质	速度质量滑动条，提高仿真速度降低仿真质量或提高仿真质量降低仿真速度
▶	开始连续仿真加工	📖	单击此按钮，弹出"仿真加工参数"设置对话框

续表

图标	含 义	图标	含 义
■	暂停仿真加工	✍	显示工件截面。单击此按钮,用鼠标单击工件上需要剖切的位置,然后在需要留下的部分单击一下,即可显示剖面图
▶	步进仿真加工,单击一下走一步或走几步,可在每次手动时的位移数(Move/step)栏设置每步的步进量	⊞	测量加工结果数据,如两点间的距离等
▶▶	快速仿真,不显示加工过程,直接显示结果	⟳	刷新放大或缩小的加工区域
⑥	在仿真加工中不显示刀具和夹头	🖫	将模拟结果保存为 STL 格式文件
▮	在仿真加工中显示刀具	⚞—┼—⚟	仿真速度滑动条,调节仿真加工的速度
▼	在仿真加工中显示刀具和夹头		

4. 后处理

刀具路径生成后,经过仿真加工并确定无差错后,即可进行后处理。后处理就是将 NCI 刀具路径文件翻译成数控 NC 程序,即加工程序。NC 程序将控制数控机床进行加工。在操作管理器中单击 **G1** 按钮,打开"后处理程式"对话框,如图 6-21 所示。该对话框用来设置后处理中的有关参数。

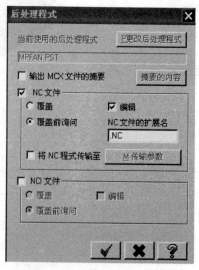

图 6-21 "后处理程式"对话框

6.3.4 数控铣削加工工艺基础

1. 加工顺序的安排原则

1）基准先行

工件上的工艺基准面，一般在工艺过程一开始就粗、精加工。然后以加工出的基准定位，再进行工件的加工。

2）先粗后精

铣削加工按照粗铣→半精铣→精铣的顺序进行，最终达到图样要求。粗加工应以最高的效率切除表面的大部分余量，为半精加工提供定位基准和均匀适当的加工余量。半精加工为主要表面精加工做好准备，即达到一定的精度、表面粗糙度值和加工余量。精加工后，应使各表面达到图样规定的要求。

3）先面后孔

平面加工简单方便，根据工件定位的基本原理，平面轮廓大而平整，所以以平面定位比较稳定可靠。以加工好的平面为精基准加工孔，这样不仅可以保证孔的加工余量较为均匀，而且为孔的加工提供了稳定可靠的精基准；另一方面，先加工平面，切除了工件表面的凹凸不平及夹砂等缺陷，可减少因毛坯凹凸不平而使钻孔时钻头引偏和防止扩、铰孔时刀具崩刃；同时，加工中便于对刀和调整。

4）先主后次

主要表面先安排加工，一些次要表面因加工面小，和主轴表面有相对位置要求，可穿插在主要表面加工工序之间进行，但要安排在主要表面最后精加工之前，以免影响主要表面的加工质量。

2. 顺铣与逆铣

1）顺铣与逆铣的概念

图 6-22 所示为使用立铣进行切削的顺铣与逆铣图（俯视图）。为便于记忆，可把顺铣、逆铣归纳为：当切削工件外轮廓时，绕工件外轮廓顺时针走刀为顺铣，如图 6-23（a）所示；绕工件外轮廓逆时针走刀即为逆铣，如图 6-23（b）所示。当切削工件内轮廓时，绕工件内轮廓逆时针走刀即为顺铣，如图 6-24（a）所示；绕工件内轮廓顺时针走刀时即为逆铣，如图 6-24（b）所示。

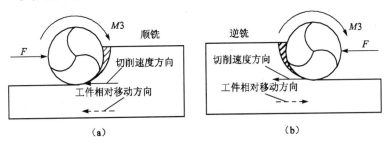

图 6-22 顺铣与逆铣

2）顺铣与逆铣对切削的影响

对于立式加工中心所采用的铣刀，当其装在主轴上时，相当于悬臂梁结构，在切削加工时刀具会产弹性弯曲变形，如图 6-25 所示。

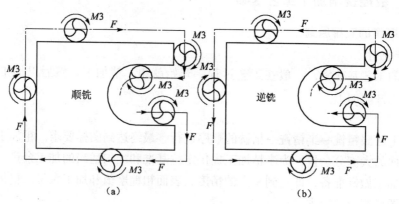

图 6-23　顺铣、逆铣与走刀的关系（一）

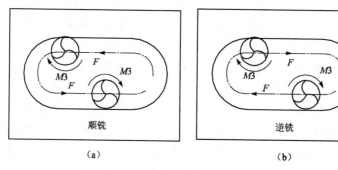

图 6-24　顺铣、逆铣与走刀的关系（二）

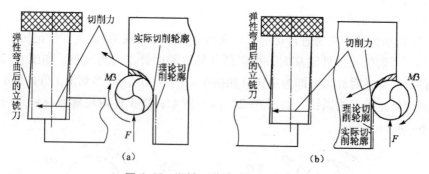

图 6-25　顺铣、逆铣对切削的影响

从图 6-25（a）中可以看出，当用立铣刀顺铣时，刀具在切削时会产生让刀现象，即切削时出现"欠切"；而用立铣刀逆铣时，如图 6-25（b）所示，刀具在切削时会产生啃刀现象，即切削时出现"过切"。这种现象在刀具直径越小、刀杆伸出越长时越明显，所以在选择刀具时，从提高生产率、减小刀具弹性弯曲变形的影响这些方面考虑，应选大的直径，但需满足 $R_刀 < R_{轮廓min}$，所以在装刀时刀杆尽量伸出短些。

在编程时，如果粗加工采用顺铣，则可以不留精加工余量（余量在切削时由让刀让出）；而粗加工采用逆铣，则必须留精加工余量，预防由于"过切"引起加工工件的报废。

224

为此，为编程及设置参数的方便，在后面的编程中，粗加工一律采用顺铣；而半精加工或精加工，由于切削余量较小，切削力使刀具产生的弹性弯曲变形很小，所以既可以采用顺铣，也可以采用逆铣。

3. 周铣与端铣

以立式加工中心为例，用分布于铣刀圆柱面上的刀齿进行的铣削称为周铣（即铣削垂直面），如图 6-26（a）所示；用分布于铣刀端面上的刀齿进行的铣削称为端铣，如图 6-26（b）所示。

用圆柱铣刀铣削时的铣削方式有顺铣和逆铣两种；用端铣刀铣削时的铣削方式有对称铣削和不对称铣削两种。

对称铣削是指铣削时铣刀中心位于工件铣削宽度中心的铣削方式，如图 6-27（a）所示。对称铣削适用于加工短而宽或厚的工件，不宜加工狭长或较薄的工件。不对称铣削是指铣削时铣刀中心偏离工件铣削宽度中心的铣削方式。不对称铣削时，按铣刀偏向工件的位

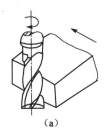
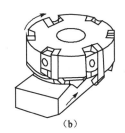

图 6-26　周铣与端铣

（a）周铣；（b）端铣

置，在工件上可分为进刀部分与出刀部分。图 6-27 所示的 AB 为进刀部分，BC 为出刀部分。按顺铣与逆铣的定义，显然进刀部分为逆铣，出刀部分为顺铣。不对称端铣削时，进刀部分大于出刀部分称为逆铣，如图 6-27（b）所示，反之称为顺铣，如图 6-27（c）所示。不对称端铣通常采用逆铣方式。

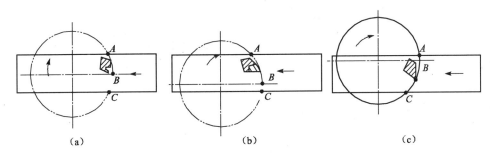

图 6-27　端铣铣削方式

（a）对称铣削；（b）不对称铣削（逆铣）；（c）不对称铣削（顺铣）

4. 铣削用量的选择

铣削时采用的切削用量，应在保证工件加工精度和刀具耐用度不超过加工中心允许的动力和扭矩前提下，获得最高的生产率和最低的成本。在铣削过程中，如果能在一定的时间内切除较多的金属，就有较高的生产率。从刀具耐用度的角度考虑，切削用量选择的次序是：根据侧吃刀量 a_e 先选大的背吃刀量 a_p，如图 6-28 所示，再选大的进给速度 v_f，最后再选大的铣削速度 v_c（最后转换为主轴转速 n）。

对于高速加工中心（主轴转速在 10 000 r/min 以上），为发挥其高速旋转的特性、减少主轴的重载磨损，其切削用量选择的次序应是：$v_c \rightarrow v_f \rightarrow a_p（a_e）$。

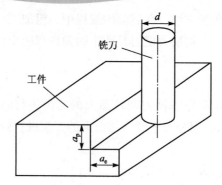

图 6-28　立铣刀的背吃刀量 a_p 与侧吃刀量 a_e

1）铣削速度 v_c 的选择

铣削速度 v_c 是指铣刀旋转时的圆周线速度，单位为 m/min。计算公式：

$$v_c = \frac{\pi dn}{1\ 000}$$

式中　　d——铣刀直径，mm；

　　　　n——主轴（铣刀）转速，r/min。

从上式可得到：主轴（铣刀）转速 $n = \dfrac{1\ 000 v_c}{\pi d}$

铣削速度 v_c 的推荐值见表 6-4。

表 6-4　铣削速度 v_c 的推荐值

工件材料	硬度/HB	铣削速度 $v_c/\ (m \cdot min^{-1})$	
		高速钢铣刀	硬质合金铣刀
低、中碳钢	<200	21～40	60～150
	225～290	15～36	54～115
	300～425	9～15	36～75
高碳钢	<200	18～36	60～130
	225～325	14～21	53～105
	325～375	8～12	36～48
	375～425	6～10	35～45
合金钢	<200	15～35	55～120
	225～325	10～24	37～80
	325～425	5～9	30～60
工具钢	200～250	12～23	45～83
灰铸铁	110～140	24～36	110～115
	150～225	15～21	60～110
	230～290	9～18	45～90
	300～320	5～10	21～30

工件材料		硬度/HB	铣削速度 v_c/（m·min^{-1}）	
			高速钢铣刀	硬质合金铣刀
可锻铸铁		110～160	42～50	100～200
		160～200	24～36	83～120
		200～240	15～24	72～110
		240～280	9～21	40～60
铸钢	低碳	100～150	18～27	68～105
	中碳	100～160	18～27	68～105
		160～200	15～21	60～90
		200～240	12～21	53～75
	高碳	180～240	9～18	53～80
铝合金			180～300	360～600
铜合金			45～100	120～190
镁合金			180～270	150～600

2）进给量的选择

在铣削过程中，工件相对于铣刀的移动速度称为进给量。进给量有 3 种表示方法。

① 每齿进给量（f_z）：是指铣刀每转过一个刀齿，工件沿进给方向移动的距离，单位为 mm/z。

② 每转进给量（f_r）：是指铣刀每转过一转，工件沿进给方向移动的距离，单位为 mm/r。

③ 每分钟进给量（v_f）：是指铣刀每旋转 1 min，工件沿进给方向移动的距离，单位为 mm/min。

3 种进给量的关系为：$v_f = fn = f_z zn$

式中　f_z——每齿进给量，mm/z；

　　　n——铣刀（主轴）转速，r/min；

　　　Z——铣刀齿数。

铣刀的每齿进给量 f_z/（mm/z）推荐值如表 6-5 所示。

表 6-5　铣刀的每齿进给量 f_z/（mm/z）推荐值

工件材料	硬度/HB	高速钢铣刀		硬质合金铣刀	
		立铣刀	端铣刀	立铣刀	端铣刀
低碳钢	<150	0.04～0.20	0.15～0.30	0.07～0.25	0.20～0.40
	150～200	0.03～0.18	0.15～0.30	0.06～0.22	0.20～0.35
中、高碳钢	<220	0.04～0.20	0.15～0.25	0.06～0.22	0.15～0.35
	225～325	0.03～0.15	0.10～0.20	0.05～0.20	0.12～0.25
	325～425	0.03～0.12	0.08～0.15	0.04～0.15	0.10～0.20

续表

工件材料	硬度/HB	高速钢铣刀		硬质合金铣刀	
		立铣刀	端铣刀	立铣刀	端铣刀
灰铸铁	150~180	0.07~0.18	0.20~0.35	0.12~0.25	0.20~0.50
	180~220	0.05~0.15	0.15~0.30	0.10~0.20	0.20~0.40
	220~300	0.03~0.10	0.10~0.15	0.08~0.15	0.15~0.30
可锻铸铁	110~160	0.08~0.20	0.20~0.40	0.12~0.20	0.20~0.50
	160~200	0.07~0.20	0.20~0.35	0.10~0.20	0.20~0.40
	200~240	0.05~0.15	0.15~0.30	0.8~0.15	0.15~0.30
	240~280	0.02~0.08	0.10~0.20	0.05~0.10	0.10~0.25
合金钢	<220	0.05~0.18	0.15~0.25	0.08~0.20	0.12~0.40
	220~280	0.05~0.15	0.12~0.20	0.06~0.15	0.10~0.30
	280~320	0.03~0.12	0.07~0.12	0.05~0.12	0.08~0.20
	320~380	0.02~0.10	0.05~0.10	0.03~0.10	0.06~0.15
工具钢	退火状态			0.08~0.15	0.15~0.50
	<HRC36	0.05~0.10	0.12~0.20	0.05~0.12	0.12~0.25
	HRC35~46	0.03~0.08	0.07~0.12	0.04~0.10	0.10~0.20
	HRC46~56			0.03~0.08	0.07~0.10
铝镁合金	95~100	0.05~0.12	0.20~0.30	0.08~0.30	0.15~0.38

3）铣削层用量

① 铣削宽度（a_e）：铣刀在一次进给中所切掉工件表层的宽度，单位为 mm。一般立铣刀和端铣刀的铣削宽度约为铣刀直径的 50%～60%左右。

② 背吃刀量（a_p）：铣刀在一次进给中切掉工件表层的厚度，即工件的已加工表面和特加工表面间的垂直距离，单位为 mm。一般立铣刀粗铣时的背吃刀量以不超过铣刀半径为原则，一般不超过 7 mm，以防止背吃刀量过大而造成刀具的损坏，精铣时约为 0.05～0.30 mm；端铣刀粗铣时约为 2～5 mm，精铣时约为 0.10～0.50 mm。

5. 进刀与退刀的走刀路线及-Z 向进刀方法

1）进刀与退刀的走刀路线

铣削平面零件的轮廓时，是用铣刀的侧刃进行切削的，如果在进刀切入工件时是沿非切线方向或沿-Z 下刀的，那么就会产生整个轮廓切削不平滑的状况。在图 6-29 中，切入处没有产生让刀，而其他位置都产生了让刀现象。为保证切削轮廓的完整平滑，应采用进刀切向切入、退刀切向切出的走刀路径，也就是通常所说的走"8"字形轨迹，如图 6-30 所示。

2）-Z 方向的进刀

在-Z 方向的进刀一般采用直接进刀或斜向进刀的方法。直接进刀主要适用于键槽铣刀的加工；而在不用键槽铣刀，直接用立铣刀的场合（如要加工某一个型腔，没有键槽铣刀，只有立铣刀时），就要用斜向进刀的方法。斜向进刀又分直线式与螺旋式两种，具体参见图 6-31。

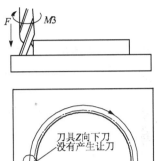

图 6-29 非切线方向或-Z 向进刀时的轨迹

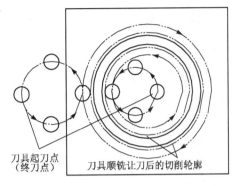

图 6-30 刀具的切向切入、切向切出

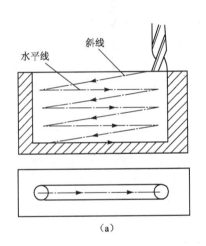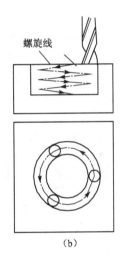

图 6-31 斜向进刀

（a）直线式斜向进刀；（b）螺旋式斜向进刀

6. 数控加工工艺文件的编制

数控加工工艺文件是编程员编制的与程序单配套的有关技术文件，它是操作者必须遵守、执行的规程，包括工序卡、数控加工刀具明细表、机床调整单、数控程序单。

1）工序卡

规定了工序内容、加工顺序、加工面回转中心的距离（立式加工中心无此项）、刀具编号（码）、刀具类型和规格、刀辅具（工具）型号和规格、主轴转速、进给量和切削深度等。

2）数控加工刀具明细表

刀具调整卡是指导机外对刀、预置、调整或修改刀具尺寸的工艺性文件。

所谓的机外对刀，就是在刀具装入刀库（或主轴）之前，事先在对刀仪上调整好刀具的径向和轴向（长度）尺寸，这种在机床外进行刀具调整的方式也称为机外对刀方式。

3）数控加工程序单

数控加工程序单是数控机床运动的指令，也是技术准备和生产作业指令性文件。该文件记录了数控加工的工艺过程、切削用量、走刀路线，刀具尺寸以及机床运动的全过程。

6.3.5 外形铣削

外形铣削模组是沿工件的外形轮廓切除材料产生刀具路径，二维外形铣削刀具路径的切削深度一般是固定不变的，有时也可用于加工固定斜角的轮廓。

绘制好轮廓图形后，选择"刀具路径（Toolpaths）"→"外形铣削 ...（Contour Toolpath）"命令，在绘图区采用串连方式对几何模型串连后单击✓按钮。系统打开"外形（2D）"刀具参数选项对话框，如图 6-32 所示。

1. 刀具参数设置

1）选择刀具

每种加工模组都需要设置一组刀具参数，可以在"刀具参数（Toolpath parameters）"选项卡中进行设置。如果已设置了刀具，系统将在对话框中显示出刀具列表，可以直接在刀具列表中选择已设置的刀具。如列表中没有设置刀具，可在刀具列表中单击鼠标右键，通过快捷菜单打开"刀具库列表"对话框以添加新的刀具。

选择的刀具在刀具列表中呈深蓝色显示，右侧的相关刀具参数也随着改变。

用户要根据实际加工需要选择相应的刀具，并考虑切削用量、切削深度、零件材料、冷却条件等相关因素。对于外形铣削一般选择三刃以上的平底铣刀，如图 6-1 所示的是已选择的一把 12 mm 的平底铣刀（12.000 0 mm Endmill Flat）。

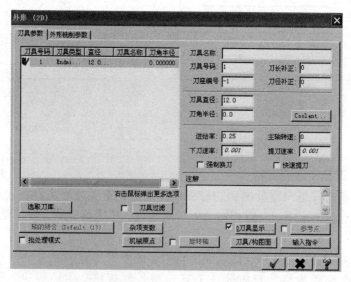

图 6-32 "外形（2D）"刀具参数选项对话框

2）设置参数

这里需要设置的参数主要有进给率、主轴转速、轴向进给率和退刀速度。在选定刀具后，这些参数会根据刀具参数自动设置。或者在选定材料后，这些参数也可根据材料参数自动设置。一般有经验的加工者可自行设置这些参数。例如对钢材、12 mm 平底铣刀、外形铣削可设置如下。

（1）进给率（Feed）：30 mm/min。

（2）主轴转速（Spindle）：600 rpm。

（3）轴向进给率（Plunge）：10 mm/min。

（4）退刀速度（Retract）：1 000 mm/min。

2. 外形铣削参数设置

外形铣削模组除了要设置所有加工模组共有的刀具参数外，还需设置一组其特有的参数。在"外形（2D）"对话框中单击"外形铣削参数（Contour parameters）"标签，打开"外形铣削参数"选项卡，如图 6-33 所示，可以在该选项卡中设置有关的参数。

1）绝对值和增量值

当输入安全高度、退刀高度、进刀高度、毛坯高度或刀具路径深度参数时，可用绝对值或增量值。

（1）绝对值（Absolute）。当输入安全高度、退刀高度、进刀高度、毛坯高度或刀具路径深度参数时，用绝对值进行输入，它相对于当前构图平面 Z0 的位置进行计算刀具路径。Z0 的位置可自行设置，一般选在基准平面上。其他所有高度值都相对 Z0 位置。

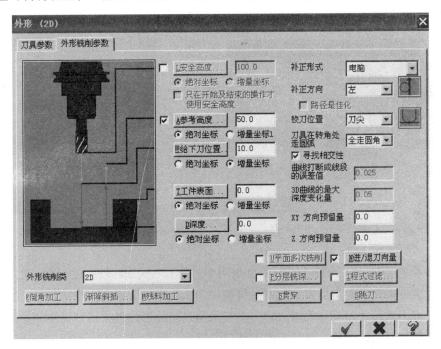

图 6-33 "外形铣削参数"选项卡

（2）增量值（Incremental）。当输入安全高度、退刀高度、进刀高度、毛坯高度或刀具路径深度参数时，用增量值进行输入，增量值是相对于毛坯顶面的。

2）加工类型

外形铣削模组可以选择不同的加工类型，如图 6-34 所示，包括 2D（二维外形铣削加工）、2D 倒角（2D chamfer）、斜线渐降加工（Ramp）和残料加工（Remachining）。

图 6-34　加工类型选项

（1）2D。进行二维外形铣削加工时，刀具路径的铣削深度是相同的，其最后切削深度 Z 轴坐标值为铣削深度值。

（2）2D 倒角。该加工一般安排在外形铣削加工完成后，用于加工的刀具必须选择成型铣刀（Chfr Mill）。

用于倒角操作时，角度由刀具决定，倒角的宽度可以通过单击 Chamfer 按钮，在打开的"倒角加工"对话框中进行设置，如图 6-35 所示。

（3）斜线渐降加工。当串连图形是二维曲线时，会用到斜线渐降加工，一般是用来加工铣削深度较大的外形。在进行斜线渐降加工时，可以选择不同的走刀方式。单击"斜线渐降加工"按钮，打开"外形铣削的渐降斜插"对话框，如图 6-36 所示。这里共提供了 3 种走刀方式，当选中"角度（Angle）"或"深度（Depth）"单选按钮时，都为斜线走刀方式；而选中"垂直下刀（Plunge）"单选按钮时，刀具先进到设置的铣削层的深度，然后在 XY 平面移动。对于"角度"和"深度"单选项，定义刀具路径与 XY 平面的夹角方式不相同，选中"角度"单选按钮直接采用设置的角度，而选中"深度"单选按钮则设置每一层铣削的总进刀深度（Ramp depth）。

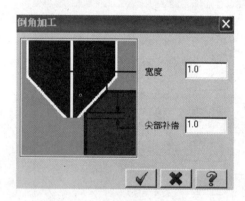

图 6-35　"倒角加工"对话框

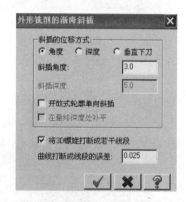

图 6-36　"外形铣削的渐降斜插"对话框

（4）残料外形加工。残料外形加工也是当串连图形是二维线时才会用到的，一般用于铣削在上一次外形铣削加工后留下的残余材料。为了提高加工速度，当铣削加工的铣削量较大时，可以采用大尺寸刀具和大进刀量，接着采用残料外形加工来得到最终的光滑外形。采用大直径刀具加工时，转角处材料不能被铣削的部分，及以前加工中预留的部分就形成了残料。可以通过单击"残料外形加工"按钮，在打开的"外形铣削的残料加工"对话框中进行残料外形加工的参数设置，如图 6-37 所示。

3）高度设置

在 Mastercam 铣削的各加工模组的参数设置中均包含有高度参数的设置。高度参数包括安全高度（Clearance）、退刀高度（Retract）、进给下刀位置（Feed plane）、工件表面（Top of stock）、切削深度（Depth）。其中，安全高度指的是在此高度之上刀具可以作任意水平的移动，而不会与工件或夹具发生碰撞。退刀高度（参考高度）指的是开始下一个刀具路径之前刀具回退的位置，退刀高度的设置应低于安全高度并高于进给下刀位置。进给下刀位置指的是当刀具在工作进给之前快速进给到的高度。即刀具从安全高度或退刀高度快速进给到此高度，变为进给速度再继续下降。工件表面指的是工件上表面的高度值。切削深度指的是最后的加工深度。

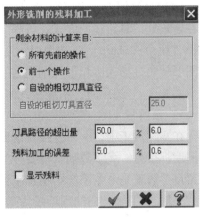

图6-37　"外形铣削的残料加工"对话框

4）刀具补偿

刀具都有一个直径，若刀具中心点和需要加工的轮廓外形重合时，加工出来的零件会比正确尺寸小一圈，因此要进行刀具半径补偿。刀具半径补偿指的是将刀具路径从选取的工件加工边界上按指定方向偏移一定的距离。有关参数可以在如图6-33所示的"外形铣削参数"选项对话框中设置。

（1）补偿类型。可在"补正形式（Compensation type）"下拉列表框中选择补偿器的类型，选择"电脑（computer）"选项，由计算机计算进行刀具补偿后的刀具路径，即NC程序中的刀具移动轨迹坐标是加入了补偿量的坐标值；选择"控制器（control）"选项，刀具路径的补偿不在CAM中进行，而在生成的数控程序中产生G41、G42、G40等刀补指令，由数控机床进行刀具补偿。即NC程序中的坐标值是外形轮廓的坐标值。选择"两者"（即刀具磨损补偿）（Wear）选项，刀具路径的补偿量由设置的磨损补偿值进行补偿，是同时具有电脑补偿和控制器补偿的刀具补偿方式，且两者补偿方向相同。即既在NC程序中给出加入了补偿量的轨迹坐标值，又输出控制器补偿代码指令G41、G42和G40。选择"两者反向"（即刀具磨损反向补偿）（Reverse wear）选项，系统采用电脑和控制器反向补偿方式。即当采用"电脑左补偿"选项时，系统在NC程序中输出反向补偿器代码指令G42（右补偿），当采用"电脑右补偿"选项时，系统在NC程序中输出反向补偿器代码指令G41（左补偿）。选择"关（Off）"选项，系统关闭补偿方式，在NC程序中给出外形轮廓的坐标值，且NC程序中无控制补偿代码指令G41、G42和G40。

（2）补偿方向。可在"补正方向（Compensation direction）"下拉列表框中选择刀具补偿的位置，可以将刀具补偿设置为左刀补（Left）或右刀补（Right），如图6-38所示。

（3）长度补偿。以上介绍的是刀具在XY平面内的补偿方式，可以在"校刀位置（Tip comp）"下拉列表框中设置刀具在Z轴方向的补偿方式。如图6-39所示，选择中心（Center）为球头刀球头球心，选择刀尖（Tip）为球头刀球头尖端，生成的刀具路径根据补偿方式而不同。

左刀补　　　右刀补　　　　　　　中心　　　刀尖

图6-38　补偿方向　　　　　　图6-39　长度补偿

（4）过渡圆弧。可以用"刀具在转角处走圆弧（Roll cutter around）"下拉列表框来选择在转角处刀具路径的方式。选择"不走圆角（None）"选项时，转角处不采用圆弧过渡；选择"锐角（Sharp）"选项时，系统在夹角小于或等于135°（工件材料一侧的角度）的几何图形转角处插入圆弧形切削轨迹，大于135°的转角处不插入圆弧切削轨迹；选择"全走圆角（All）"选项时，系统在几何图形的所有转角处均插入圆弧切削轨迹。

5）预留量

在实际加工中，一刀直接铣削到尺寸是不现实的，那样加工出来的零件尺寸精度和表面粗糙度都很差。大多数加工都要分为粗加工和精加工。所以要给精加工一定的预留量。毛坯预留量参数就是命令系统给精加工留有的一定余量。

一般，XY 轴方向的预留量为 $0.1 \sim 0.5$ mm；Z 轴方向的预留量为 $0.1 \sim 0.5$ mm。如果本次加工要加工到尺寸，则输入预留量为0。若补偿方式设置为关，系统则忽略毛坯预留量的设置。

6）分层铣削

铣削的厚度较大时，可以采用深度分层铣削。选中"P 分层铣深..."按钮前的复选框，单击该按钮，打开"深度分层切削设置"对话框，如图6-40所示。

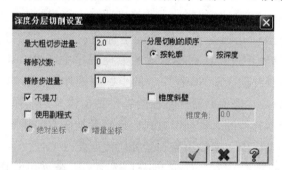

图 6-40 "深度分层切削设置"对话框

其中，"不提刀（Keep Tools down）"复选框用来设置刀具在每一层切削后，是否回到下刀位置的高度。当选中该复选框时，刀具从当前深度直接移动到下一层的切削深度；若未选中该复选框，则刀具先回到下刀位置的高度，再移到下一层的切削深度。若选中"锥度斜壁（Tapered walls）"复选框，在此文本框中输入一个角度值，则以此倾斜角度从工件表面铣削到最后深度，加工出来的外形侧面为一个斜面。"使用副程式（Subprogram）"复选框用于设置在 NC 文件中是否生成子程序。

"分层切削的顺序（Depth cut order）"选项组用于设置深度铣削的顺序。选中"按轮廓（By contour）"单选按钮时，将一个外形铣削到设定的铣削深度后，再铣削下一个外形；当选中"按深度（By depth）"单选按钮时，将一个深度上所有的外形进行铣削后再进行下一个深度的铣削。

在 X、Y 轴方向，若切削余量较大，可考虑采用外形分层铣削。选中"U 平面多次铣削"按钮前的复选框后，单击此按钮，打开"XY 平面多次切削设置（Muti Passes）"对话框，如图6-41所示。

外形分层铣削参数设置与深度分层铣削参数设置方法基本相同。不同的是由于没有设置在外形方向的铣削厚度，所以除了设置与深度分层铣削相似的粗铣削间距、精铣削次数和精铣削间距外，还需设置粗铣削次数。用户还可以设置"最后深度（Final depth）"或"所有深度（All depths）"单选按钮。

7）进/退刀设置

在外形铣削加工中，一般情况下是从工件上方垂直进刀，但很多刀具不允许向下切削，因此可以在外形铣削前和完成外形铣削后添加一段进/退刀刀具路径，改为从侧面进/退刀。

进/退刀刀具路径由一段直线刀具路径和一段圆弧刀具路径组成。直线和圆弧的外形可通过"进/退刀向量设置"对话框进行设置。选中"N进/退刀向量"按钮前的复选框后，单击此按钮，打开"进/退刀向量设置"对话框，如图6-42所示。

图6-41　外形分层铣削参数设置

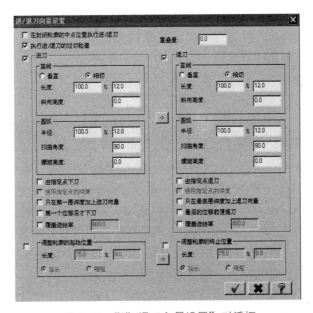

图6-42　"进/退刀向量设置"对话框

一个封闭的外形铣削，会在进/退刀处留下接刀痕。"重叠量（Overlap）"选项应用于一个封闭外形铣削的退出端点。在退出刀具路径前，刀具超过刀具路径的终点这样一个距离，以消除接刀痕。在文本框中输入一个重叠距离。

用户可以通过设置其"长度（Length）""斜向高度（Ramp height）""垂直（Perpendicular）"或"相切（Tangent）"来定义直线刀具路径。当选中"垂直"单选按钮时，直线刀具路径与其相近的刀具路径垂直；当选中"相切"单选按钮时，直线刀具路径与其相近的刀具路径相切。

用户也可以通过设置"半径（Radius）""扫描角度（Sweep）"和"螺旋高度（Helix height）"来定义圆弧刀具路径。

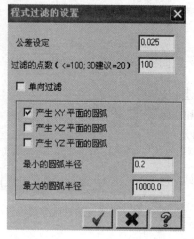

图 6-43 "程式过滤的设置"对话框

8）过滤设置

Mastercam 可以对 NCI 文件进行程序过滤，系统通过清除重复的点和不必要的刀具移动路径来优化和简化 NCI 文件。单击"I 程式过滤 ... （Filter settings）"按钮，打开"程式过滤的设置"对话框，如图 6-43 所示。

（1）优化误差。"公差设定（Tolerance）"文本框用于输入在进行操作过滤时的误差值。当刀具路径中的某点与直线或圆弧的距离小于或等于该误差值时，系统将自动去除到该点的刀具移动。

（2）优化点数。"过滤的点数（Look ahead）"文本框用于输入每次过滤时可删除的点的最大数值，其取值范围为 3～1 000。数值越大，过滤速度越快，但优化效果越差。

（3）优化类型。当选中"产生 XY 平面的圆弧（Create arcs in XY）""产生 XZ 平面的圆弧（Create arcs in XZ）""产生 YZ 平面的圆弧（Create arcs in YZ）"中某一复选框时，用圆弧代替直线来调整刀具路径；当未选中任一复选框时，在去除刀具路径中的重复点后用直线来调整刀具路径。

9）其他选项

（1）"寻找相交性（Infinite look ahead）"。让 Mastercam 沿全部刀具路径去寻找自我相交性，若发生一个刀具路径问题，系统会自动调整刀具路径防止表面切坏，该选项为默认选项。

（2）"曲线打断成线段的误差值（Linearization tolerance）"。数控编程语言中，只有直线和圆弧指令，所以 Mastercam 产生曲线刀具轨迹时，要用直线和圆弧去模拟曲线，当自动转换所有曲线为直线和圆弧时，Mastercam 使用线性公差，线性公差值表示了曲线模拟精度，线性公差设置只使用于三维圆弧、二维或三维聚合线。较小的线性公差，产生更高的刀具路径精度，但计算刀具路径时间较长，编出的 NC 程序也较长。

（3）"3D 曲线的量大深度变化量（Max. depth variance）"。当外形铣削计算刀具补偿时，设置三维图素端点的 Z 值，可调整成为一个平滑的相交。一个较小的最大深度偏差，可构建出一个较精密的图素，一个较大的最大深度偏差，系统不作步进移动，因而提供图素的实际深度不精密。

6.3.6 钻孔与镗孔加工

孔加工模组是机械加工中使用较多的一个工序，包括钻孔、镗孔、攻丝、铰孔等加工。过去钳工在普通钻床上加工时，要先进行画线和打样冲孔，然后手工钻孔。而数控机床钻孔就简单多了，只要在计算中绘制图形、编制孔的刀具路径和输出 NC 程序就可以在数控机车上进行加工了，加工的精度比钳工要精确得多。

孔加工模组有其特有的参数设置，几何模型的选取与前面的各模组有很大的不同。

1. 点的选择

在钻孔时使用的定位点为孔的圆心。用户可以选取绘图区已有的点，也可以构建一定排列方式的点。选择"刀具路径（Toolpaths）"→"钻孔...（Drill Toolpath）"命令，打开"选取钻孔的点（Drill Point Selection）"对话框，如图 6-44 所示。对话框中提供了多种选择钻孔中心点的方法。

图 6-44 "选取钻孔的点"对话框

（手工选取）：手工方法输入钻孔中心。

"自动选取（Automatic）"：顺序选择第一个点、第二个点和最后一个点后，系统将自动选择已存在和一个系列点作为钻孔中心。

"选取图素（Entities）"：将已选择的几何对象端点作为钻孔中心。

"窗选（Window Pionts）"：用两个对角点形成的矩形框内所包容的点作为钻孔中心点。

"限定圆弧（Mask on arc）"：将圆或圆弧的圆心作为钻孔中心点。

"选择上次（Last）"：使用上一次选择的点及排列方式。

"排序（Sorting...）"：用来设置钻孔中心点的排序方式，系统提供了 17 种二维排序，如图 6-45 所示，12 种旋转排序，如图 6-46 所示，16 种交叉断面排序方式，如图 6-47 所示。

"编辑（Edit...）"：对已选择的点进行编辑，重新设置参数，单击此按钮，系统返回图形区并提示选择点，当用户选择点后弹出"编辑钻孔点（Drill change at point）"对话框，如图 6-48 所示，在该对话框中可进行点的编辑。

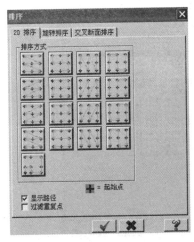

图 6-45 二维排序

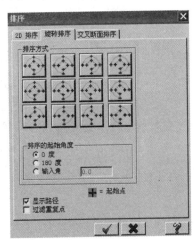

图 6-46 旋转排序

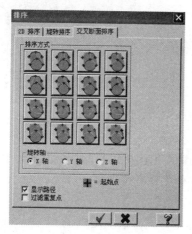

图 6-47　交叉断面排序

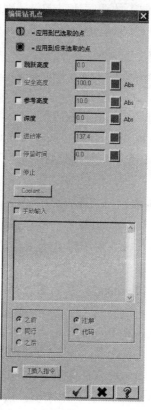

图 6-48　"编辑钻孔点"对话框

2. 钻孔参数

选择点后，单击✔按钮，打开"简单钻孔"对话框，如图 6-49 所示。

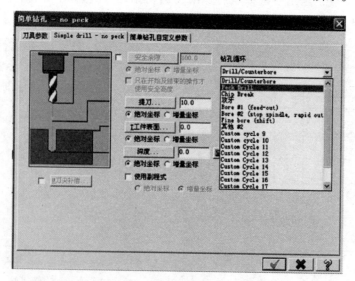

图 6-49　"简单钻孔"对话框

1）刀尖补偿（Drill tip compensation）

钻头与平铣刀不同，它有个钻尖，这部分的长度是不能作为有效钻深的，所以一般钻孔深度是有效钻深加上钻尖长度。单击此按钮，打开"钻头尖部补偿"对话框，在其中可设置补偿深度，如图6-50所示。单击✔按钮，系统将自动进行钻尖补偿。

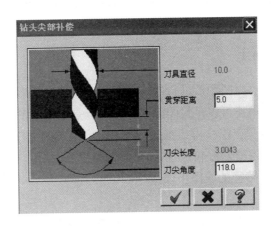

图6-50　"钻头尖部补偿"对话框

2）钻孔循环（Cycle）

钻孔模组共有20种钻孔循环方式，包括7种标准方式和13种自定义方式。其中常用的7种标准钻孔循环方式如下。

（1）标准钻孔（Drill/Counterbore）：钻孔或镗盲孔，其孔深一般小于刀具直径的3倍。

（2）深孔啄钻（Peck Drill）：钻深度大于3倍刀具直径的深孔，循环中有快速退刀动作，退刀至参考高度，以便强行排去铁屑和强行冷却。

（3）断层式钻孔（Chip Break）：钻深度大于3倍刀具直径的深孔，循环中有快速退刀动作，退回一定距离，但并不退至参考高度，以便断屑。

（4）攻丝（Tap）：攻左旋或右旋内螺纹。

（5）镗孔#1（Bore #1）：用正向进刀→反向进刀方式镗孔，该方法常用于镗盲孔。

（6）镗孔#2（Bore #2）：用正向进刀→主轴停止让刀→快速退刀方式镗孔。

（7）高级镗孔［Fine bore（shift）］：用于精镗孔，在孔的底部停转并可以让刀。

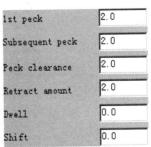

图6-51　自定义钻孔循环参数设置

3）自定义钻孔循环（Custom Cycle）

自定义钻孔循环参数设置如图6-51所示。

（1）"1st peck"：首次钻孔深度，即第一次步进钻孔深度。

（2）"Subsequent peck"：以后各次钻孔步进增量。

（3）"Peck clear ance"：每次孔加工循环中刀具快进的增量。

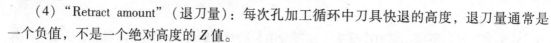

（4）"Retract amount"（退刀量）：每次孔加工循环中刀具快退的高度，退刀量通常是一个负值，不是一个绝对高度的 Z 值。

（5）"Dwell"（暂停）：刀具暂时停留在孔底部的时间，停留一会可以提高孔的精度和光洁度。

（6）"Shift"（让刀）：设定镗孔刀具在退刀前让开孔壁的距离，以防止刀具划伤孔壁，该选项仅用于镗孔循环。

6.3.7 挖槽铣削加工

挖槽刀具路径一般是对封闭图形进行的，主要用于切削沟槽形状或切除封闭外形所包围的材料。用来定义外形的串连可以是封闭串连，也可以是不封闭串连，但是每个串连必须是共面串连且平行于构图面。在挖槽模组参数设置中，加工通用参数与外形加工设置方法相同，下面仅介绍其特有的挖槽参数和粗/精加工参数的设置。

1. 编制挖槽加工刀具路径的操作步骤

（1）绘制零件图。

（2）选择"刀具路径（Toolpaths）"→"挖槽（Pocket Toolpath）"命令，打开"挖槽串连选择"对话框。

（3）选择需要挖槽的图形进行串连。

（4）打开"挖槽参数"对话框，选择刀具。

（5）输入挖槽参数，单击"确定"按钮关闭对话框，系统将刀具路径添加到"操作管理器"对话框。

2. 挖槽铣削参数

选择"刀具路径（Toolpaths）"→"挖槽...（Pocket Toolpath）"命令，在绘图区选择串连后，打开"挖槽（Pocket）"对话框，单击"2D 挖槽参数（Pocketing parameters）"标签，切换到"2D 挖槽参数"选项卡，如图 6-52 所示。

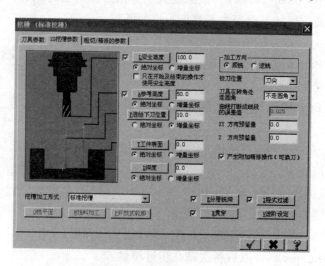

图 6-52　挖槽参数选项卡

1）加工方向（Machining direction）

"加工方向"参数用于设置挖槽加工刀具路径的切削方向，"加工方向"参数不用于双向粗加工，可选择两个选项之一：顺铣或逆铣。

"顺铣（Climb）"：顺铣凹槽是刀具在一个方向旋转相对于工作台移动相同的方向。

"逆铣（Conventional）"：逆铣凹槽是刀具在一个方向旋转相对于工作台移动相反的方向。

2）产生附加精修操作（可换刀）（Create additional finish operation）

该选项在挖槽加工后，增加一个精加工到"操作管理器"对话框，新的精加工操作使用同样的参数和图形作为原来挖槽刀具路径，但仅用于精加工，任何改变精加工的操作必须在"操作管理器"对话框中进行修改，系统通常设置该选项为关。

3）V 进阶设定（Advanced）

该选项用于设置挖槽加工的附加选项，单击此按钮打开对话框，如图 6-53 所示。

（1）残料加工及等距环切的公差（Tolerance for remachining and constant overlap）：重新加工公差和常数重叠螺旋线，一个较小的线性公差，可产生更高的刀具路径精度，但计算刀具路径所需的时间较长。

（2）刀具直径的百分比（Percent of tool）：设置公差是用刀具直径的指定百分率。

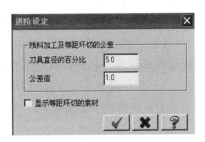

图 6-53　"进阶设定"对话框

（3）公差值（Tolerance）：直接设置公差值。

（4）显示等距环切的素材（Display stock for constant overlap spiral）：选中该复选框选项，当用一个常数重叠螺旋线的刀具路径时，显示刀具切除的毛坯。

3. 挖槽加工方式

挖槽模组一共有 5 种加工方式，如图 6-54 所示的下拉菜单。前 4 种加工方式为封闭串连时的加工方式；当在选择的串连中有未封闭的串连时，则只能选择"开放式轮廓加工"方式（Open）。

1）标准挖槽（Standard）

该选项为采用标准的挖槽方式，即仅铣削定义凹槽内的材料，而不会对边界外或岛屿进行铣削。

2）铣平面（Facing）

该选项的功能类似于面铣削模组的功能，在加工过程中只保证加工出选择的表面，而不考虑是否会对边界外岛屿的材料进行铣削。选择此加工方式，单击"G 铣平面"按钮，打开如图 6-55 所示的对话框。

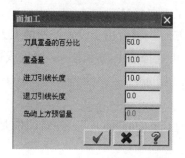

图 6-54　挖槽加工方式　　　　　　图 6-55　"面加工"对话框

（1）"刀具重叠的百分比（Overlap percentage）"：该选项用于设置在端面加工的刀具路径时的重叠毛坯外部边界或岛屿的刀具路径的量。该选项用于清除端面加工刀具路径的边，用一个刀具直径的百分率来表示。

（2）"重叠量（Overlap amount）"：该选项用于直接输入在端面加工的刀具路径时的重叠毛坯外部边界或岛屿的刀具路径的量，其值等于重叠百分率乘以刀具直径。

（3）"进刀引线长度（Approach distance）"：该参数用于确定从工件至第一次端面加工的起点的距离，它是输入点的延伸。

3）使用岛屿深度挖槽（Island facing）

若岛屿深度与边界不同，可使用该选项。该选项不会对边界外进行铣削，但可以将岛屿铣削至所设置的深度。

选择此加工方式后，单击"G铣平面"按钮，可通过打开的对话框设置岛屿加工的深度，如图 6-56 所示。

"刀具重叠的百分比（Stock above islands）"：该文本框用于输入岛屿的最终加工深度，该值一般要高于凹槽的铣削深度。

由于在挖槽模组的使用岛屿深度挖槽（Island facing）加工方式中增加了岛屿深度设置，所以在其"分层铣深设置（Depth cuts）"对话框中增加了"使用岛屿深度（Use island deph）"复选框，如图 6-57 所示。

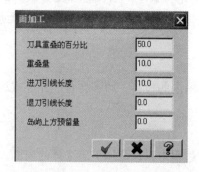

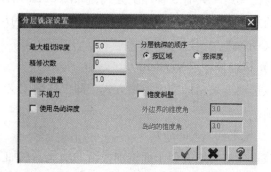

图 6-56　岛屿加工深度的设置　　　　图 6-57　"分层铣深设置"对话框

"使用岛屿深度（Use island deph）"：选中该复选框，当铣削的深度低于岛屿加工深度时，先将岛屿加工至其加工深度，然后将凹槽加工至其最终加工深度；如果未选中该复选框。则先进行凹槽的下一层加工，然后将岛屿加工至岛屿深度，最后将凹槽加工至其最终加工深度。

4）残料加工（Remachining）

该选项用于进行残料挖槽加工，选择残料加工（Remachining）加工方式后，单击"M残料加工"按钮，打开如图6-58所示的对话框，其设置方法与残料外形铣削加工中的参数设置相同。

5）开放式轮廓加工（Open）

当选取的串连中包有未封闭串连时，只能用开放式轮廓加工方式（Open）。在采用此加工方式时，系统先将未封闭串连进行封闭处理，然后对封闭后的区域进行挖槽加工。单击按钮，打开"开放式轮廓挖槽（Open pockets）"对话框，如图6-59所示。该对话框用于设置封闭串连方式和加工时的走刀方式。

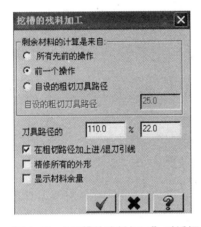

图6-58 "挖槽的残料加工"对话框

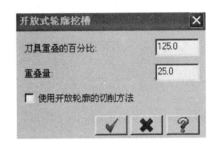

图6-59 "开放式轮廓挖槽"对话框

"刀具重叠的百分比（Overlap percentage）"和"重叠量（Overlap distance）"：这两个文本框中的数值是相关的。当其数值设置为0时，系统直接用直线连接未封闭串连的两个端点；当设置值大于0时，系统将未封闭串连的两个端点连线向外偏移所设置的距离后形成封闭区域。

"使用开放轮廓的切削方法（Use open pocket cutting method）"：当未选中该复选框时，可以选择"粗切/精修的参数（Roughing/Finishing parameters）"选项卡中的走刀方式，否则采用开放式轮廓挖槽加工（Open pocket）的走刀方式。

4. 粗加工参数

在挖槽加工中加工余量一般比较大，可通过设置粗/精加工参数来提高加工精度。在"挖槽（Pocket）"对话框中单击"粗切/精修的参数"标签，打开的选项卡如图6-60所示。

选中"粗切/精修的参数"选项卡中的"粗切（Rough）"复选框，则在挖槽加工中，先进行粗切削。

1）粗切削走刀方式

Mastercam X提供了8种粗切的走刀方式：双向切削（Zigzag）、等距环切（Constant

Overlap Spiral)、平行环切、（Parallel Spiral）、平行环切清角（Parallel Clean Corners）、依外形环切（Morph Spiral）、高速切削（High speed）、单向切削（One Way）和螺旋切削（Tree Spiral），这8种切削方式又可分为直线切削及螺旋切削两大类。

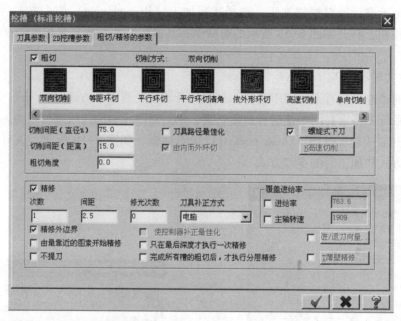

图 6-60 "粗切/精修的参数"选项卡

直线切削包括双向切削和单向切削，双向切削产生一组有间隔的往复直线刀具路径来切削凹槽；单向切削所产生的刀具路径与双向切削类似，所不同的是单向切削刀具路径朝同一个方向进行切削，回刀时不进行切削。

螺旋切削方式是从挖槽中心或特定挖槽起点开始进刀并沿着刀具方向（Z轴）螺旋下刀进行切削。

2）粗加工参数

（1）"切削间距（直径%）（Stepover）"：设置在X轴和Y轴粗加工之间的切削间距，以刀具直径的百分率计算，调整"切削间距（距离）（Stepover distance）"，该参数自动改变大小。

（2）"切削间距（距离）（Stepover distance）"：该选项是在X轴和Y轴计算的一个距离，等于切削间距百分率乘以刀具直径，调整"切削间距（直径%）（Stepover）"，该参数自动改变大小。

（3）"粗切角度（Roughing）"：设置双向和单向粗加工刀具路径的起始方向。

（4）"刀具路径最佳化（Minimize tool burial）"：为环绕切削内腔、岛屿提供优化刀具路径，避免损坏刀具。该选项仅使用双向铣削内腔的刀具路径，并能避免切入刀具绕岛屿的毛坯太深，选择刀具插入最小切削量选项，当刀具插入形式发生在运行横越区域前，将清除绕每个岛屿区域的毛坯材料。

（5）"由内而外环切（Spiral inside outer）"：用来设置螺旋进刀方式时的挖槽起点。当选中该复选框时，切削方法是从凹槽中心或指定挖槽起点开始，螺旋切削至凹槽边界；当未选中该复选框时，是从挖槽边界外围开始螺旋切削至凹槽中心。

　　3）下刀方式

　　在挖槽粗铣加工路径中，可以采用垂直下刀、斜线下刀和螺旋下刀 3 种下刀方式。选中"螺旋式下刀（Entry-Helix）"复选框，单击，打开下刀方式对话框，如图 6-61 所示。

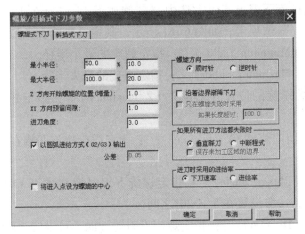

图 6-61　"螺旋式下刀"选项卡

　　垂直下刀：该选项为默认的下刀方式，采用垂直下刀方式时不选中"螺旋式下刀（Entry-Helix）"复选框；刀具从零件上方垂直下刀，需要选用键槽刀，下刀时要慢些。

　　斜线下刀：采用斜线下刀方式时需选中"螺旋式下刀（Entry-Helix）"复选框并打开"斜插式下刀（Ramp）"选项卡，如图 6-62 所示，其主要参数含义如下。

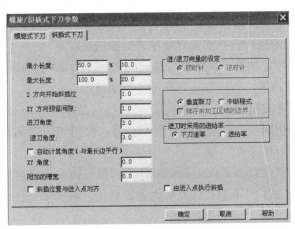

图 6-62　"斜插式下刀"选项卡

　　（1）"最小长度（Minimum length）"：指定斜线刀具路径的最小长度。

　　（2）"最大长度（Maximum length）"：指定斜线刀具路径的最大长度。

　　（3）"进刀角度（Plunge zig）"：指定刀具切入的角度。

　　（4）"退刀角度（Plunge zag）"：指定刀具切出的角度。

　　（5）"自动计算角度（与最长边平行）""XY 角度（Auto angle XY angle）"：当选中

此复选框时，斜线在 X、Y 轴方向的角度由系统自行决定。当未选中此复选框时，斜线在 X、Y 轴方向的角度由用户在"XY 角度"文本框中输入。

（6）"附加的槽宽（Additional slot）"：在每个斜向下刀的端点增加一个圆角，产生一个平滑刀具移动，圆角半径等于附加槽宽的一半，该选项用于高速加工。

螺旋下刀：采用螺旋下刀方式时需选中"螺旋式下刀（Entry-Helix）"复选框并打开"螺旋式下刀（Helix）"选项卡，如图 6-61 所示，其主要参数含义如下。

（1）"最小半径（Minimum radius）"：指定螺旋的最小半径。

（2）"最大半径（Maximum radius）"：指定螺旋的最大半径。

（3）"Z 方向开始螺旋的位置（增量）（Z clearance）"：指定开始螺旋下刀时距工件表面的高度。

（4）"XY 方向预留间隙（XY clearance）"：指定螺旋槽与凹槽在 X 轴方向和 Y 轴方向的安全距离。

（5）"进刀角度（Plunge angle）"：指定螺旋下刀时螺旋线与 XY 平面的夹角，角度越小，螺旋的圈数越多，一般设置在 5°～20°之间。

（6）"螺旋方向（Direction）"：指定螺旋下刀的方向，可设置为顺时针或逆时针。

5. 精加工参数

粗加工后，如果要保证尺寸和表面光洁度，需进行精加工。当选中如图 6-60 所示的"精修（finish）"复选框时，系统可执行挖槽精加工。挖槽模组中各主要精加工切削参数含义如下。

（1）"精修外边界（Finish outer boundary）"：对外边界也进行精铣削，否则仅对岛屿边界进行精铣削。

（2）"由最靠近的图素开始精修（Start finish pass at closest）"：在靠近粗铣削结束点位置处开始深铣削，否则按所选择的边界顺序进行精铣削。

（3）"只在最后深度才执行一次精修（Machine finish passes only at final depth）"：在最后的铣削深度进行精铣削，否则在所有深度进行精铣削。

（4）"完成所有槽的粗切后，才执行分层精修（Machine finish passes after roughing all）"：在完成所有粗切削后进行精铣削，否则在每一次粗切削后都进行精铣削，适用于多区域内腔加工。

（5）"刀具补正方式（Cutter compensation）"：执行该参数可启用计算机补偿或机床控制器内刀具补偿，当精加工时不能在计算机内进行补正，该选项允许在控制器内调整刀具补偿，也可以选择两者共同补偿或磨损补偿。

（6）"使控制器补正最佳化（Optimize cutter comp in）"：如果精加工选择为机床控制器刀具补偿，该选项在刀具路径上消除小于或等于刀具半径的圆弧，并防止划伤表面，若不选择在控制器进行刀具补偿，此选项防止精加工刀具不能进入粗加工所用的刀具加工区。

（7）"进/退刀向量...（Lead in/out）"：选中该复选框，可在精切削刀具路径的起点和终点增加进刀/退刀刀具路径，可以单击"进/退刀向量..."按钮，通过在打开的"进/退刀向量设置"对话框中对进刀/退刀刀具路径进行设置。

6.3.8　面铣削加工

零件材料一般是毛坯，故顶面不是很平整，加工的第一步要将顶面铣平。面铣削加工模组的加工方式为平面加工，主要用于提高工件的平面度、平行度及降低工件的表面粗糙度。

在设置面铣削参数时，除了要设置一组刀具、材料等共同参数外，还要设置一组其特有的加工参数。

选择"刀具路径（Toolpaths）"→"面铣...（Face Toolpath）"命令，在绘图区选取串连后，单击按钮。打开"平面铣削（Facing）"对话框，单击"平面铣削参数（Facing parameters）"标签，打开"平面铣削参数"选项卡，如图 6-63 所示。

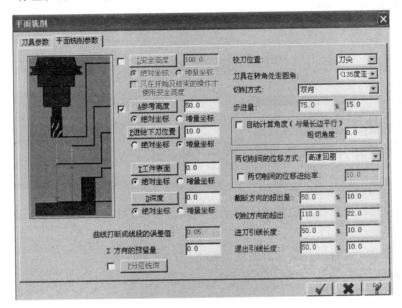

图 6-63　"平面铣削参数"选项卡

1. 编制面铣削加工刀具路径的操作步骤

（1）绘制一个平面轮廓。

（2）选择"刀具路径（Toolpaths）"→"面铣（Face Toolpath）"命令，打开"串连选择"对话框。

（3）选择需要面铣削的平面进行串连。

（4）打开"面铣削参数"对话框，选择刀具。

（5）输入面铣削参数，确定后，系统将刀具路径添加到"操作管理器"对话框。

2. 铣削方式

在进行面铣削加工时，可以根据需要选取不同的铣削方式。可以在"平面铣削参数（Facing parameters）"选项卡的"切削方式（Cutting method）"下拉列表中选择不同的铣削方式，下拉列表如图 6-64 所示。

1）双向切削（Zigzag）

刀具在加工中可以往复走刀，来回均切削。

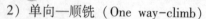

2）单向—顺铣（One way-climb）

刀具仅沿一个方向走刀，进时切削，回时空走。在加工中刀具旋转方向与刀具移动方向相反，即顺铣。

3）单向—逆铣（One way-conventional）

刀具仅沿一个方向走刀，在加工中刀具旋转方向与刀具移动方向相同，即逆铣。

4）一刀式（One pass）

仅进行一次铣削，刀具路径的位置为几何模型的中心位置，这时刀具的直径必须大于铣削工件表面的宽度。

3. 刀具移动的方式

当选择双向切削方式（Zigzag）时，可以设置刀具在两次铣削间的过渡方式。在"两切削间的位移方式（Move between）"下拉列表中，系统提供了 3 种刀具移动的方式，如图 6-65 所示。

图 6-64　铣削方式

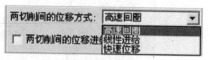

图 6-65　刀具移动方式

1）高速回圈方式（High speed loops）

选择该选项时，刀具按圆弧的方式移动到下一次铣削的起点。

2）线性进给（Linear）

选择该选项时，刀具以直线的方式移动到下一次铣削的起点。

3）快速位移（Rapid）

选择该选项时，刀具以直线的方式快速移动到下一次铣削的起点。

4. 其他参数

（1）"截断方向的超出量（Across overlap）"：设置垂直刀具路径方向的重叠量。

（2）"切削方向的超出（Along overlap）"：设置沿刀具路径方向的重叠量。

（3）"进刀引线长度（Approach）"：起点附加距离。

（4）"退出引线长度（Exit distance）"：终点附加距离。

（5）"步进量（Stepover）"：该文本框用于设置两条刀具路径的距离。但在实际加工中，两条刀具路径间的距离一般会小于该值，这是因为系统在生成刀具路径时，首先计算出铣削的次数，铣削的次数等于铣削宽度除以设置的步进量值后向上取整。实际的刀具路径间距为总铣削宽度除以铣削次数。

（6）"校刀位置（Tip comp）"下拉列表和"刀具在转角处走圆角（Roll cutter around corners）"下拉列表：用于设置刀具的偏移方式，与外形铣削部分相同。

6.3.9　全圆铣削和点铣削加工

全圆加工模组是以圆弧、圆或圆心点为几何模型进行加工的，是专门为圆设定的加工。选择"刀具路径（Toolpaths）"→"全圆路径（Circ Paths）"命令，"全圆路径（Circ

Paths）"子菜单中包含6个子菜单，选择不同的子菜单可使用不同的加工方式，包括"全圆铣削加工...（Circle mill）""螺旋铣削加工...（Thread mill）""自动钻孔加工...（Auto drill）""起始孔加工...（Start holes）""铣键槽加工（Slot mill）"和"螺旋钻孔加工...（Helix bore）"。

点铣削是在所选的串连点间生成直线加工路径。

螺旋铣削加工生成的刀具路径是一系列的螺旋形刀具路径。

使用自动钻孔加工方式在选择圆或圆弧后，系统将自动从刀具库中选择适当的刀具，生成钻孔刀具路径。

钻孔式除料方式适用于较大余量材料的清除。

1. 全圆铣削

选择"刀具路径（Toolpaths）"→"全圆路径（Circ Paths）"→"全圆铣削加工...（Circle mill）"命令，弹出"选取钻孔的点"对话框，选择好圆心后单击✓按钮，出现"全圆铣削参数（Circle mill parameters）"对话框，单击"全圆铣削参数（Circmill parameters）"标签，打开相应的选项卡，如图6-66所示。全圆铣削加工方式生成的刀具路径由切入刀具路径、全圆刀具路径和切出刀具路径组成。

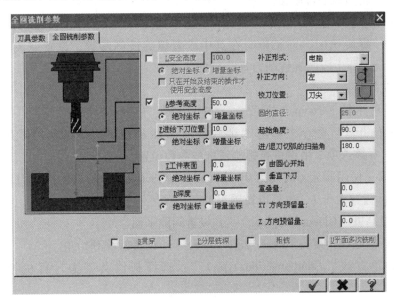

图6-66 "全圆铣削参数"对话框

其特有的参数如下：

（1）"圆的直径（Circle diameter）"：当以选择的几何模型为圆心时，该选择项用于设置圆外形的直径；否则直接采用选择的圆弧或圆的直径。

（2）"起始角度（Start angle）"：设置全圆刀具路径起点位置的角度。

（3）"进/退刀切弧的扫描角（Entry/exit arc）"：设置进/退刀圆弧刀具路径的扫描角度，该值应小于或等于180°。

（4）"由圆心开始（Start at center）"：选中该复选框时，以圆心作为刀具路径的起点，否则以进刀圆弧的起点为刀具路径的起点。

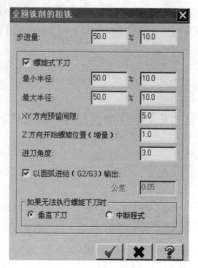

图 6-67 "全圆铣削的粗铣"对话框

（5）"垂直下刀（Perpendicular entry）"：当选中该复选框时，在进/退刀圆弧刀具路径起点/终点处增加一段垂直圆弧的直线刀具路径。

（6）"粗铣（Roughing）"：选中该复选框后，全圆铣削加工相当于挖槽加工。单击"粗铣"按钮，打开"全圆铣削的粗铣（Circle mill roughing）"对话框，如图 6-67 所示，对话框中各参数含义与挖槽加工中相应选项的含义相同。

2. 螺旋铣削

1）生成螺旋铣削方式刀具路径的操作步骤

（1）选择"刀具路径（Toolpaths）"→"全圆路径（Circ Paths）"→" 螺旋铣削加工…（Threadmill）"命令。

（2）选择一段圆弧进行串连。

（3）如果系统提示输入开始点，用光标在图中选择一个点，单击按钮。

（4）打开"螺旋铣削"对话框，在其中设置螺旋铣削参数。设置完成后，单击"确定"按钮，系统立即生成螺旋铣削刀具路径。

2）螺旋铣削参数

选择"刀具路径（Toolpaths）"→"全圆路径（Circ Paths）"→" 螺旋铣削加工…（Threadmill）"命令，单击"螺旋铣削（Threadmill）"标签，打开的选项卡如图 6-68 所示，在该选项卡中可进行螺旋铣削的参数设置。

（1）"齿数（使用非牙刀时设为 0）（Number of active teeth）"：设置刀具的实际齿数，即使刀具的实际齿数大于 1，也可以设置为 1。

（2）"安全高度（Clearance plane）"：设置间隙平面。

（3）"螺旋的起始角度（Thread start angle）"：设置螺纹开始角。

（4）"补正方式（Compensation type）"：选择补偿类型为计算机补偿或控制器补偿。

3. 自动钻孔

自动钻孔铣削的操作步骤与前两种铣削方法类似，不同的是自动钻孔铣削的刀具设置参数不同。

1）自动钻孔铣削的操作步骤

（1）选择"刀具路径（Toolpaths）"→"全圆路径（Circ Paths）"→" 自动钻孔加工…（Auto drill）"命令。

（2）选择一个点进行串连。

（3）确认后打开"自动圆弧钻孔"对话框，设置完成后，单击"确定"按钮，系统立即生成自动钻孔刀具路径。

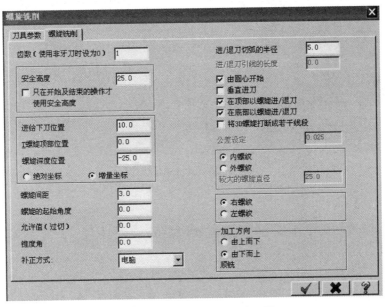

图 6-68　螺旋铣削参数的设置

2）参数设置

选择"刀具路径（Toolpaths）"→"全圆路径（Circ Paths）"→"自动钻孔加工...（Auto drill）"命令，单击"刀具参数（Tool parameters）"标签，打开刀具参数设置对话框，如图 6-69 所示。其他选项卡如图 6-70 所示。

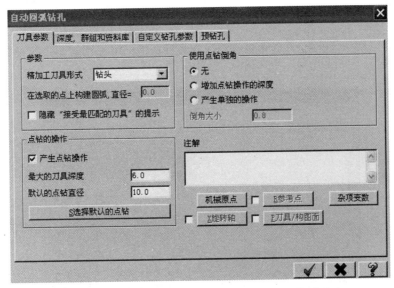

图 6-69　"自动圆弧钻孔"对话框"刀具参数"选项卡

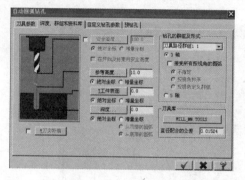 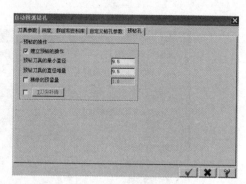

图 6-70　其他选项卡

4. 点铣削

点铣削用于在所选的串连点间生成直线加工路径。

1）点铣削刀具路径构建的操作步骤

（1）选择"刀具路径（Toolpaths）"→"点刀具路径…（Point Toolpath）"命令。

（2）弹出增加点控制条，如图 6-71 所示，按顺序输入系列点，输入完成后按 Esc 键确认。

（3）打开点铣削对话框，在其中只有刀具参数设置栏。根据需要进行设置后，单击"确定"按钮，系统构建点铣削刀具路径。

图 6-71　增加点控制条

2）刀具参数

打开"点"铣削对话框，在其中只有刀具参数设置栏，可根据需要进行设置，如图 6-72 所示。

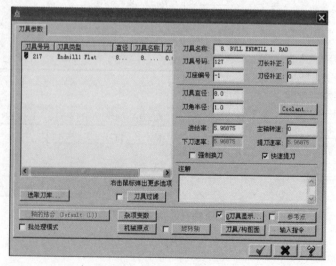

图 6-72　"点"铣削对话框

6.3.10 雕刻加工

雕刻加工一般用来加工标牌或文字。

1. 雕刻加工操作步骤

（1）选择"机床类型（M）（Machine Type）"→"铣削（M）"（Mill）→"默认（D）"（Default）命令，根据工厂实际情况选择加工设备。

（2）选择"刀具路径（Toolpaths）"→"雕刻加工（Engraving Toolpath）"命令。

（3）弹出"串连选项（Chaining）"对话框，在绘图区用串连方式选取雕刻轮廓线，选择完毕后单击✔按钮。

（4）弹出"Engraving"对话框，在"刀具参数（Toolpath parameters）"选项卡中为雕刻加工选择刀具并设置刀具路径加工参数。

（5）打开"雕刻加工参数（Engraving parameters）"选项卡，设置雕刻参数。

（6）打开"粗切/精修参数（Roughing/Finishing）"选项卡，设置粗/精加工参数。

（7）设置完毕后，单击✔按钮，系统可以按设置的参数生成雕刻刀具路径。

2. 雕刻参数

打开"Engraving"对话框，打开"雕刻加工参数（Engraving parameters）"选项卡，如图 6-73 所示。

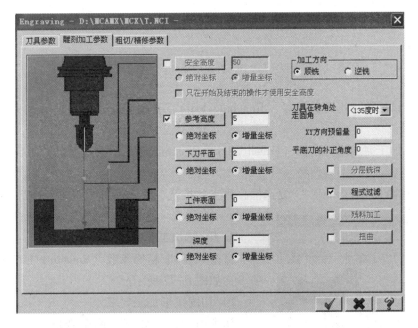

图 6-73 "雕刻加工参数"选项卡

1）深度切削分层

选中"分层铣深（Depth cuts）"按钮前的复选框，单击此按钮，弹出"深度切削设置"对话框，如图 6-74 所示。

（1）"分层切削次数"（# of cuts）：深度分层切削次数。

（2）"相等的切削深度（equal depth cuts）"：深度分层切削依据平均深度。

（3）"相等的切削体积（constant volume depth cuts）"：深度分层切削依据平均切削体积。

2）残料式雕刻加工

选中"残料加工（Remachining）"按钮前的复选框，单击此按钮，系统弹出"雕刻残料加工设置"对话框，如图 6-75 所示。

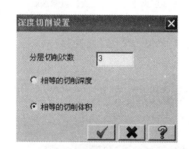

图 6-74 "深度切削设置"对话框

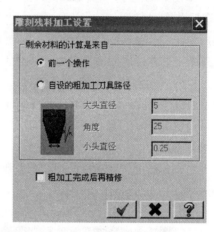

图 6-75 "雕刻残料加工设置"对话框

（1）"前一个操作（Previous operation）"：剩余残料计算源于上一个操作剩余的残料。

（2）"自设的粗加工刀具路径（Roughing tool）"：根据文本框中输入的刀具直径几何参数计算残料。

（3）"粗加工完成后再精修（Finish after remachining）"：在残料粗加工后进行精加工。

3）扭曲（缠绕）刀具路径

选中"扭曲（Wrapping）"复选框，单击此按钮，系统弹出"扭曲刀具路径"对话框，如图 6-76 所示。扭曲加工适合于多轴机床。

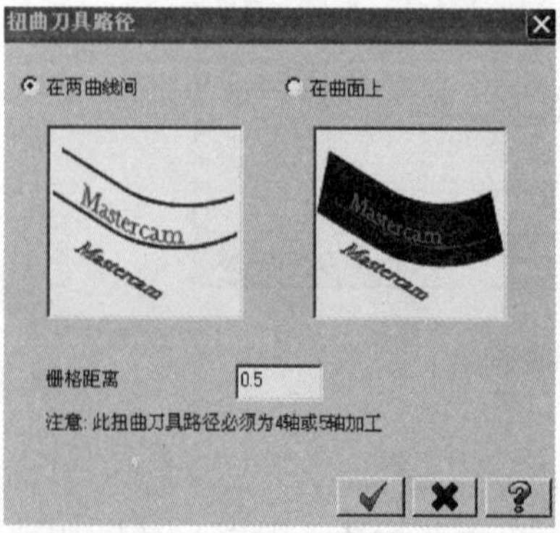

3. 粗/精加工参数

打开"粗切/精修参数（Roughing/Finishing）"选项卡，如图 6-77 所示。

1）切削图形加工要求

切削图形加工要求有两个选取项内容需要设置，分别为"在深度（at depth）"和"在顶部（on top）"两种。之所以有这样两项设置是因为雕刻加工使用的刀具为锥度刀，顶部和底部字体尺寸不一样。加工时需要选择一个必须保证的加工要素。

图 6-76 "扭曲刀具路径"对话框

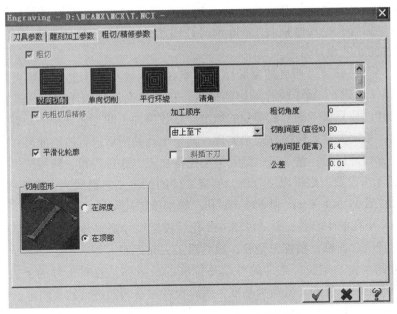

图 6-77 "粗切/精修参数"设置选项卡

2) 倾斜下刀

选中"斜插下刀（Entry-ramp）"按钮前的复选框，单击此按钮，系统弹出"斜向下刀设置"对话框，设置下刀倾斜角度为"30"，如图 6-78 所示，设置完毕后单击 ✓ 按钮。

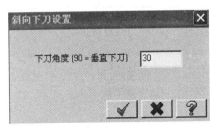

图 6-78 "斜向下刀设置"对话框

6.4 项目实施

1. 工艺分析

1) 零件的形状分析

由图 6-1 可知，该型腔体零件结构比较简单，由一个直槽、斜槽以及带岛屿的型腔构成，并有多个直孔和一个阶梯孔。型腔四周由没有拔模斜度的垂直面及多个圆弧面构成，型腔四周曲面与底面之间没有圆角过渡。零件中各槽宽及孔径、孔中心距尺寸均有公差要求，且部分表面的加工质量要求较高（$Ra1.6$），因此在数控加工中必须安排预钻中心孔及精加工工序。另外，阶梯孔径尺寸较大（$\phi36$ mm），因此必须安排多次钻削来完成。

2）数控加工工艺设计

由图 6-1 可知，该零件所有的型腔结构都能在立式数控铣床上一次装夹加工完成。工件材料为 LY12（硬铝），属于较容易切削材料。长方体毛坯的四周表面已经在普通机床设备上加工到尺寸，故只需考虑型腔部分的加工。在数控加工的工艺安排中，有如下考虑：阶梯孔孔径较大，采用先钻后镗的方式来实现；其余小孔钻削后进行铰削即可；直槽、斜槽均采用外形铣削方式进行粗、精加工；型腔采用挖槽加工方式进行粗、精加工。

（1）加工工步设置。根据以上分析，制定工件的加工工艺路线为：钻阶梯孔的中心孔；分别在阶梯孔位置钻 $\phi11.8$ mm 和 $\phi34$ mm 孔；镗削阶梯孔至尺寸要求 $\phi35^{+0.039}$、$\phi36^{+0.039}$；钻各个 $\phi12$ mm 小孔的中心孔；钻 $\phi11.8$ mm 孔后铰至尺寸要求 $\phi12^{+0.027}$；粗铣直槽；粗铣斜槽；精加工直槽、斜槽；精加工型腔；最后钳工去除毛刺。

（2）工件的装夹与定位。工件的外形是标准的长方体，且对工件的上表面进行加工，根据基准重合原则以工件的下底面为基准，用压板在左右两端进行装夹固定。根据工件的零件图分析，工件坐标系 X、Y 轴原点设定在阶梯孔的中心位置，工件坐标系 Z 轴零点设定在工件的上表面。

（3）刀具的选择。工件的材料为 LY12，刀具材料选用高速钢。

（4）编制数控加工工序卡。综合以上的分析，编制数控加工工序卡，如表 6-6 所示。

表 6-6　数控加工工序卡

工步号	工步内容	刀具号	刀具规格	主轴转速 / ($r \cdot min^{-1}$)	进给速度 / ($mm \cdot min^{-1}$)
1	钻中心孔	T1	中心钻 A3	1 000	100
2	钻 $\phi11.8$ 孔	T2	钻头 $\phi11.8$	800	100
3	钻 $\phi34$ 孔	T3	钻头 $\phi34$	500	50
4	镗阶梯 $\phi35$ 孔	T4	镗刀 $\phi35\sim\phi40$	1 000	50
5	镗阶梯 $\phi36$ 孔	T5	镗刀 $\phi35\sim\phi40$	1 000	50
6	钻中心孔	T1	中心钻 A3	1 000	100
7	钻 $\phi11.8$ 孔	T2	钻头 $\phi11.8$	800	100
8	铰孔	T6	铰刀 $\phi12H7$	500	50
9	粗铣直槽	T7	键槽铣刀 $\phi6$	600	80
10	粗加工斜槽	T8	键槽铣刀 $\phi10$	800	80
11	精加工直槽、斜槽	T8	键槽铣刀 $\phi10$	1 200	80
12	粗、精加工型腔	T9	圆柱立铣刀 $\phi8$	1 200	100

2. 零件造型

由于该工件所采用的数控加工均是二维加工方式，所以只需根据加工要求绘制出直槽、斜槽及型腔部分的二维结构，如图 6-79 所示。

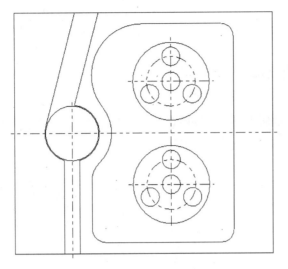

图 6-79　二维数控加工的 CAD 模型

用户可以自己绘制型腔体的二维数控加工 CAD 模型，也可以从本书中调用模型文件。

3. 数控加工自动编程

1）定义刀具

（1）选择菜单"刀具路径"→"▼刀具管理器 ..."命令，弹出"刀具管理器"对话框，在"刀具"列表框中单击鼠标右键，弹出快捷菜单，如图 6-80 所示。

（2）在系统刀具库中选取直径为 5 mm 的中心钻，并单击 ⬆ 按钮，刀具进入"刀具"列表框中。

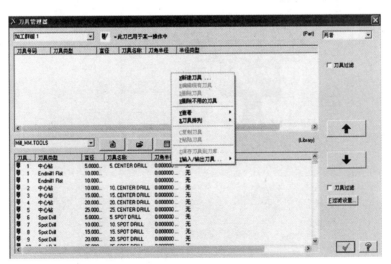

图 6-80　"刀具管理器"对话框

（3）同样，在右键单击列表框弹出的快捷菜单中选择"新建刀具 ...（N）"命令，在弹出的定义刀具对话框中选择"钻头"（Drill）选项卡，然后定义刀具的直径为 11.8 mm 及其他相关参数，如图 6-81 所示，之后单击"确定"按钮 ✔。

（4）采用同样的方法，依次定义以下刀具：刀号 T3，ϕ34 mm 的钻头；刀号 T4，ϕ35 mm 的镗刀（Bore bar），如图 6-82 所示；刀号 T5，ϕ36 mm 的镗刀（Bore bar）；刀号 T6，ϕ12H7 mm 的铰刀（Reamer）；刀号 T7，ϕ6 mm 的键槽铣刀（Slot mill），如图 6-83 所示；刀号 T8，ϕ10 mm 的键槽铣刀（Slot mill）；刀号 T9，ϕ8 mm 的圆柱铣刀（Endmill Flat）。此时"刀具管理器"对话框中会全部列出所定义的刀具，如图 6-84 所示。

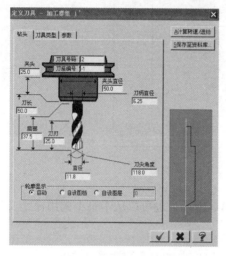

图 6-81 定义 ϕ11.8 mm 的钻头

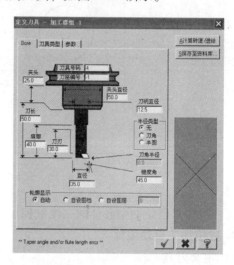

图 6-82 定义 ϕ35 mm 的镗刀

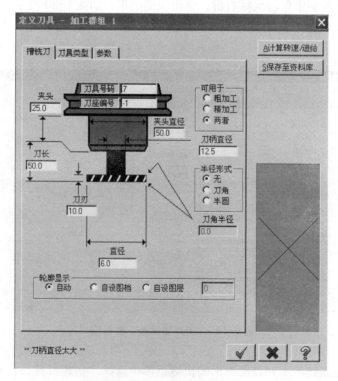

图 6-83 定义 ϕ6 mm 的键槽铣刀

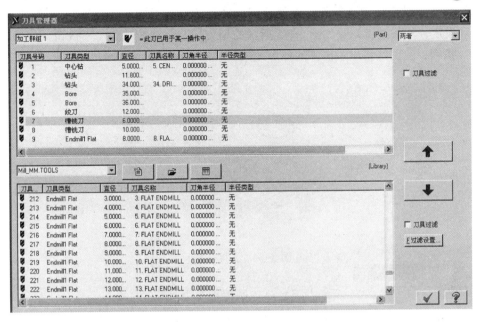

图 6-84　所定义刀具的列表

2) 工件设定

（1）在操作管理器中，单击" 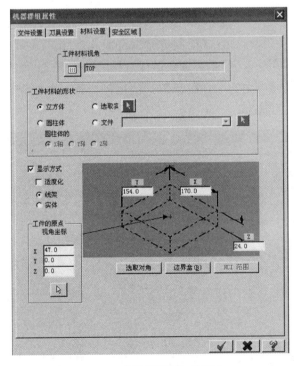 材料设置"图标，弹出"机器群组属性"对话框，"材料设置"选项参数如图 6-85 所示，将工件原点定义在上表面的中心位置。

图 6-85　"材料设置"选项卡

（2）单击"选取对角"按钮，返回绘图区捕捉工件外形的两个对角点，此时原点坐标值会自动设定，然后继续设置如图 6-85 所示的相关参数并单击"确定"按钮 ✓。单击"显示方式"按钮，绘图区将显示工件的外形效果，如图 6-86 所示。

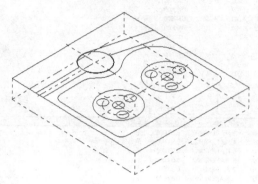

图 6-86　工件外形

图 6-87　"选取钻孔的点"对话框

（2）钻 ϕ11.8 mm 的通孔。

3）生成数控加工刀具路径

（1）钻 ϕ5 mm 中心孔。

① 选择菜单"刀具路径"→"钻孔 ..."命令，弹出"选取钻孔的点"对话框，如图 6-87 所示。单击 按钮，根据提示"选取点"，捕捉 ϕ36 mm 圆孔的圆心作为钻孔的中心点，然后单击"确定"按钮 ✓ 结束。

② 打开"刀具参数"选项卡，选取 ϕ5 mm 中心钻并按图 6-88 设定刀具参数。

③ 打开"Simple drill-no peck"选项卡，设定钻中心孔的高度参数以及钻削循环方式，如图 6-89 所示。

④ 单击"确定"按钮，生成钻中心孔的刀具路径。

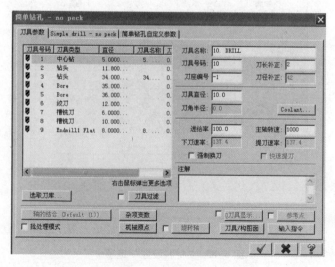

图 6-88　"刀具参数"选项卡

① 选择菜单 "刀具路径" → "钻孔 ..." 命令，弹出 "选取钻孔的点" 对话框，单击 "选择上次" 按钮自动选取上一次操作的钻孔中心点，并单击 "确定" 按钮✅ 结束。

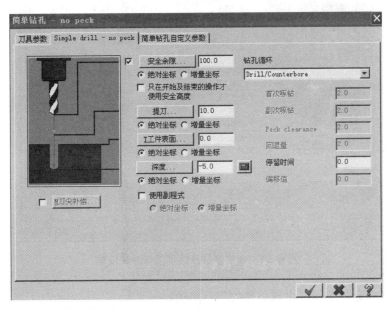

图 6-89　高度参数及钻削循环方式设置

② 打开 "刀具参数" 选项卡，选取 ϕ11.8 mm 钻头并按图 6-90 设定刀具的参数。

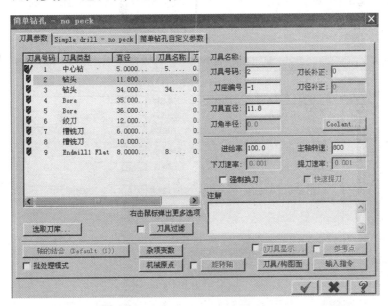

图 6-90　"刀具参数" 选项卡

③ 打开 "Simple drill-no peck" 选项卡，设定钻孔的高度参数以及钻削循环方式，如图 6-91 所示。由于孔深较大，这里选用深孔啄钻循环方式。

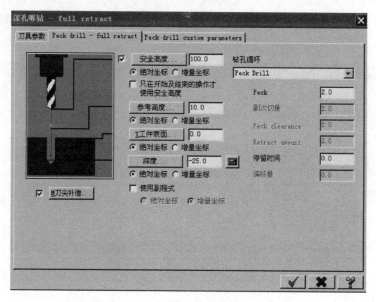

图 6-91 高度参数及钻削循环方式设置

④ 单击"确定"按钮，生成钻孔的刀具路径。

（3）钻 ϕ34 mm 的通孔。

按照上述方法，选择 ϕ36 mm 圆孔中心为钻孔中心点，并选取 ϕ34 mm 钻头进行刀具参数、钻削参数的设定，如图 6-92 和图 6-93 所示，之后单击"确定"按钮生成刀具路径。

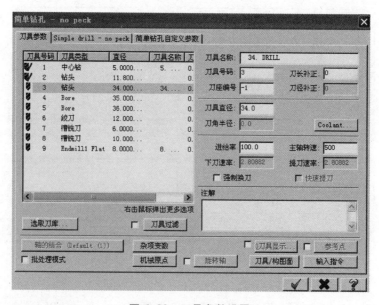

图 6-92 刀具参数设置

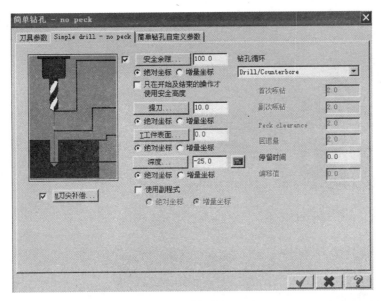

图 6-93 钻削参数设置

（4）镗 ϕ35 mm 和 ϕ36 mm 阶梯孔。

① 选择菜单"刀具路径"→"钻孔..."命令，弹出"选取钻孔的点"对话框，单击"选择上次"按钮自动选取上一次操作的钻孔中心点，并单击"确定"按钮 ✔ 结束。

② 打开"刀具参数"选项卡，选取 ϕ35 mm 镗刀并按图 6-94 所示设定刀具的参数。

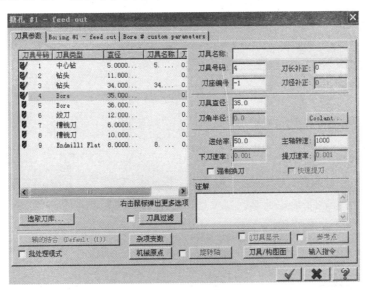

图 6-94 刀具参数设置

③ 打开"Boring #1-feed out"选项卡，设定镗孔的高度参数以及钻削循环方式，如图 6-95 所示，之后单击"确定"按钮，生成镗削的刀具路径。

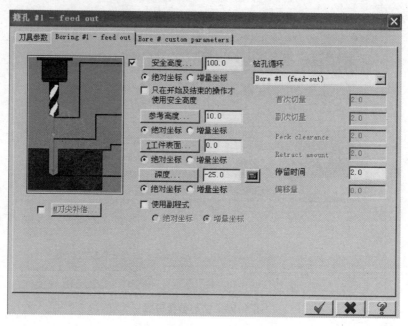

图 6-95　高度及循环方式设置

④ 选择菜单"刀具路径"→"钻孔…"命令，弹出"选取钻孔的点"对话框，单击："选择上次"按钮自动选取上一次操作的钻孔中心点，并单击"确定"按钮✔结束。

⑤ 打开"刀具参数"选项卡，选取 φ36 mm 镗刀并按图 6-96 和图 6-97 所示设定刀具参数、镗削参数，之后单击"确定"按钮✔，生成镗削的刀具路径。

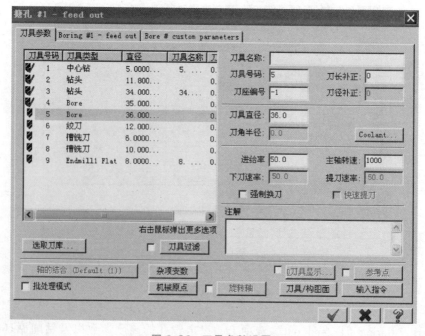

图 6-96　刀具参数设置

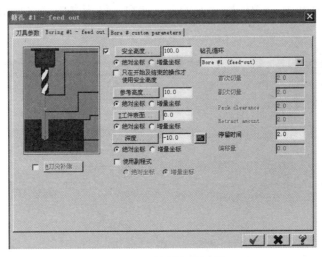

图 6-97　镗削参数设置

（5）加工 $\phi12$H7 mm 的 8 个圆孔。

① 钻中心孔：选择菜单"刀具路径"→"钻孔…"命令，弹出"选取钻孔的点"对话框，单击"排序"按钮，选择钻孔走刀方式如图 6-98 所示。单击 按钮，根据提示"选取点"，依次捕捉 8 个 $\phi12$ mm 圆孔的圆心作为钻孔中心点，单击"确定"按钮 结束。然后按照步骤 1）的方法选取 $\phi5$ mm 中心钻并生成钻削刀具路径。

② 预钻 $\phi11.8$ mm 通孔：选择菜单"刀具路径"→"钻孔…"命令，选取 $\phi11.8$ mm 的钻头，然后按照步骤 2）的方法依次定义 8 个 $\phi12$ mm 圆孔的圆心为钻孔中心点，并设定刀具参数、钻削参数，生成所需的刀具路径，如图 6-99 所示。

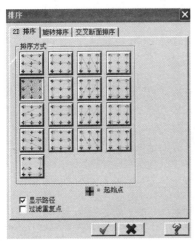

图 6-98　钻孔排序方式

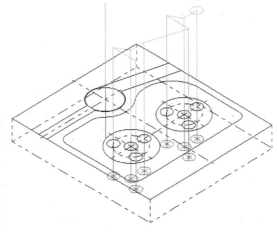

图 6-99　刀具路径

③ 对 8 个预钻孔铰削至尺寸 $\phi12$H7 mm：选择菜单"刀具路径"→"钻孔…"命令，弹出"选取钻孔的点"对话框，单击"选择上次"按钮自动选取上一次操作的 8 个圆孔的圆心作为钻孔中心点并单击 按钮结束。在"刀具参数"选项卡中，选取 $\phi12$H7 mm

的铰刀并按图 6-100 和图 6-101 所示设置刀具参数、钻削参数，之后单击"确定"按钮，生成铰削刀具路径。

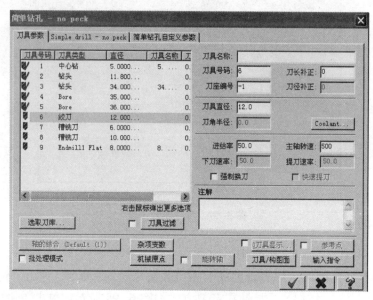

图 6-100 刀具参数设置

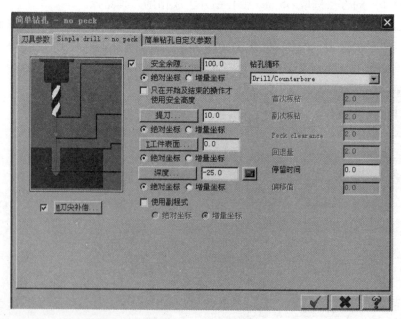

图 6-101 钻削参数设置

（6）粗铣直槽。

① 选择菜单"刀具路径"→"外形铣削..."命令，弹出"串连选项"对话框，单击"单体选择"按钮依次定义如图 6-102 所示的两个单体串连，之后单击"确定"按

钮✔结束。

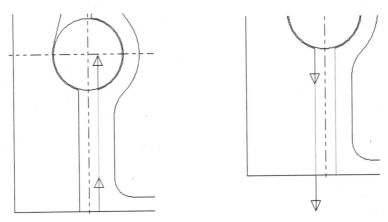

图 6-102　两个单体串连

② 打开"刀具参数"选项卡，选取 ϕ6 mm 键槽铣刀（Slot mill）并按图 6-103 所示设定刀具参数。

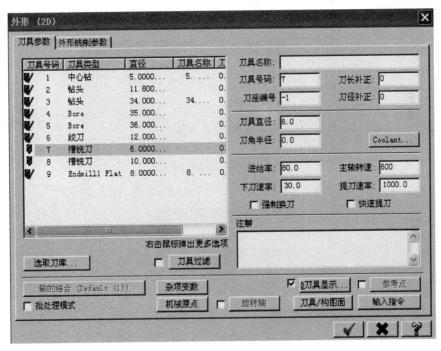

图 6-103　刀具参数设置

③ 打开"外形铣削参数"选项卡，设定外形铣削的高度参数以及补正方式、预留量等，如图 6-104 所示。由于深度切削总量为 10 mm，这里采用分层铣深，单击"分层铣深…（P）"按钮，如图 6-105 所示进行设定。

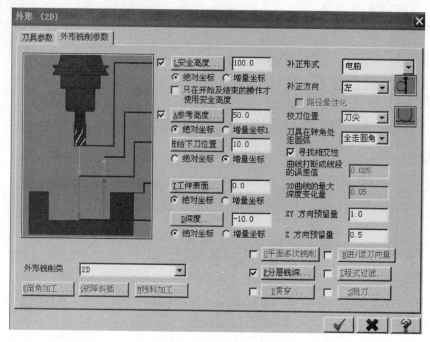

图 6-104　铣削参数设置

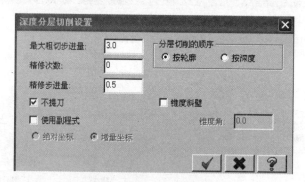

图 6-105　分层铣深参数设定

④ 单击"确定"按钮，生成直槽外形铣削刀具路径。

（7）粗铣斜槽。

① 选择菜单"刀具路径"→"　外形铣削 ..."命令，弹出"串连选项"对话框，单击"单体选择"按钮 依次定义如图 6-106 所示的两个单体串连，之后单击"确定"按钮 结束。

② 打开"刀具参数"选项卡，选取 $\phi 10$ mm 键槽铣刀（Slot mill）并按图 6-107 设定刀具参数。

③ 打开"外形铣削参数"选项卡，设定与直槽外形相同的外形铣削参数，并单击"分层铣深 ...（P）"按钮，设定分层铣深参数，如图 6-105 所示。

④ 单击"确定"按钮，生成斜槽外形铣削刀具路径，如图 6-108 所示。

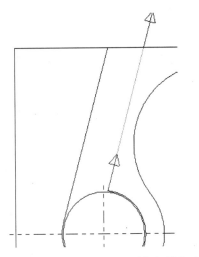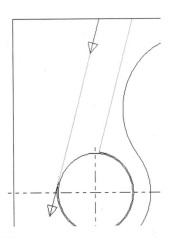

图 6-106 两个单体串连

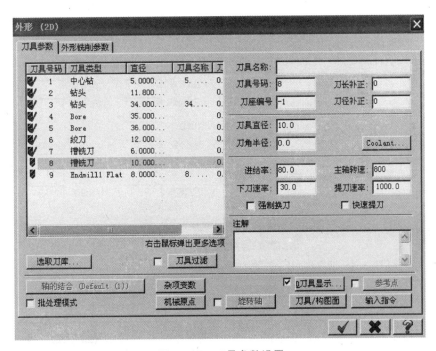

图 6-107 刀具参数设置

（8）精加工直槽与斜槽。

① 选择菜单"刀具路径"→"外形铣削..."命令，弹出"串连选项"对话框，单击"单体选择"按钮——选取串连粗加工直槽，之后单击✔按钮结束。

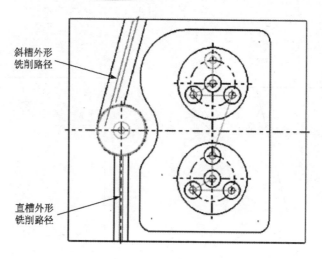

图 6-108 斜槽外形铣削刀具路径

斜槽外形
铣削路径

直槽外形
铣削路径

② 打开"刀具参数"选项卡，选取 ϕ8 mm 圆柱铣刀（Endmill Flat）并按图 6-109 所示设定刀具参数。

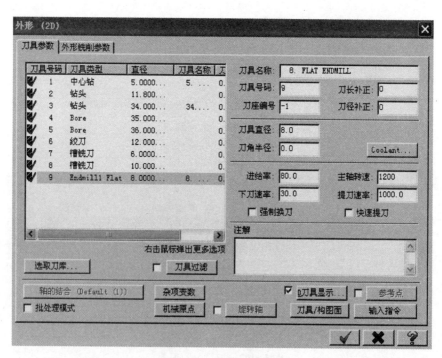

图 6-109 刀具参数设置

③ 打开"外形铣削参数"选项卡，设定精加工直槽外形铣削参数，如图 6-110 所示。

④ 单击"确定"按钮，生成直槽外形铣削的精加工刀具路径。

⑤ 选择菜单"刀具路径"→"⚙外形铣削…"命令，弹出"串连选项"对话框，单击"单体选择"按钮 ╱ 选取串连粗加工斜槽，之后单击"确定"按钮 ✔ 结束。

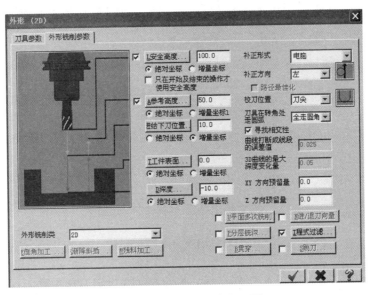

图 6-110 外形铣削参数设置

⑥ 打开"刀具参数"选项卡，选取 φ8 mm 圆柱铣刀（Endmill Flat）并按图 6-109 所示设定刀具参数。

⑦ 打开"外形铣削参数"选项卡，设定精加工斜槽的外形铣削参数，如图 6-111 所示。

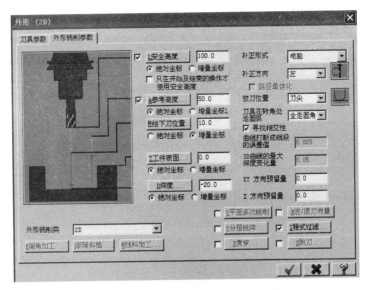

图 6-111 外形铣削参数设置

⑧ 单击"确定"按钮，生成斜槽外形铣削的精加工刀具路径。

（9）粗、精加工型腔。

① 选择菜单"刀具路径"→"■挖槽..."命令，单击串连选项依次定义型腔边界及圆型岛屿边界 3 个外形，如图 6-112 所示，之后单击"确定"按钮 ✓ 结束。注意：

271

选取外形时要使型腔外形的串连方向保持逆时针，两圆形岛屿外形的串连方向保持顺时针。

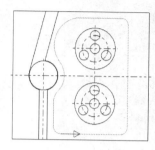 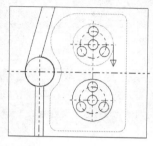 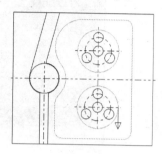

图 6-112　定义 3 个外形串连

② 打开"挖槽（标准挖槽）"对话框，按图 6-113 设定刀具参数。

③ 打开"2D 挖槽参数"选项卡，按图 6-114 所示设定挖槽参数。其中，需单击"分层铣深（E）"按钮设定分层铣深参数，如图 6-115 所示。

④ 打开"粗切/精修的参数"选项卡，设定挖槽粗/精加工参数，如图 6-116 所示。其中，粗加工选用螺旋切削（True Spiral）方式，螺旋下刀参数可通过单击"螺旋式下刀"（Entry-helix）按钮来设定，如图 6-117 所示。

⑤ 单击"确定"按钮，生成型腔挖槽粗/精加工的刀具路径，如图 6-118 所示。

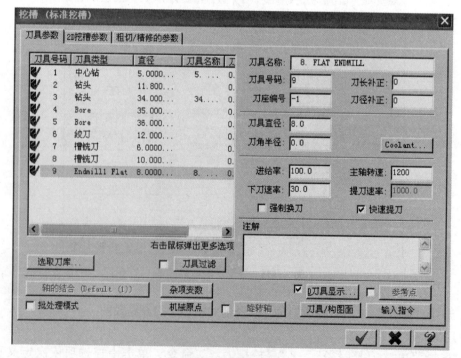

图 6-113　刀具参数设置

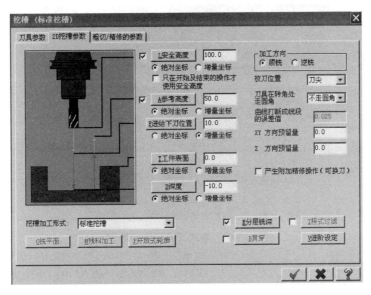

图 6-114　挖槽参数设定

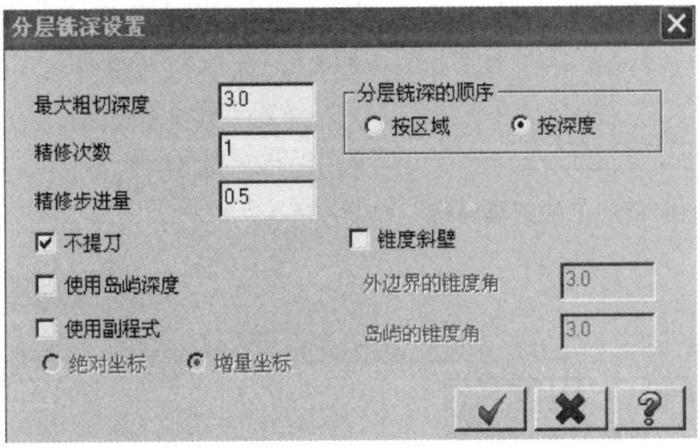

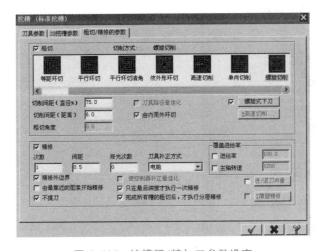

图 6-115　分层铣深参数设定

图 6-116　挖槽粗/精加工参数设定

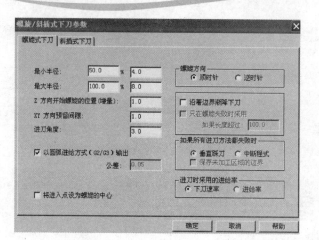

图 6-117　螺旋下刀参数的设定

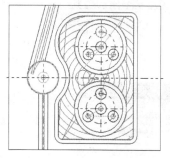

图 6-118　型腔挖槽粗/精加工的刀具路径

4）存盘，名为"XIANGMU6-1"。

5）执行实体切削模拟并后置处理生成 NC 程序

（1）在操作管理器中，单击"确定"按钮，选取所有操作，如图 6-119 所示。

（2）单击 按钮，进入实体切削模拟状态，打开"实体切削验证"工具条，如图 6-120 所示。

图 6-119　操作管理器

图 6-120　"实体切削验证"工具条

（3）单击▶按钮执行切削模拟，模拟过程中可用光标移动滑块调整模拟切削的速度，模拟完成后的结果如图6-121所示。

（4）刀具切削路径经验证无误后，可返回操作管理器中，单击 G1 按钮执行刀具路径的后置处理。此时，需指定与所用机床数控系统对应的后处理程序，系统默认为 FANUC 数控系统的 MPFAN. PST 程序，如图6-122所示，并允许设定 NC 程序存储的名称，如图6-123所示。

图 6-121 实体切削模拟的结果

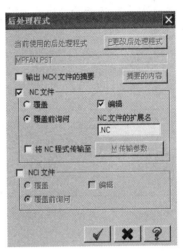

图 6-122 "后处理程式"对话框

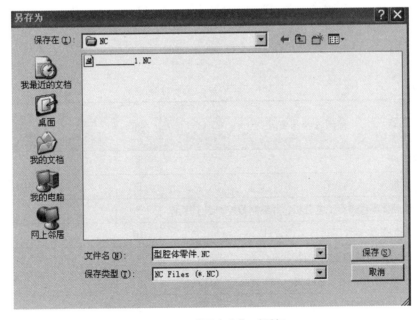

图 6-123 "另存为"对话框

对本例的刀具路径执行后置处理后，将产生如图6-124所示的 NC 程序。NC 程序生成后，往往还要进行一些必要的编辑，然后通过 Mastercam 的通信端口传输至数控机床。

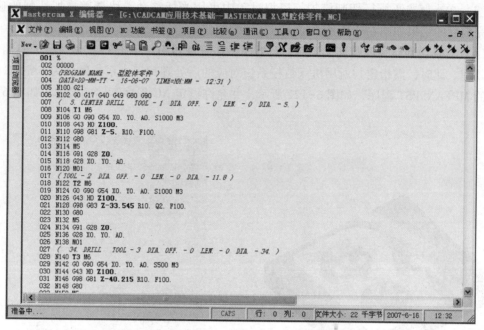

图 6-124 后置处理所得的 NC 程序

6.5 项目评价（见表 6-7）

项目描述任务
操作视频

表 6-7 项目实施评价表

序号	检测内容与要求	分值	学生自评（25%）	小组评价（25%）	教师评价（50%）
1	学习态度	5			
2	安全、规范、文明操作	5			
3	能对型腔体零件进行工艺分析，并编制数控加工工序卡	5			
4	能根据型腔体零件图进行造型设计	10			
5	能正确定义刀具和设定工件	5			
6	能规划钻 $\phi5$ 中心孔，$\phi11.8$、$\phi34$ 通孔的刀具路径	10			
7	能规划 $\phi35$ 和 $\phi36$ 阶梯孔的刀具路径	5			
8	能规划 $\phi12H7$ 的 8 个圆孔的刀具路径	5			
9	能规划粗铣直槽、粗铣斜槽的刀具路径	10			
10	能规划精铣直槽、精铣斜槽的刀具路径	5			

续表

序号	检测内容与要求	分值	学生自评（25%）	小组评价（25%）	教师评价（50%）
11	能规划粗、精加工型腔的刀具路径	10			
12	能对型腔体零件的刀具路径进行仿真分析，并后置处理生成 .NC 程序	5			
13	项目任务实施方案的可行性，完成的速度	5			
14	小组合作与分工	5			
15	学习成果展示与问题回答	10			
总分		100	合计：		
问题记录和解决方法	记录项目实施中出现的问题和采取的解决方法				

6.6 项目总结

　　Mastercam X 是一个 CAD/CAM 集成软件，包括了设计（CAD）和加工（CAM）两大部分。使用 CAM 软件的最终目的就是要产生加工路径和生成数控加工程序，所以 CAD 部分是为 CAM 部分服务的。加工部分主要由 MILL、LATHE、ROUTER 三大部分组成，各个模块本身包含有完整的设计系统，其中 MILL 模块可以用来生成铣削加工刀具路径，还可以进行外形铣削、型腔加工、钻孔加工、平面加工、曲面加工以及多轴加工等的模拟。铣削加工是 Mastercam X 的主要功能。

　　数控铣床是一种三维的机床，但除了曲面，其他零件大多数都可以用二维图形表示，一般把这类零件加工称为二维铣削加工。

　　Mastercam X 二维铣削加工用来生成二维刀具加工路径，包括外形铣削、挖槽、钻孔、面铣削、全圆铣削和雕刻等加工路径。各种加工模组生成的刀具路径一般由加工刀具、加工零件的几何图形以及各模组的特有参数来确定。不同模组加工的几何模型和参数各不相同。

　　通过本项目的学习，可以非常熟练地掌握以下内容：

　　（1）Mastercam X 加工的基础知识和基本设置，例如加工坐标系、工件设置、刀具管理、操作管理、串连管理、后处理等设置。

（2）Mastercam X 的二维铣削加工，包括外形铣削、挖槽、钻孔、面铣削、全圆铣削和雕刻等的刀具选择、刀具补偿、主轴转速、进给速度和切削用量等特定加工参数的选择和设置。

6.7 项 目 拓 展

1. 典型外形铣削零件

1）图形分析

零件如图 6-125 所示。该零件不需画出三维实体图，通过 Z 坐标设置解决切深方面的要求，基本工作思路是：绘制二维图形→规划刀具路径→加工模拟。

2）操作步骤

（1）绘制外形轮廓如图 6-125 所示。

（2）选择"缺省铣床"命令。

（3）选择"□ 外形铣削 ..."命令。

（4）打开"串连"对话框，系统提示选择串连外形，如图 6-126 所示，用光标捕获轮廓线（P_1 处），使串连方向为顺时针方向，单击"串连选择"对话框中的"确定"按钮 ✓，结束串连外形选择。

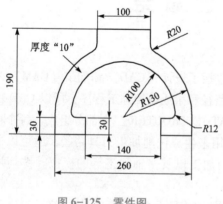

图 6-125 零件图

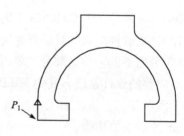

图 6-126

（5）系统弹出"外形（2D）"铣削对话框，在刀具栏空白区内单击鼠标右键，在弹出的快捷菜单中选择"M 刀具管理器 ...（HILL_ MM）"命令，系统弹出刀具库对话框，选择 $\phi12$ 平铣刀，单击"加入"按钮 ↑，单击"确定"按钮 ✓，结束刀具选择。输入参数如图 6-127 所示。

（6）设置外形铣削参数，打开"外形铣削参数"选项卡，系统将显示铣削参数设置项目，相关参数设置如图 6-128 所示。

（7）选择"U平面多次铣削"复选框，粗切1次、间距为5 mm，精修1次、间距为0.5 mm。

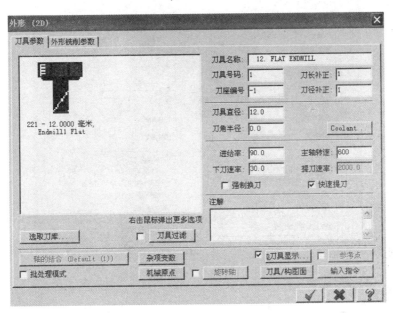

图6-127 "外形（2D）"对话框

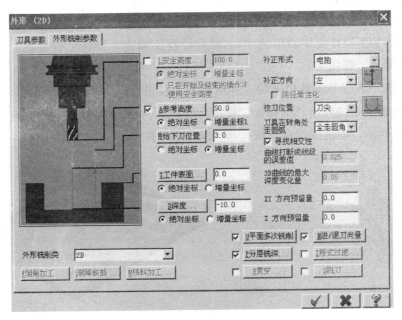

图6-128 "外形铣削参数"选项卡

（8）选中"P分层铣深..."复选框，最大粗切步进量为2 mm，选择"不提刀"复选项和"按轮廓"单选项。

（9）选中"N进/退刀向量"复选框，设置如图6-129所示。

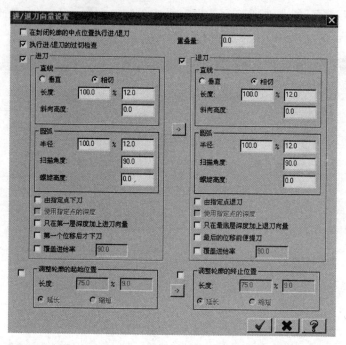

图 6-129　"进/退刀向量设置"对话框

（10）单击"外形铣削参数"对话框中的"确定"按钮 ✓，系统立即在图上生成刀具路径，如图 6-130 所示。

（11）选择加工操作管理器中的"◆ 材料设置"命令，设置工件参数：X300、Y240、Z10，单击"确定"按钮 ✓。

（12）单击"顶部"工具栏中的"等角视图"按钮 ⊠，单击操作管理器中的"实体加工模拟"按钮 ，系统弹出"实体加工模拟"对话框，单击"执行"按钮 ▶，模拟加工结果如图 6-131 所示，单击"确定"按钮 ✓，结束模拟操作。

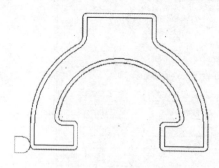

图 6-130　生成刀具路径

图 6-131　模拟加工过程

（13）在操作管理器中单击 G1 打开"后处理"对话框，选择输出 NC 文件，即可生成 NC 数控加工程序。

（14）存盘，名为"XIANGMU6-2"。

项目拓展任务
操作视频

2. 典型的挖槽零件加工

1）图形分析

挖槽零件如图 6-132 所示。

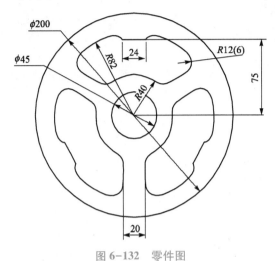

图 6-132　零件图

（1）绘制二维轮毂零件简图，如图 6-132 所示。

（2）选择"缺省铣床"命令。

（3）选择"　挖槽..."命令。

（4）打开"串连"对话框，系统提示选择串连外形，如图 6-133 所示，用光标捕获轮廓线（P_1 处）。在凹槽加工中选择串连时可以不考虑串连的方向。单击"串连选择"对话框中的"确定"按钮　，结束挖槽串连外形选择。

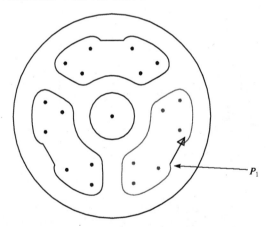

图 6-133　选择串连外形

（5）系统弹出"挖槽（标准挖槽）"加工对话框，选择 $\phi 10$ 平铣刀，设置刀具参数，如图 6-134 所示。

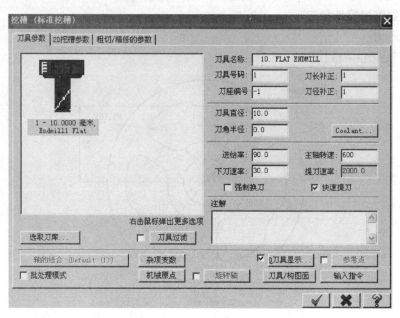

图 6-134 "挖槽（标准挖槽）"对话框

（6）单击"2D 挖槽参数"标签，打开"2D 挖槽参数"选项卡，设置 2D 挖槽参数，如图 6-135 所示。

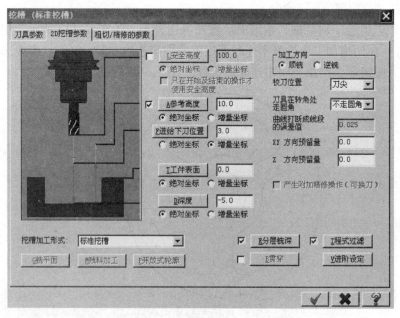

图 6-135 "2D 挖槽参数"选项卡

（7）单击"深度分层"按钮"E 分层铣深"，设置深度分层参数，如图 6-136 所示。

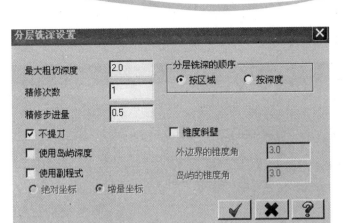

图 6-136 "分层铣深设置"对话框

（8）单击"粗切/精修的参数"标签，打开"粗切/精修的参数"选项卡，设置相关参数，如图 6-137 所示。

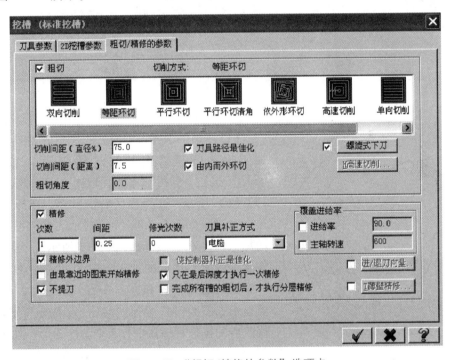

图 6-137 "粗切/精修的参数"选项卡

（9）单击"螺旋式下刀"按钮"螺旋式下刀"打开"螺旋式下刀"选项卡，设置图 6-138 所示的参数。

（10）单击"挖槽参数设置"对话框中的"确定"按钮，结束挖槽参数设置，产生一个槽的刀具路径，如图 6-139 所示。

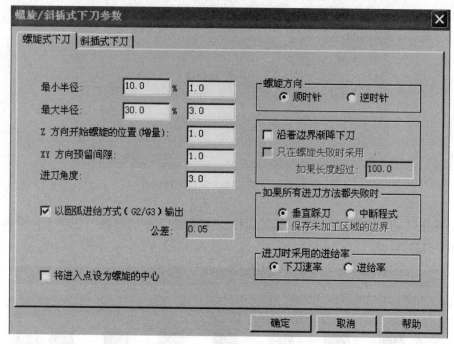

图 6-138 "螺旋式下刀"选项卡

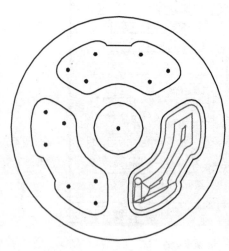

图 6-139 产生槽的刀具路径

（11）增加串连，生成另两个槽的刀具路径。在加工操作管理器中单击"■图形．（1）串连（S）"按钮，弹出"串连管理器"对话框，如图 6-140（a）所示。在空白区右击鼠标，选择"增加串连"选项，如图 6-140（b）所示。选取另外两个槽的加工位置 P_2、P_3（如图 6-141 所示）。考虑到刀具偏置等因素，选取的加工位置和方向应该和原来第一个槽的起始位置和方向一致，执行后，串连管理器显示如图 6-142 所示。单击 ☝ 按钮，重新计算，修改后的操作管理器中有 3 个串连图形，如图 6-143 所示。

（12）刀具路径模拟如图 6-144（a）所示，实体加工模拟如图 6-144（b）所示，确定后存盘，名为"轮毂_加工.MCX"。这种通过增加串连来生成刀具路径的方法，并不局限于具有相同形状的图形，也可用于任何其他图形。因此这种方法适用于具有相同加工方法和工艺参数的图形加工。

(a)　　　　　　　　　　　(b)

图 6-140 "串连管理器"对话框

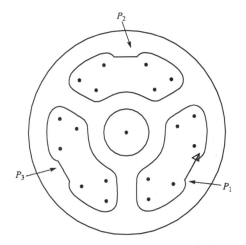

图 6-141 选择槽的加工位置

图 6-142 "串连管理器"显示结果

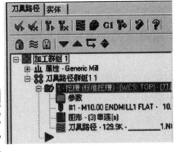

图 6-143 串连图形

项目拓展任务
操作视频

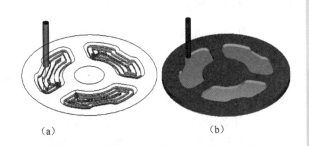

(a)　　　　　　　　(b)

图 6-144 模拟图

(a) 刀具路径模拟；(b) 实体加工模拟

6.8 项目巩固练习

6.8.1 填空题

1. 一般的数控铣床至少有 _____ 、 _____ 、 _____ 3 个控制轴。
2. Mastercam X 的机床设备种类主要有 _____ 、 _____ 、 _____ 。
3. Mastercam X 的二维铣削加工分为 _____ 、 _____ 、 _____ 、 _____ 、 _____ 几种。
4. 外形铣削模组的加工类型分为 _____ 、 _____ 、 _____ 、 _____ 4 种。
5. Mastercam X 的二维铣削加工需设置的高度参数包括 _____ 、 _____ 、 _____ 、 _____ 、 _____ 。

6.8.2 选择题

1. 在 Mastercam X 的几大模块中，最主要的功能模块是（　　　）。
   A. Mill　　　　　B. Design　　　　　C. Lathe　　　　　D. Router
2. 在数控系统的附加轴中，一般用于标识旋转轴的是（　　　）。
   A. U 轴　　　　　B. W 轴　　　　　C. B 轴　　　　　D. V 轴
3. Mastercam X 生成的加工程序，一般称为（　　　）。
   A. NCI 文件　　　B. NC 文件　　　　C. 刀具路径文件　　D. MCX 文件
4. 下列哪个选项不属于 Mastercam X 的刀具参数（　　　）。
   A. 主轴转速　　　B. 轴向进给率　　　C. 退刀速度　　　　D. 退刀高度
5. 对不封闭的轮廓进行挖槽加工时只能选择的挖槽方法是（　　　）。
   A. Open　　　　　B. Standard　　　　C. Facing　　　　D. Island facing

6.8.3 简答题

1. Mastercam X 系统铣床设备类型有哪几种？车床设备类型又有哪几种？
2. 在 Mastercam X 系统如何定义一把新刀？
3. 工件设置的作用是什么？工件设置包括哪些内容？如何设置工件？
4. Mastercam X 系统提供了哪几种设置工件尺寸的方法？
5. 什么叫操作管理？操作管理器可进行哪些选项操作？
6. 串连管理列表区的快捷菜单中有哪些内容？
7. 有哪些方式可以验证加工零件的正确性？
8. 绘制一个直径为 60 mm 的圆，原点在圆心，设置毛坯尺寸为直径 70 mm 高 100 mm 的圆柱体，Z0 为圆柱顶面，工件原点设在圆柱体顶面圆心。

9. 在 Mastercam X 系统中选择一个已有的示例文件进行串连管理、刀具路径模拟、仿真加工和后处理练习。

10. 后处理的作用是什么？

11. 铣削加工顺序应怎样安排？

12. 在立式加工中心上，顺铣与逆铣对切削产生怎样的影响？

13. 数控加工工艺文件的内容有哪些？

14. 在 Mastercam X 软件中，二维零件的加工方法有哪些？

15. Mastercam X 的二维铣削加工需设置的高度参数包括哪些？

16. 对不封闭的轮廓进行挖槽加工时只能选择的挖槽方法是什么？

17. 二维外形铣削为什么要设定进/退刀矢量参数？

18. 数控加工在什么时候需要设定螺旋式下刀？其参数一般需要修改哪几项？

19. 刀具补偿的含义是什么？刀具补偿的类型分为哪几种？刀具补偿位置分为哪几种？

20. 钻深度大于 3 倍刀具直径的深孔一般用哪种钻孔循环方式？

6.8.4 操作题

1. 完成零件的铣削加工（厚度为 20），如图 6-145 所示。

2. 绘制如图 6-146 所示的二维图形（140×100），要求规划出外形铣削、面铣、挖槽等刀具加工路径。

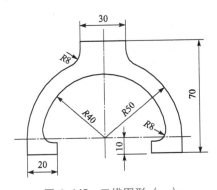

图 6-145 二维图形（一）

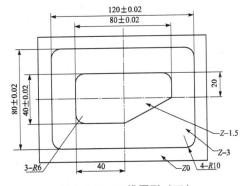

图 6-146 二维图形（二）

3. 如图 6-147 所示，试编制零件的外形铣削、挖槽加工和钻孔加工的刀具路径，并进行刀具路径模拟和实体切削模拟。

4. 如图 6-148 所示，试编制零件的平面铣削、外形铣削、挖槽加工和钻孔加工（孔为通孔）的刀具路径，并进行刀具路径模拟和实体切削模拟，及后处理生成数控加工 NC 程序。

5. 如图 6-149 所示，试编制零件的挖槽加工和钻孔加工的刀具路径，并进行刀具路径模拟和实体切削模拟，及后处理生成数控加工 NC 程序。

6. 分析如图 6-150 所示的型腔线框，试编制其挖槽加工、钻孔加工的刀具路径。

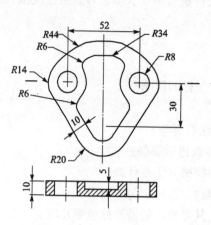

图 6-147　二维图形（三）

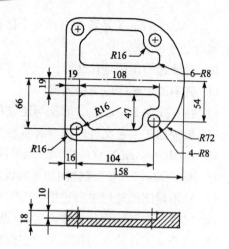

图 6-148　二维图形（四）

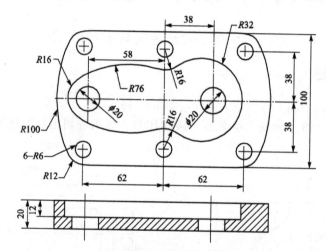

图 6-149　二维图形（五）

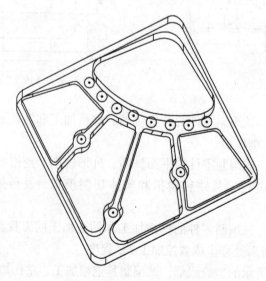

图 6-150　二维图形（六）

项目巩固练习答案

项目 7

三维曲面加工

7.1 项 目 描 述

本项目主要介绍 Mastercam X 三维曲面加工的类型和各加工模组的功能。通过本项目的学习，完成操作任务——根据香皂盒面壳零件图（图 7-1（a）所示），以及模型效果图（图 7-2（b）所示），进行造型以及凸、凹模加工设计。

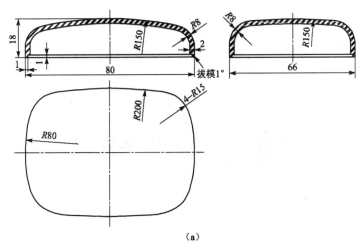

（a）

图 7-1　香皂盒面壳零件图与模型效果图

（a）香皂盒面壳零件图；（b）香皂盒面壳模型效果图

289

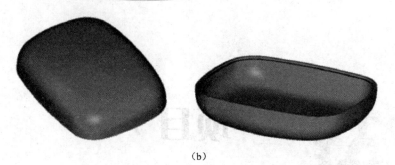

（b）

图 7-1　香皂盒面壳零件图与模型效果图（续）

（a）香皂盒面壳零件图；（b）香皂盒面壳模型效果图

7.2　项 目 目 标

知识目标

（1）熟悉 Mastercam X 三维曲面粗、精加工的类型及各功能模组的功能；

（2）掌握 Mastercam X 的 8 种粗加工、11 种精加工命令的使用技术。

技能目标

（1）能综合运用 Mastercam X 的 8 种粗加工、11 种精加工命令，规划零件的加工路径，并进行仿真分析和后置处理生成 NC 加工程序。

（2）完成"项目描述"中的操作任务。

7.3　项目相关知识

7.3.1　曲面加工类型

大多数曲面加工都需要通过粗加工与精加工来完成。曲面粗加工主要用于快速去除坯料的大部分材料，以方便后面的曲面精加工。因此曲面粗加工采用大直径刀具，而曲面精加工则采用较小的刀具，以达到好的加工质量。曲面铣削加工的类型较多，Mastercam X 系统提供 8 种粗加工类型和 11 种精加工类型。

1. 粗加工刀具路径

选择菜单"刀具路径（Toolpaths）"→"曲面粗加工（Surface Rough）"命令，弹出如图 7-2 所示的"曲面粗加工"级联菜单。

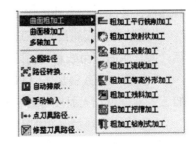

图 7-2　"曲面粗加工"级联菜单

"粗加工平行铣削加工（Rough Parallel Toolpath）"：产生每行相互平行的粗切削刀具路径，适合较平坦的曲面加工。

"粗加工放射状加工（Rough Radial Toolpath）"：产生圆周形放射状粗切削刀具路径，适合圆形曲面加工。

"粗加工投影加工（Rough Project Toolpath）"：将存在的刀具路径或几何图形投影到曲面上产生粗切削刀具路径，常用于产品的装饰加工中。

"粗加工流线加工（Rough Flowline Toolpath）"：顺着曲面流线方向产生粗切削刀具路径，适合曲面流线非常明显的曲面加工。

"粗加工等高外形加工（Rough Contour Toolpath）"：围绕曲面外形产生逐层梯田状粗切削刀具路径，适合具有较大坡度的曲面加工。

"粗加工残料加工（Rough Restmill Toolpath）"：对前面加工操作留下的残料区域产生粗切削刀具路径，适合清除大刀加工不到的凹槽、拐角区域。

"粗加工挖槽加工（Rough Pocket Toolpath）"：依曲面形状，于 Z 方向下降产生梯田状粗切削刀具路径，适合复杂形状的曲面加工。

"粗加工钻削式加工（Rough Plunge Toolpath）"：产生逐层钻削刀具路径，用于工件材料宜采用钻削加工的场合。

图 7-3　"曲面精加工"级联菜单

2. 精加工刀具路径

选择菜单"刀具路径（Toolpaths）"→"曲面粗加工（Surface Finish）"命令，弹出如图 7-3 所示的"曲面精加工"级联菜单。

"精加工平行铣削（Finish Parallel Toolpath）"：产生每行相互平行的精切削刀具路径，适合大部分的曲面精加工。

"精加工平行陡斜面（Finish Par. Steep Toolpath）"：针对陡斜面上的残料产生精切削刀具路径，适合较陡曲面的残料清除。

"精加工放射状（Finish Radial Toolpath）"：产生圆周形放射状精切削刀具路径，适合圆形曲面加工。

"精加工投影加工（Finish Project Toolpath）"：将存在的刀具路径或几何图形投影到曲面上产生精切削刀具路径，常用于产品的装饰加工中。

"精加工流线加工（Finish Flowline Toolpath）"：顺着曲面流线方向产生业余切削刀具路径，适合曲面流线非常明显的曲面加工。

"精加工等高外形（Finish Contour Toolpath）"：围绕曲面外形产生逐层精切削刀具路径，适合具有较大坡度的曲面加工。

"精加工浅平面加工（Finish Shallow Toolpath）"：对坡度较小的曲面产生精切削刀具路径，常配合等高外形加工方式进行加工。

"精加工交线清角加工（Finish Pencil Toolpath）"：在曲面交角处产生精切削刀具路径，适合曲面交角残料的清除。

"精加工残料加工（Finish Leftover Toolpath）"：产生精切削刀具路径以清除因前面加工刀具直径较大而残留的材料。

"精加工环绕等距加工（Finish Scallop Toolpath）"：产生精切削刀具路径以等距环绕加工曲面，刀路均匀。

"精加工混合加工（Finish Blend Toolpath）"：在两个混合边界区域间产生精切削刀具路径。

7.3.2　曲面加工共同参数

在三维曲面铣削加工中，各种加工类型有其各自的参数，这些参数又可分为共同参数和特定参数两类。在曲面加工系统中，共同参数包括刀具参数（Toolpath parameters）和曲面参数（Surface parameters）。在各个铣削加工模组中，刀具参数的设置方法都相同，曲面参数对所有曲面加工模组也基本相同。

所有的粗加工模组和精加工模组都可以通过"曲面参数（Surface parameters）"选项卡来设置曲面参数。

选择菜单"刀具路径（Toolpaths）"→"曲面粗加工（Surface Rough）"→"粗加工平行铣削加工（Rough Parallel Toolpath）"命令，选择曲面的形状和需要加工的曲面后，弹出如图7-4所示的"曲面粗加工平行铣削"对话框。

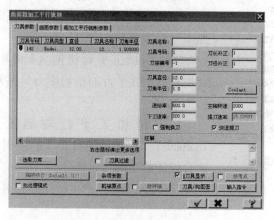

图7-4　"曲面粗加工平行铣削"对话框

单击图中的"曲面参数（Surface parameters）"标签，弹出如图7-5所示的"曲面参数"选项卡。

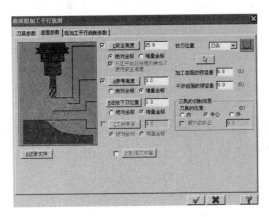

图7-5 "曲面参数"选项卡

1. 刀具选择

1）二维铣削加工的刀具选择

在二维铣削加工中，刀具主要在 X、Y 轴方向移动。

对于外形铣削和挖槽加工，一般使用平刀（End Mill）。对于少数成型轮廓，有时也用到成型刀，如圆角刀（Rad Mill），此时加工出来的轮廓边的形状与成型刀的形状相同。对于孔加工一般使用中心钻（Center Drill）、麻花钻（Drill）、绞刀（Reamer）和丝攻（Tap）等孔加工刀具。

2）三维曲面加工刀具选择

在三维曲面加工中，刀具要在空间 X、Y、Z 轴3个方向同时移动。

对于三维曲面粗加工，和二维铣削加工的外形铣削和挖槽加工一样，主要用平刀。对于三维曲面精加工，由于刀具要在空间 X、Y、Z 轴3个方向同时移动，且对曲面表面光洁度要求较高，若用平刀加工，会在曲面表面留下一层层台阶状的条纹，为保证曲面的表面光洁度和加工精度，一般选择球刀加工（Spher Mill），有时也用到圆鼻刀（Bull Mill）。

2. 高度设置

在"曲面参数（Surface Parameters）"选项卡中，定义 Z 轴方向高度用到以下4个参数：

安全高度（Clearance）、参考高度（Retract）、进给下刀位置（Feed plane）、工件表面（Top of stock）。

这些参数与二维加工模组中相应参数的含义相同。

3. 记录文件

在生成曲面加工刀具路径时，可以设置该曲面加工刀具路径的一个记录文件（Regen），当对该刀具路径进行修改时，记录文件可用来加快刀具路径的刷新。选中"曲面参数"选项卡中的"R记录文件"按钮前的复选框后单击该按钮，打开记录文件对话框，该对话框用于设置记录文件的保存位置，如图7-6所示。

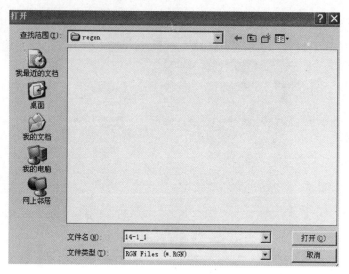

图 7-6　记录文件保存对话框

4. 进刀与退刀参数

在曲面加工刀具路径中可设置进刀与退刀刀具路径。选中"曲面参数（Surface parameters）"选项卡中的"D 进/退刀向量（Direction）"按钮前的复选框后，单击该按钮打开"进/退刀向量（Direction）"对话框，如图 7-7 所示。该对话框用来设置曲面加工时进刀和退刀的刀具路径。

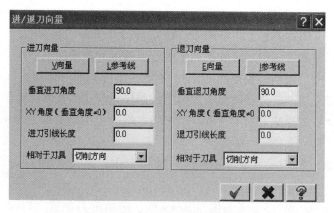

图 7-7　"进/退刀向量"对话框

各项设置的含义如下。

"垂直进刀角度（Plunge angle）"：刀具路径在主轴方向的角度。

"XY 角度（垂直角度 0）（XY angle）"：刀具路径在水平方向的角度。

"进刀引线长度（Plunge length）"：进刀路径的长度。

"相对于刀具（Relative to）"：定义"XY 角度（垂直角度 0）"的下拉列表格。选择"刀具平面 X 轴（Tool Plane X axis）"选项时，"XY 角度（垂直角度 0）"为与刀具平面 X 正轴的夹角；选择"切削方向（Cut Direction）"选项时，"XY 角度（垂直角度 0）"为与切削方向的夹角，如图 7-8 所示。

　　"V 向量（Vector）"：单击该按钮，在打开的对话框中设置刀具路径在 *X*、*Y*、*Z* 轴方向的 3 个分量来定义刀具路径的"垂直进刀角度""XY 角度（垂直角度 0）"和"进刀引线长度"参数，如图 7-9 所示。

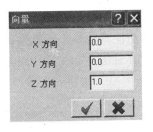

图 7-8　"相对于刀具"下拉列表框　　　　图 7-9　"向量"对话框

　　"L 参考线（Line）"：单击该按钮后，通过在图形区选择一条已知直线来定义刀具路径的角度和长度。

　　5. 加工曲面、干涉面和加工区域设置

　　单击如图 7-5 所示的 ▷ 按钮，弹出如图 7-10 所示的"刀具路径的曲面选取（Toolpath/Surface selection）"对话框。用户可以修改加工曲面、干涉面及加工区域。

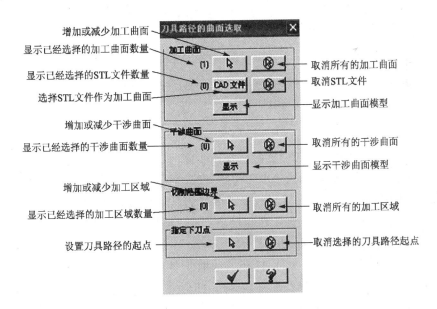

图 7-10　"刀具路径的曲面选取"对话框

　　加工曲面是指需要加工的曲面；干涉面是指不需要加工的曲面；加工区域是指在加工曲面的基础上再给出的进行加工的某个区域，目的是针对某个结构进行加工，减少空走刀，以提高加工效率。

7.3.3 曲面粗加工方式

1. 平行式粗加工

选择"刀具路径（Toolpaths）"→"曲面粗加工（Surface Rough）"→"┗粗加工平行铣削加工（Rough Parallel Toolpath）"命令，可打开平行式粗加工模组。该模组可用于生成平行粗加工切削的刀具路径。使用该模组生成刀具路径时，除了要设置曲面加工共有的刀具参数和曲面参数外，还要设置一组平行式粗加工模组特有的参数。可通过"曲面粗加工平行铣削（Surface Rough Parallel）"对话框中的"粗加工平行铣削参数（Rough Parallel Parameters）"选项卡进行设置，如图 7-11 所示。

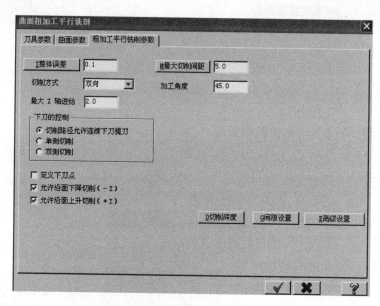

图 7-11 "粗加工平行铣削参数"选项卡

1）构建一个平行式粗加工刀具路径的操作步骤

其他曲面加工的刀具路径的构建步骤与此类似。

图 7-12 "选取工件的形状"对话框

（1）选择菜单"刀具路径（Toolpaths）"→"曲面粗加工（Surface Rough）"→"粗加工平行铣削加工（Rough Parallel Toolpath）"命令。

（2）打开"选取工件的形状"对话框，如图 7-12 所示。选择凸形（Boss）、凹形（Cavity）或未定义（Undefined）零件形状。

（3）在图形区出现提示"选取加工曲面（Select Drive Surfaces）"，提示选择图形。选择曲面或实体，按 Esc 键。

（4）系统打开串连对话框，进行串连。

（5）打开"曲面粗加工平行铣削（Surface Rough Parallel）"对话框并进行设置，单击"确定"后，系统添加刀具路径到操作管理器中。

2）最大步距值

"最大切削间距（Max. stepover）"文本框用来设置两个相邻切削路径层间的最大距离。该值必须小于刀具的直径，主要根据刀具强度和材料硬度确定该值。这个值设置得越大，生成的刀具路径数目越少，加工结果越粗糙；设置得越小，生成的刀具路径数目越多，加工结果越平滑，但生成刀具路径需要的时间较长。单击该按钮可打开"最大切削间距"对话框，如图 7-13 所示。

"最大切削间距（Maximum stepover）"：该参数显示与上面的最大步距参数相同，若用户编辑该值，是在一块平坦曲面上的近似凹坑，并在近似凹坑高度 45°处自动修正。

"残脊在平坦区域的大概高度（Approx. scallop on flat floor）"：该参数用于设置刀具路径在一平坦曲面的一个凹坑的高度，若用户编辑该值，最大步距和近似凹坑高度在 45°处将自动修正。

"残脊在 45 度斜面的大概高度（Approx. scallop at 45 degrees）"：该参数用于设置刀具路径的 45°壁的一个凹坑的高度，若用户编辑该值，最大步距和近似凹坑高度在 45°处将自动修正。

3）刀具路径误差

"整体误差（Total tolerance）"文本框用于设置刀具路径与几何模型的精度误差。误差值设置得越小，加工得到的曲面精度就越高，但所需计算时间较长，为了提高加工速度，在粗加工中其值可稍大一些。单击该按钮打开"整体误差设置"对话框，在其中可对刀具路径误差进行具体的设置，如图 7-14 所示。

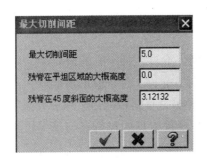

图 7-13　"最大切削间距"对话框

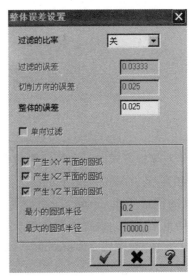

图 7-14　"整体误差设置"对话框

4）刀具切削方式

"切削方式（Cutting method）"下拉列表框用于设置刀具在 X、Y 方向的走刀方式，如图 7-15 所示。

双向（ZigZag）：当选择双向走刀方式时，在加工时刀具可以往复切削曲面。

图 7-15 "切削方式"
下拉列表框

单向（One way）：当选择单向走刀方式时，在加工时刀具只能沿一个方向进行切削。

5）加工角度

"加工角度（Machining angle）"文本框用于设置加工角度，加工角度是指刀具路径与 X 轴的夹角。定位方向为：0° 为+X，90° 为+Y，180° 为-X，270° 为-Y，360° 为+X。

6）切削深度

单击"D 切削深度（Cut Depths）"按钮，打开"切削深度的设定"对话框，如图 7-16 所示，在该对话框中设置粗加工的切削深度，可以选择绝对坐标（Absolute）或增量坐标（Incremental）方式来设置切削深度。

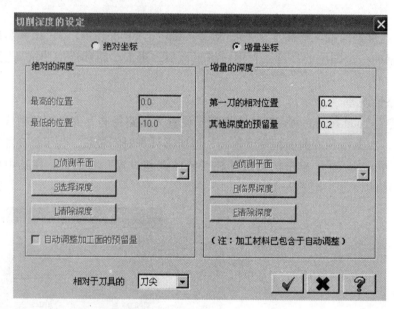

图 7-16 "切削深度的设定"对话框

选择绝对坐标方式时，选择以下两个参数之一。

"最高的位置（Minimum depth）"：在切削工件时，允许工件上升的最高点。

"最低的位置（Maximum depth）"：在切削工件时，允许工件下降的最低点。

选择增量坐标时，设置以下参数，系统会自动计算出刀具路径的最小和最大深度。

"第一刀的相对位置（Adjustment to top cut）"：设置刀具的最低点与顶部切削边界的距离。

"其他深度的预留量（Adjustment to other cuts）"：设置刀具深度与其他切削边界距离。

7）刀具路径起点

当选中"定义下刀点（Prompt for starting point）"复选框时，在设置完各个参数后，需要指定刀具路径的起始点，系统将选择最近的工件角点为刀具路径的起始点。

单击"G 间隙设置（Gap settings）"按钮，打开对话框如图 7-17 所示，该对话框用于设置刀具在不同间距的运动方式。

"容许的间隙（Gap size）"：用于设置允许间距。

"位移小于容许间隙时，不提刀（Motion<Gap）"：用于设置当移动量小于设置允许间距时刀具的移动方式。

"位移大于容许间隙时，提刀至安全高度（Motion>Gap）"：用于设置当移动量大于设置允许间距时刀具的移动方式。

"切弧的半径（Tangential arc radius）"：用于输入在边界处刀具路径延伸切弧的半径。

"切弧的扫描角度（Tangential arc angle）"：用于输入在边界处刀具路径延伸切弧的角度。

8）边界设置

单击"E 高级设置（Advanced settings）"按钮，打开对话框，如图 7-18 所示。该对话框用于设置刀具在曲面或实体边缘处的加工方式。

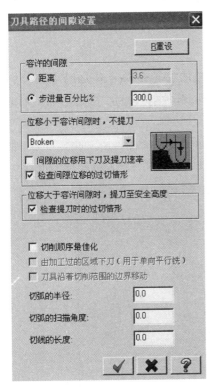

图 7-17　"刀具路径的间隙设置"对话框

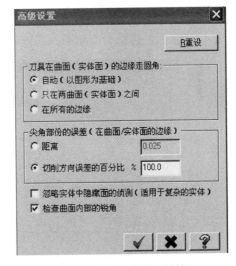

图 7-18　"高级设置"对话框

"刀具在曲面（实体面）的边缘走圆角（At surface（solid face）edge，Roll tool）"：用于选择刀具在边缘处加工圆角的方式。

"尖角部分的误差（在曲面/实体面的边缘）（Sharp corner tolerance（at surface/face）edge）"：用于设置刀具圆角移动的误差。

利用平行式粗加工方式加工的刀具路径和仿真加工图形如图 7-19 所示。

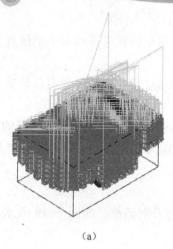
（a）

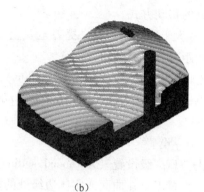
（b）

图 7-19　平行式粗加工的刀具路径和仿真加工

（a）刀具路径图形；（b）仿真加工图形

2. 放射式粗加工

选择菜单"刀具路径（Toolpaths）"→"曲面粗加工（Surface Rough）"→"🌀粗加工放射状加工（Rough Radial Toolpath）"命令，可打开放射式粗加工模组。该模组可用于生成放射式粗加工切削刀具路径。

选择"放射状粗加工参数（Rough Radial Parameters）"选项卡，如图 7-20 所示，有些参数与平行式粗加工选项卡的相同，其他的参数用于设置放射式刀具路径的形式。

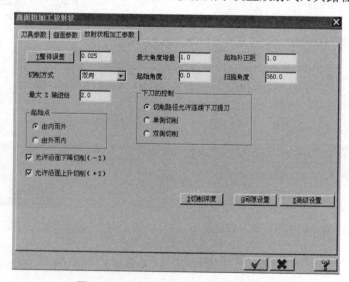

图 7-20　"放射状粗加工参数"选项卡

"曲面粗加工放射状"对话框中的"放射状粗加工参数"选项卡的选项如下。

（1）"起始角度（Start angle）"：用于设置放射式粗加工的起始角，直接输入即可。

（2）"扫描角度（Sweep angle）"：用于设置放射式粗加工刀具路径摆动的角度（0°～360°），如果该值是一个负数，系统将构建一个顺时针的摆动角。

（3）"最大角度增量（Max. Angle increment）"：用于设置放射式粗加工刀具路径中心的各个路径之间的最大角度。

（4）"起始补正距（Start distance）"：用于从用户选择的点补正放射式粗加工刀具路径的中心，若用户输入一个起始的补正值，系统会提示用户在处理刀具路径前需要选取一点。

（5）"起始点（Starting point）"：用于设置刀具路径的起始点以及路径方向。

"由内而外（Start inside）"：刀具路径从下刀点向外切削。

"由外而内（Start outside）"：刀具路径从下刀点的外围边界开始向内切削。

起始角度、扫描角度和偏移距离可直接进行设置，起始中心点位置要在所有参数设置完成后在绘图区进行选择。

利用放射式粗加工方式加工的刀具路径和仿真加工图形如图 7-21 所示。

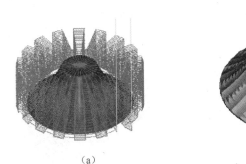

（a）   （b）

图 7-21   放射式粗加工的刀具路径和仿真加工

（a）刀具路径图形；（b）仿真加工图形

3. 投影式粗加工

选择菜单"刀具路径（Toolpaths）"→"曲面粗加工（Surface Rough）"→"粗加工投影加工（Rough Project Toolpath）"命令，可打开投影粗加工模组。

该模组可将已有的刀具路径或几何图像投影到曲面上生成粗加工刀具路径。可以通过"投影粗加工参数（Rough Project Parameters）"选项卡设置该模组的参数，如图 7-22 所示。

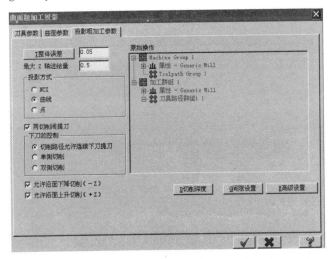

图 7-22   "投影粗加工参数"选项卡

（1）"投影方式（Projection type）"：该选项组的参数用于设置需要指定用于投影的对象。可用于投影的对象包括如下内容。

"NCI"：选择已有的 NCI 文件进行投影，需要在"原始操作（Source Operation）"列表框中选择 NCI 文件。

"曲线（Curves）"：选择已有的曲线进行投影，在关闭该对话框后还要选择用于投影的一组曲线。

"点（Points）"：选择已有的点进行投影，在关闭该对话框后还要选择用于投影的一组点。

（2）"D 切削深度（Cut depths）"：该选项用于从已选择的文档中获得深度，并应用于刀具路径。选择一个 NCI 文件进行投影后，该选项才可用。

利用投影式粗加工方式加工的刀具路径和仿真加工图形如图 7-23 所示。

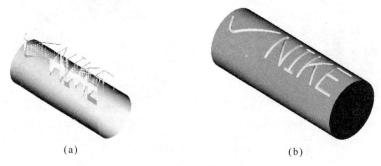

(a)　　　　　　　　　　　　　(b)

图 7-23　投影式粗加工的刀具路径和仿真加工

（a）刀具路径图形；（b）仿真加工图形

4. 流线粗加工

选择菜单"刀具路径（Toolpaths）"→"曲面粗加工（Surface Rough）"→" 粗加工流线加工（Rough Flowline Toolpath）"命令，可打开流线粗加工模组。该模组可以沿曲面流线方向生成粗加工刀具路径。可通过"曲面流线粗加工参数（Rough flowline Parameters）"选项卡来设置该模组的参数，如图 7-24 所示。

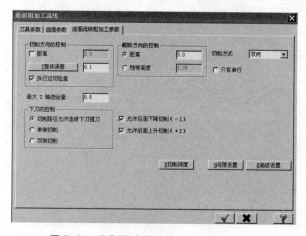

图 7-24　"曲面流线粗加工参数"选项卡

对该选项卡中的参数进行设置与前面模组的设置所不同的是进刀量的设置方法。

1)"切削方向的控制（Cut control）"

"距离（Distance）"：选中该复选框后，可以直接指定进刀量。

"整体误差（Total tolerance settings）"：可以通过设置刀具路径与曲面的误差来计算出进刀量，即在该文本框中指定误差值。单击该按钮打开如图 7-25 所示的对话框，可进行误差值的详细设置。

2)"截断方向的控制（Stepover control）"

"距离（Distance）"：选中该选项并指定进刀量，直接进行设置。

"残脊高度（Scallop height）"：选中该选项并指定残留高度，此时设置残留高度由系统计算出进刀量。

在设置"截断方向的控制（Stepover control）"选项组时，当曲面的曲率半径大或加工精度要求不高时，可使用固定进刀量；当曲面的曲率半径较小或加工精度要求较高时，应采用设置残留高度方式来设定进刀量。

3）Flowline 对话框

在完成了所有参数的设置后单击"确定"按钮，系统打开"曲面流线设置（Flowline Geometry）"对话框，如图 7-26 所示。在绘图区显示出刀具偏移方向、切削方向、每一层中刀具路径的移动方向及刀具路径的起点等。

图 7-25　"整体误差设置"对话框

图 7-26　"曲面流线设置"对话框

"补正方向（Offset）"：该选项用于切换曲面法向和曲面反法向之间的刀具路径补正，如图 7-27 所示。

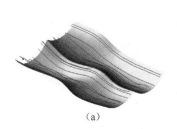

（a）

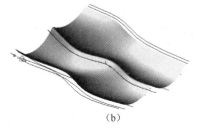

（b）

图 7-27　更改补正方向的效果

（a）与曲面法向同方向；（b）与曲面法向反方向

"切削方向（Cut Direction）"：在纵向和横向之间改变刀具路径，如图 7-28 所示。

图 7-28　更改切削方向的效果

"步进方向（Step Diretion）"：更改每层刀具路径移动的方向，如图 7-29 所示，注意步进箭头的变化。

图 7-29　更改步进方向的效果

"起点位置（Start）"：更改刀具路径的起点，如图 7-30 所示，注意起点位置箭头的变化。

图 7-30　更改起点位置的效果

利用流线粗加工方式加工的刀具路径和仿真加工图形如图 7-31 所示。

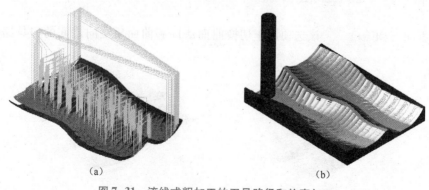

（a）　　　　　　　　　　　　　　（b）

图 7-31　流线式粗加工的刀具路径和仿真加工

（a）刀具路径图形；（b）仿真加工图形

5. 等高线式粗加工

选择"刀具路径（Toolpaths）"→"曲面粗加工（Surface Rough）"→"🖳 粗加工等高外形加工（Rough Contour Toolpath）"命令，可打开等高粗加工模组。该模组可以在同一 Z 值高度执行多次切削操作，沿曲面生成加工路径。可通过"等高外形粗加工参数（Rough contour Parameters）"选项卡设置该模组的参数，如图 7-32 所示。

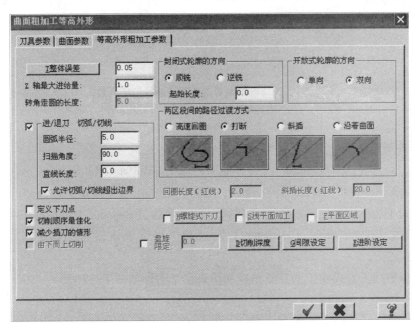

图 7-32　"等高外形粗加工参数"选项卡

（1）"封闭式轮廓的方向（Direction of closed contours）"：该选项组用于封闭外形加工，其铣削方式可设置为顺铣（Conventional）或逆铣（Climb），从中选取一种方法即可。

（2）"开放式轮廓的方向（Direction of open contours）"：该选项组用于开放曲面外形加工，其铣削方式可设置为单向切削（One way）或双向切削（ZigZag）。

（3）"两区段间的路径过渡方式（Transition）"：当移动量小于允许的间隙时，可根据实际情况从 4 个选项中选择一种方法。

（4）"S 浅平面加工（Shallow）"：单击该按钮，打开如图 7-33 所示的"浅平面加工设置（Contour Shallow）"对话框，可在等高外形加工中增加或减少浅平面区域（狭窄区）的刀具路径，以改善浅平面区域的加工质量。

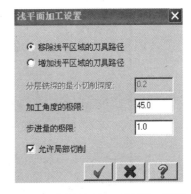

图 7-33　"浅平面加工设置"对话框

利用等高线式粗加工方式加工的刀具路径和仿真加工图形如图 7-34 所示。

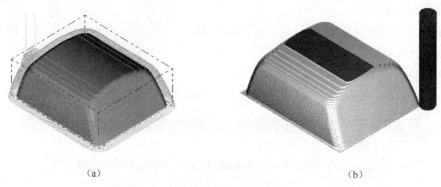

(a)   (b)

图 7-34   等高线式粗加工的刀具路径和仿真加工

(a) 刀具路径图形；(b) 仿真加工图形

6. 残料粗加工

选择"刀具路径（Toolpaths）"→"曲面粗加工（Surface Rough）"→"▣粗加工残料加工（Rough Restmill Toolpath）"命令，可打开残料粗加工模组。该模组参数的设置方法与等高线式粗加工类似，可以通过"残料粗加工参数（Restmill Parameters）"选项卡及"剩余材料参数（Restmaterial Parameters）"选项卡来设置该模组的参数，如图 7-35 和图 7-36 所示。

利用残料粗加工方式加工的刀具路径和仿真加工图形如图 7-37 所示。

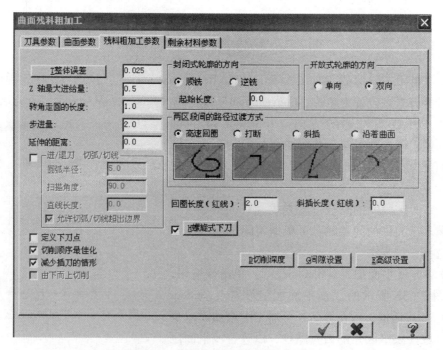

图 7-35   "残料粗加工参数"选项卡

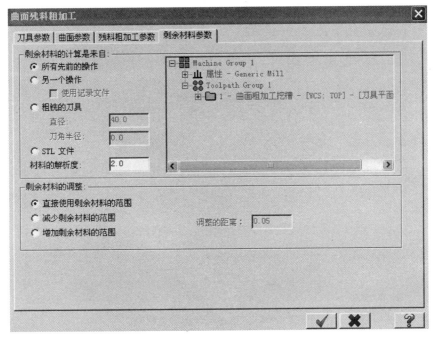

图 7-36 "剩余材料参数"选项卡

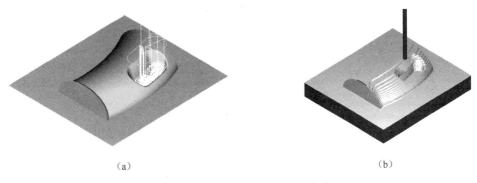

（a）　　　　　　　　　　　　　　　　　（b）

图 7-37　残料粗加工的刀具路径和仿真加工

（a）刀具路径图形；（b）仿真加工图形

7. 挖槽粗加工

选择菜单"刀具路径（Toolpaths）"→"曲面粗加工（Surface Rough）"→"▣粗加工挖槽加工（Rough Pocket Toolpath）"命令，可打开挖槽粗加工模组。该模组通过切削所有位于凹槽边界的材料而生成粗加工刀具路径。可以通过"粗加工参数（Rough Parameters）"选项卡和"挖槽参数（Pocket Parameters）"选项卡来设置该模组的参数，如图 7-38 和图 7-39 所示。

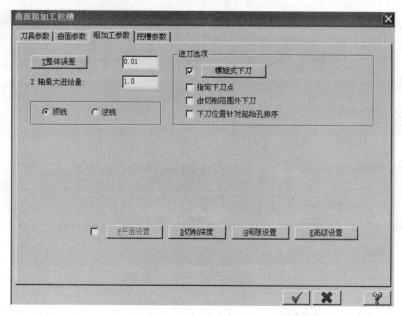

图 7-38 "粗加工参数"选项卡

图 7-39 "挖槽参数"选项卡

挖槽粗加工模组的参数与二维挖槽模组及本章介绍的有关参数设置方法基本相同,可参考前面介绍的方法进行设置。

"由切削范围外下刀(Plunge outside containment boundary)":该选项允许下刀点的位置在刀具中心边界的外面。

利用挖槽粗加工方式加工的刀具路径和仿真加工图形如图 7-40 所示。

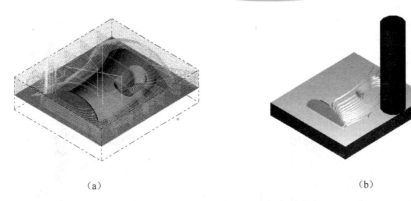

（a）　　　　　　　　　　　　　　　　　（b）

图 7-40　挖槽粗加工的刀具路径和仿真加工
（a）刀具路径图形；（b）仿真加工图形

8. 钻削式下刀粗加工

选择菜单"刀具路径（Toolpaths）"→"曲面粗加工（Surface Rough）"→"▇ 粗加工钻削式加工（Rough Plunge Toolpath）"命令，可打开钻削式下刀粗加工模组。该模组可以用于按曲面外形在 Z 轴方向生成垂直进刀粗加工刀具路径，产生的刀具路径类似一个快速钻削。可以通过"钻削式粗加工参数（Rough Plunge Parameters）"选项卡来设置该模组的参数，如图 7-41 所示。

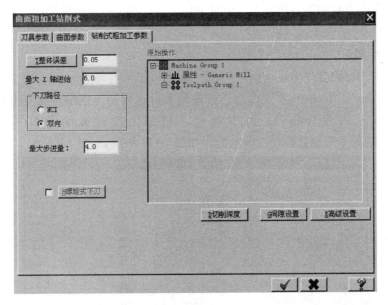

图 7-41　"钻削式粗加工参数"选项卡

该选项卡只有"整体误差"（切削误差）"最大 Z 轴进给"（最大行进刀量）和"最大步进量"（最大层进刀量）3 个参数，其含义和设置方法与前面介绍的相同。

利用钻削式粗加工方式加工的刀具路径和仿真加工图形如图 7-42 所示。

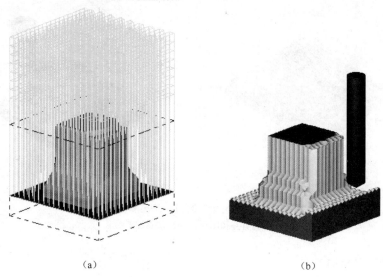

（a） （b）

图 7-42　钻削式粗加工的刀具路径和仿真加工
（a）刀具路径图形；（b）仿真加工图形

7.3.4　曲面精加工方式

曲面精加工用于粗加工后预留加工余量的加工。粗加工后或铸件通过精加工后可以得到准确光滑的曲面。

1. 平行式精加工

选择菜单"刀具路径（Toolpaths）"→"曲面粗加工（Surface Finish）"→"➡ 精加工平行铣削（Parallel Toolpath）"命令，可打开平行式精加工模组。该模组可以用于生成平行切削精加工的刀具路径。可以通过"精加工平行铣削参数（Finish Parallel Parameters）"选项卡来设置该模组的参数，如图 7-43 所示。

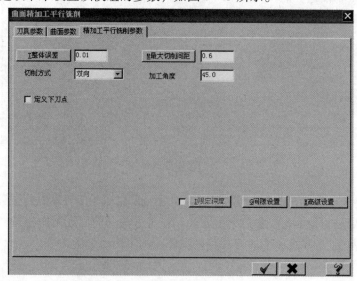

图 7-43　"精加工平行铣削参数"选项卡

"精加工平行铣削参数（Finish Parallel Parameters）"选项卡中各参数的含义与"粗加工平行铣削参数（Rough Plunge Parameters）"选项卡中的相应参数含义相同。由于精加工不进行分层加工，所以没有层进刀量和下刀/提刀方式的设置，同时允许刀具沿曲面上升和下降方向进行切削。

平行式精加工的刀具路径和仿真加工图形如图 7-44 所示。

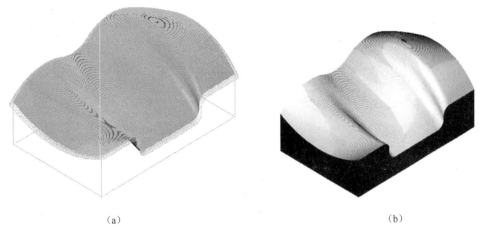

(a)　　　　　　　　　　　　　　　(b)

图 7-44　平行式精加工的刀具路径和仿真加工

（a）刀具路径图形；（b）仿真加工图形

2. 陡斜面式精加工

选择菜单"刀具路径（Toolpaths）"→"曲面精加工（Surface Finish）"→"精加工平行陡斜面（Parallel Steep Toolpath）"命令，可打开陡斜面精加工模组。该模组用于清除曲面斜坡上残留的材料，一般需要与其他精加工模组配合使用。可以通过"陡斜面精加工参数（Finish Parallel Steep Parameters）"选项卡来设置该模组的参数，如图 7-45 所示。

图 7-45　"陡斜面精加工参数"选项卡

（1）"从倾斜角度（From slope angle）"：该文本框用于指定需要进行陡斜精加工区域的最小斜坡度。

（2）"到倾斜角度（To slope angle）"：该文本框用于指定需要进行陡斜面精加工区域的最大斜坡度。系统仅对坡度在最小斜坡度和最大斜坡度之间的曲面进行陡斜面精加工。

（3）"切削方向延伸量（Cut extension）"：该文本框用于指定在切削方向的延伸量。

陡斜面精加工的刀具路径和仿真加工图形如图 7-46 所示。

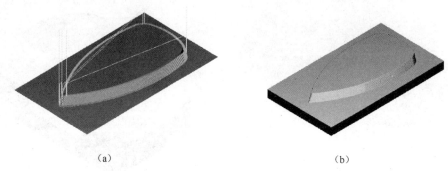

（a）   （b）

图 7-46   陡斜面精加工的刀具路径和仿真加工

（a）刀具路径图形；（b）仿真加工图形

3. 放射状精加工

选择菜单"刀具路径（Toolpaths）"→"曲面精加工（Surface Finish）"→"＠精加工放射状（Radial Toolpath）"命令，可打开放射状精加工模组。该模组可以用于生成放射状的精加工刀具路径。可以通过"放射状精加工参数（Finish radial Parameters）"选项卡来设置一组该模组特有的参数，如图 7-47 所示。

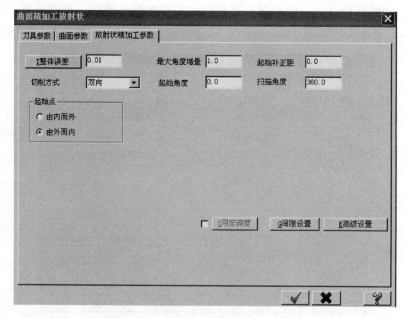

图 7-47   "放射状精加工参数"选项卡

"放射状精加工参数（Finish radial Parameters）"选项卡中各参数的含义与"放射状粗加工参数（Rough radial Parameters）"选项卡中相应的参数含义相同。由于不进行分层加工，所以没有层进刀量、下刀/提刀方式及刀具沿 Z 轴方向移动方式的设置。

放射状精加工的刀具路径和仿真加工图形如图 7-48 所示。

(a)   (b)

图 7-48 放射状精加工的刀具路径和仿真加工

(a) 刀具路径图形；(b) 仿真加工图形

4. 投影式精加工

选择菜单"刀具路径（Toolpaths）"→"曲面精加工（Surface Finish）"→"精加工投影加工（Project Toolpath）"命令，可打开投影精加工模组。该模组可以用于将已有的刀具路径或几何图形投影到所选择的曲面上以生成精加工刀具路径。可以通过"投影精加工参数（Finish Project Parameters）"选项卡来设置一组该模组特有的参数，如图 7-49 所示。

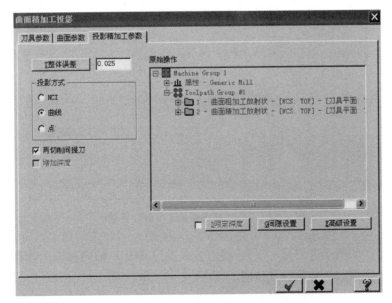

图 7-49 "投影精加工参数"选项卡

该组参数与投影粗加工模组的参数相比，取消了层进刀量、下刀/提刀方式及刀具沿 Z

313

轴方向移动方式参数，增加了"增加深度（Add depths）"复选框。在利用 NCI 文件投影时，选中该复选框，系统则将 NCI 文件的 Z 轴深度作为投影后刀具路径的深度；如果未选中该复选框，则由曲面来决定投影后刀具路径的深度。

投影式精加工的刀具路径和仿真加工图形如图 7-50 所示。

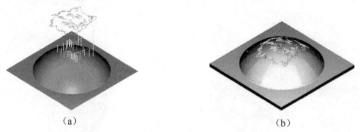

（a） （b）

图 7-50 投影式精加工的刀具路径和仿真加工

（a）刀具路径图形；（b）仿真加工图形

5. 曲面流线式精加工

选择"刀具路径（Toolpaths）"→"曲面精加工（Surface Finish）"→" 精加工流线加工（Flowline Toolpath）"命令，可打开曲面流线精加工模组。该模组可以用于生成流线式精加工刀具路径。可以通过"曲面流线精加工参数（Finish flowline Parameters）"选项卡来设置该模组特有的参数，如图 7-51 所示。

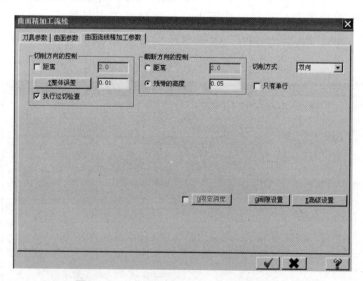

图 7-51 "曲面流线精加工参数"选项卡

该组参数除了取消层进刀量、下刀/提刀方式及刀具沿 Z 轴向移动的参数设置外，其他选项与流线粗加工模组的参数设置相同。

在输入流线式精加工刀具路径后单击"确定"按钮，打开"曲面流线设置"对话框，如图 7-52 所示，其设置方法与流线式粗加工的相同。

曲面流线式精加工的刀具路径和仿真加工图形如图 7-53 所示。

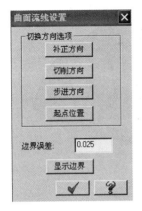

图 7-52 "曲面流线设置"
对话框

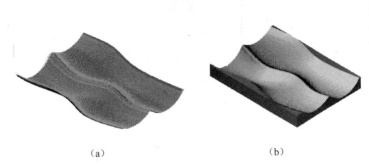

（a）　　　　　　　　　　　（b）

图 7-53 曲面流线式精加工的刀具路径和仿真加工
（a）刀具路径图形；（b）仿真加工图形

6. 等高线式精加工

选择菜单"刀具路径（Toolpaths）"→"曲面精加工（Surface Finish）"→" 精加工等高外形（Contour Toolpath）"命令，可打开等高线式精加工模组。该模组可以用于在曲面上生成等高线式精加工刀具路径。可以通过"等高外形精加工参数（Finish Contour Parameters）"选项卡来设置该模组的参数，如图 7-54 所示。

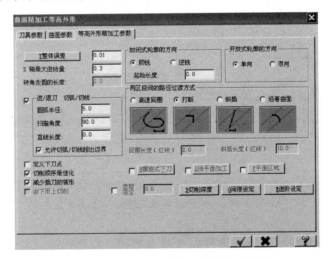

图 7-54 "等高外形精加工参数"选项卡

该组参数的设置方法与等高线式粗加工的参数设置方法完全相同。

采用等高线式精加工时，在曲面的顶部或坡度较小的位置有时不能进行切削，一般可采用浅平面精加工来对这部分的材料进行铣削。

等高线式精加工的刀具路径和仿真加工图形如图 7-55 所示。

7. 浅平面式精加工

选择菜单"刀具路径（Toolpaths）"→"曲面精加工（Surface Finish）"→" 精加工浅平面加工（Shallow Toolpath）"命令，可打开浅平面精加工模组。该模组可以用于清

（a）　　　　　　　　　　　　　　（b）

图 7-55　等高线式精加工的刀具路径和仿真加工

（a）刀具路径图形；（b）仿真加工图形

除曲面坡度较小区域的残留材料，需要与其他精加工模组配合使用，可以通过"浅平面精加工参数（Finish shallow Parameters）"选项卡来设置该模组的参数，如图 7-56 所示。

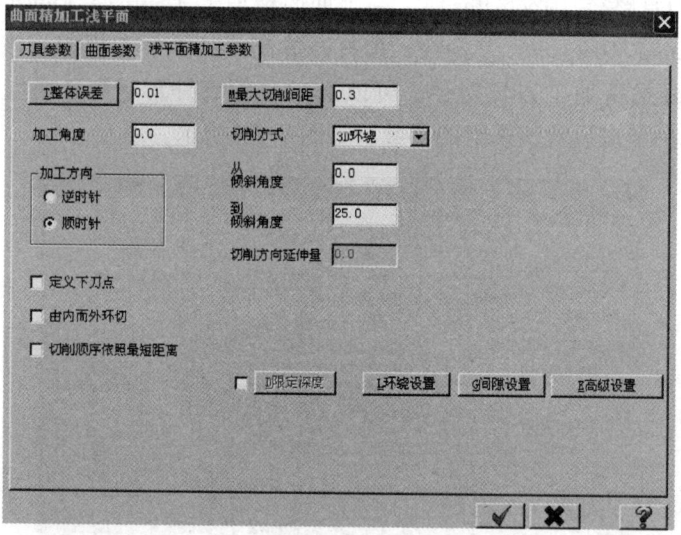

图 7-56　"浅平面精加工参数"选项卡

　　该组参数与陡斜面精加工模组参数设置基本相同，也是通过从倾斜角度（From slope angle）、到倾斜角度（To slope angle）和切削方向延伸量（Cut extension）参数来定义加工区域。但在"切削方式"下拉列表框中增加了"3D 环绕"（3D Collapse）方式，如图 7-57 所示。

　　当选择该方式时，下方的"环绕设置（Collapse）"按钮变成可用状态，可以通过单击该按钮后，在打开的"环绕设置（Collapse settings）"对话框中设置环绕精度的进刀量，百分比值越小，刀具路径就越平滑。对话框如图 7-58 所示。

　　浅平面式精加工的刀具路径和仿真加工图形如图 7-59 所示。

图 7-57　"3D 环绕"切削方式

图 7-58　"环绕设置"对话框

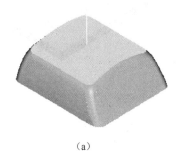

（a）

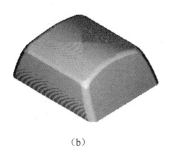

（b）

图 7-59　浅平面式精加工的刀具路径和仿真加工

（a）刀具路径图形；（b）仿真加工图形

8. 交线清角式精加工

选择菜单"刀具路径（Toolpaths）"→"曲面精加工（Surface Finish）"→"精加工交线清角加工（Pencil Toolpath）"命令，可打开交线清角精加工模组。该模组用于清除曲面间交角部分的残留材料，此操作需要与其他精加工模组配合使用。可以通过"交线清角精加工参数（Finish Pencil Parameters）"选项卡来设置一组该模组特有的参数，如图 7-60 所示。

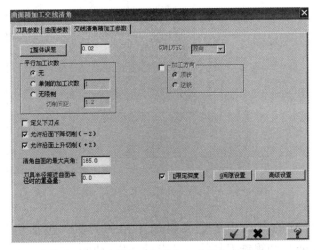

图 7-60　"交线清角精加工参数"选项卡

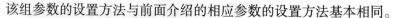
该组参数的设置方法与前面介绍的相应参数的设置方法基本相同。

（1）"允许沿面下降切削（-Z）（Allow negative Z motion along surf）"：该选项用于在下降切削时，允许刀具沿曲面进行切削。

（2）"允许沿面上升切削（+Z）（Allow positive Z motion along surf）"：该选项用于在上升切削时，允许刀具沿曲面进行切削。

交线清角式精加工的刀具路径和仿真加工图形如图7-61所示。

（a）   （b）

图7-61 交线清角式精加工的刀具路径和仿真加工

（a）刀具路径图形；（b）仿真加工图形

9. 残料清角精加工

选择"刀具路径（Toolpaths）"→"曲面精加工（Surface Finish）"→"![精加工残料加工图标]精加工残料加工（Leftover Toolpath）"命令，可打开残料精加工模组。该模组用于清除由大直径刀具加工所造成的残留材料，此操作需要与其他精加工模组配合使用。可以通过"残料清角精加工参数（Finish Leftover Parameters）"选项卡和"残料清角的材料参数（Leftover material Parameters）"选项卡来设置该模组的参数，如图7-62和图7-63所示。

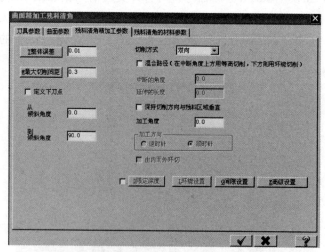

图7-62 "残料清角精加工参数"选项卡

这两个选项卡特有的参数用于定义粗加工用的刀具，包括粗铣刀具的刀具直径（Roughing tool diameter）和粗铣刀具的刀具半径（Roughing corner radius），同时还可以通

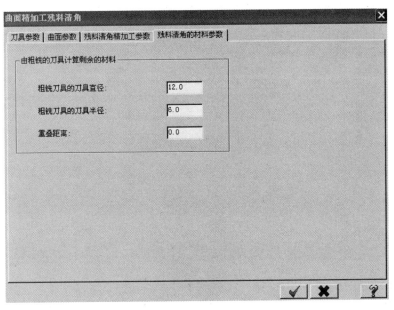

图 7-63　"残料清角的材料参数"选项卡

过指定重叠距离（Overlap）来增大残料精加工的区域。

（1）"粗铣刀具的刀具直径（Roughing tool diameter）"：该参数使用以前的粗加工操作定义刀具直径，残料清角精加工切除余量的刀具直径必须小于粗加工的刀具直径。

（2）"粗铣刀具的刀具半径（Roughing corner radius）"：该参数使用以前的粗加工操作定义刀具刀角半径，系统对精加工刀具刀角半径与粗加工刀具刀角半径进行比较。

残料清角精加工的刀具路径和仿真加工图形如图 7-64 所示。

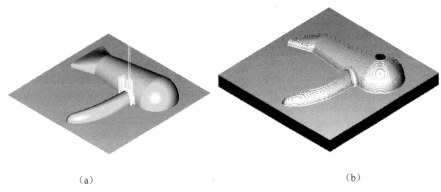

（a）　　　　　　　　　　　　　　　　　　（b）

图 7-64　残料清角精加工的刀具路径和仿真加工

（a）刀具路径图形；（b）仿真加工图形

10. 环绕等距式精加工

选择"刀具路径（Toolpaths）"→"曲面精加工（Surface Finish）"→" 精加工环绕等距加工（Scallop Toolpath）"命令，可打开环绕等距精加工模组。该模组用于生成一组等距环绕工件曲面的精加工刀具路径。可以通过"环绕等距精加工参数（Finish Scallop

Parameters）"选项卡来设置该模组特有的一组参数，如图 7-65 所示。

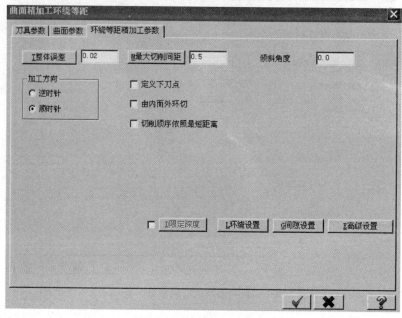

图 7-65 "环绕等距精加工参数"选项卡

该组参数的设置与前面介绍过的相应参数的设置方法相同。

环绕等距式精加工的刀具路径和仿真加工图形如图 7-66 所示。

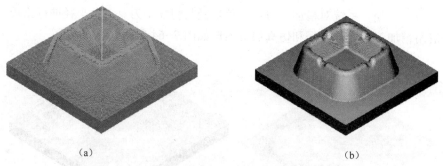

（a） （b）

图 7-66 环绕等距式精加工的刀具路径和仿真加工

（a）刀具路径图形；（b）仿真加工图形

11. 混合式精加工

混合式精加工是 Mastercam X 的新增加工方法。

选择菜单"刀具路径（Toolpaths）"→"曲面精加工（Surface Finish）"→"▦ 精加工混合加工（Blend Toolpath）"命令，可打开混合式精加工模组。该模组用于生成一组横向或纵向的精加工刀具路径。可以通过"熔接精加工参数（Finish Blend Parameters）"选项卡来设置该模组特有的一组参数，如图 7-67 所示。

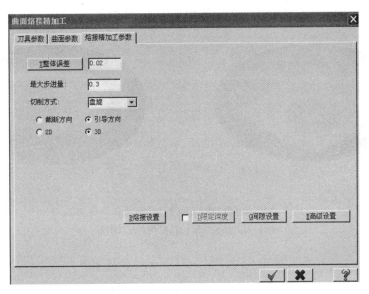

图 7-67　"熔接精加工参数"选项卡

（1）"截断方向（Across）"：生成一组横向刀具路径。

（2）"引导方向（Along）"：生成一组纵向刀具路径。

（3）"2D""3D"（二维/三维）：当选择生成纵向刀具路径时，出现此选项。可选择二维或三维纵向刀具路径。

（4）"熔接设置（B）（Blend）"：当选择生成纵向刀具路径，此按钮变为可用状态。单击此按钮，打开"引导方向熔接设置"对话框，如图 7-68 所示，在该对话框中可进行参数设置。

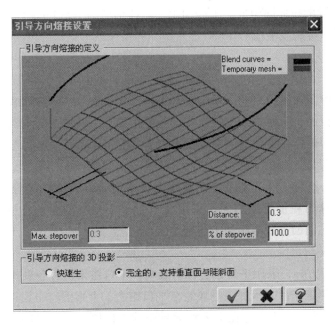

图 7-68　"引导方向熔接设置"对话框

混合式精加工的刀具路径和仿真加工图形如图 7-69 所示。

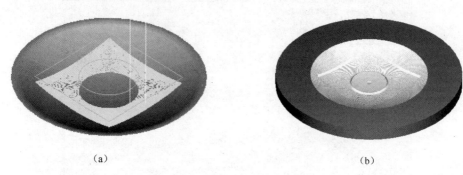

(a)　　　　　　　　　　　　　　　　　　　　(b)

图 7-69　混合式精加工的刀具路径和仿真加工

(a) 刀具路径图形；(b) 仿真加工图形

7.4　项目实施

1. 香皂盒面壳凸模零件工艺分析

1）零件的形状分析

由图 7-1 可知，该零件结构比较简单，上表面四周由 R80、R200 及 R15 圆弧过渡组成。侧面由带 1°拔模斜度的拉伸面组成。下表面由一截线形状为 R150 的扫描面构成。止口四周形状由上表面四周做等距线生成。

2）数控加工工艺设计

由图 7-1 可知，凸模零件所有的结构都能在立式加工中心上一次装夹加工完成。零件毛坯已经在普通机床上加工到尺寸 120 mm×100 mm×40 mm，故只需考虑型芯、分型面和止口部分的加工。数控加工工序中，按照粗加工→半精加工→精加工的步骤进行，为了保证加工质量和刀具正常切削，在半精加工中根据走刀方式的不同做了一些特殊处理。

（1）加工步骤设置。

根据以上分析，制定工件的加工工艺路线为：采用 φ20 直柄波纹立铣刀一次切除大部分余量；采用 φ16 球刀粗加工型芯面；采用 φ16 立铣刀对分型面、止口部位进行精加工；采用 φ10 球刀对型芯曲面进行半精加工与精加工。

（2）工件的装夹与定位。

工件的外形是长方体，采用平口钳定位与装夹。平口钳采用百分表找正，基准钳口与机床 X 轴一致并固定于工作台，预加工毛坯装在平口钳上，上顶面露出钳口至少 22 mm。采用寻边器找出毛坯 X、Y 方向中心点在机床坐标系中的坐标值，作为工件坐标系原点，Z 轴坐标原点设定于毛坯上表面下 2 mm，工件坐标系设定于 G54。

（3）刀具的选择。

工件材料为 40Cr，刀具材料选用高速钢。

（4）编制数控加工工序卡。

综合以上分析，编制数控加工工序卡如表 7-1 所示。

表 7-1　数控加工工序卡

工步号	工步内容	刀具号	刀具规格	主轴转速 /r·min⁻¹	进给速度 /mm·min⁻¹
1	平面挖槽粗加工分型面	T1	φ20 波纹铣刀	360	50
2	平行式铣削粗加工型芯曲面	T2	φ16 球头铣刀	360	50
3	平面挖槽精加工分型面	T3	φ16 普通铣刀	500	100
4	外形铣削精加工止口顶面	T3	φ16 普通铣刀	800	80
5	平行式铣削半精加工型芯曲面	T4	φ10 球头铣刀	800	80
6	平行式铣削精加工型芯曲面	T4	φ10 球头铣刀	1000	150

2. 香皂盒面壳凸模零件造型

1）绘制骨架线

（1）设置工作环境。

Z（工作深度）为 0，颜色为 8，层别为 1，WCS 为 T，刀具平面（Tplane）为 T，构图面（Cplane）为 T，视图（Gview）为 T。

（2）绘制底边骨架线。

① 选择"构图（C）"→"▣ 矩形（R）..."命令，在工作条的 📊 80.0 ▾ 🔧 60.0 ▾ 区域中设定宽度为"80"、高度为"60"，之后单击 🔲 按钮，并以坐标原点作为矩形的中心。

② 选择"构图（C）"→"圆弧（A）"→"◁切弧（T）"命令，在工作条中单击 ⊙ 按钮，单击矩形左边的线，并以中点方式捕捉左边线的中点作为相切点，然后在 ⊙ 80.0 ▾ 🔘 160.0 ▾ 区域中，输入半径为"80"，屏幕上出现多条切线，选择需要的一条，如图 7-70（a）所示；用同样的方法绘制出与矩形上边线相切的圆弧 R200，如图 7-70（b）所示。

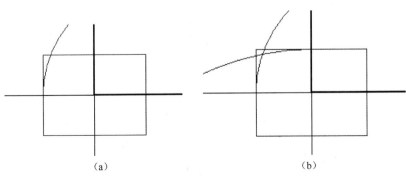

(a)　　　　　　　　　　(b)

图 7-70　绘制相切圆弧

③ 选择"构图（C）"→"倒圆角（F）"→"⌐倒圆角（E）"命令，在工作条的 ⊕ 15.0 ▼ 下拉列表框中设定半径为"15"，其余参数在 ⊓ 正向 ▼ ⌐ 区域中设置，之后选取 *R*80 与 *R*200 的圆弧绘制出如图 7-71（a）所示的圆角。

④ 在工具栏中单击"删除"按钮 ✎，删除多余的矩形边线，然后单击"刷新"按钮 ▨ 刷新屏幕，结果如图 7-71（b）所示。

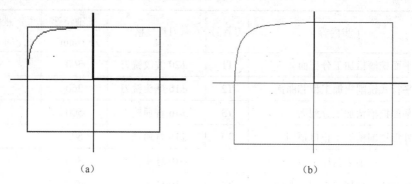

（a）　　　　　　　　　　　（b）

图 7-71　绘制圆角

⑤ 选择"转换（X）"→"镜像（M）..."命令，窗选四分之一底边线，按回车键，在弹出的"镜像选项"对话框中定义 *X* 轴为镜像轴，在镜像对话框中设定为复制方式，可得到二分之一的边线形状，如图 7-72（a）所示。然后，窗选二分之一的边线并定义 *Y* 轴为镜像轴，同样以复制方式镜像出整个底边线，如图 7-72（b）所示。

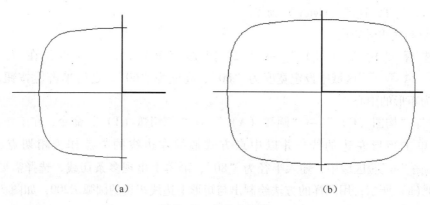

（a）　　　　　　　　　　　（b）

图 7-72　镜像底边线

（3）绘制前面的骨架线。

① 设置构图面为前视构图面，工作深度 Z 为 0。

② 选择"构图（C）"→"圆弧（A）"→"⊕ 圆心+点（C）..."命令，在工作条的 ⊕ 150.0 ▼ ⟷ 300.0 ▼ 区域输入半径为"150"，在坐标输入区域 X 0.0 ▼ Y -132.0 ▼ Z 0.0 ▼ 中输入圆心坐标为（0，-132），绘制出半径为 150 的圆弧。

③ 选择"构图（C）"→"直线（L）"→"↘ 绘制任意线（E）..."命令，依次输入各端点坐标为（-40，0）、（-40，20）和（40，0）、（40，20），绘制出两竖直线，如图 7-73（a）所示。

（4）绘制侧面的骨架线。

① 设置构图面为侧视构图面，工作深度 Z 为 0。

② 选择"构图（C）"→"圆弧（A）"→"⊕ 圆心+点（C）…"命令，依次输入半径为"150"、圆心坐标为（0，-132），绘制出半径为 150 的圆弧。

③ 选择"构图（C）"→"直线（L）"→"↘ 绘制任意线（E）…"命令，依次输入各端点坐标为（30，0）、（30，20）和（-30，0）、（-30，20），绘制出两竖直线，如图 7-73（b）所示。

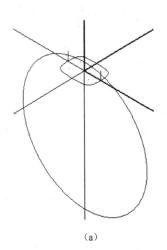
（a）

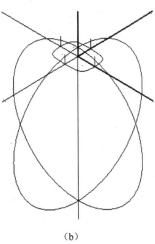
（b）

图 7-73　绘制前面、侧面骨架线

④ 设置构图面为 3D。

⑤ 选择"编辑（E）"→"修剪/打断（T）"→"✂ 修剪/打断（T）"命令，在工作条中单击 ✛ 按钮，依次单击两相交直线和 R150 圆，修剪直线和 R150 圆弧，结果如图 7-74 所示。

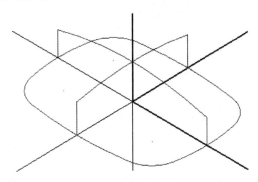

图 7-74　修剪结果

2）绘制基体

（1）绘制扫描曲面。

① 删除 4 条直线。

② 选择"转换（X）"→"⊡ 平移（T）…"命令，平移复制 R150 圆弧从标记为 P_1 的点至标记为 P_2 的点处，如图 7-75 所示。

③ 层别设置为 2。选择"构图（C）"→"绘制曲面（y）"→" ✏ 扫描曲面（S）..."命令，根据提示"扫描曲面：定义 截面方向外形"，选取标记为 P_3 的圆弧；根据提示"扫描曲面：定义 引导方向外形"，选取标记为 P_4 的圆弧。结果如图 7-76 所示。

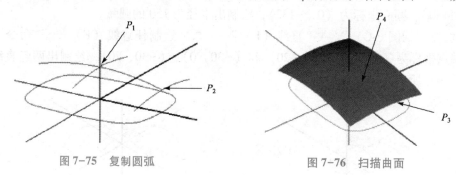

图 7-75　复制圆弧　　　　　　　　　　图 7-76　扫描曲面

（2）绘制基体。

① 层别设置为 3。选择"实体（S）"→" 🔲 挤出（X）..."命令，选取第 1 步所绘的底边线，拉伸方向设置为 Z 轴正方向，按图 7-77 所示设置拉伸实体参数。

② 选择"实体（S）"→" 🔲 修剪（T）..."命令，选择实体后，在弹出的修剪实体对话框中单击"曲面（S）"按钮，选择上步生成的扫描曲面，单击"修剪另一侧（F）"按钮设置实体保留部分（即箭头方向）为 Z 轴负方向，如图 7-78 所示。单击"确定"按钮 ✓ ，结果如图 7-79 所示。注：若修剪不成功，可对曲面进行延伸处理后再操作。

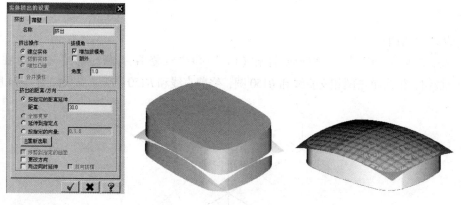

图 7-77　拉伸实体参数设置　　图 7-78　实体保留方向　　图 7-79　实体修剪结果

③ 隐藏曲面。

选择"屏幕（R）"→" 🔲 隐藏图案（B）"命令，选取扫描曲面、$R150$ 顶部边界线进行隐藏。

④ 选择"实体（S）"→"倒圆角（F）"→" 🔲 倒圆角（F）..."命令，选取实体顶部四周边界，按照图 7-80 所示设置参数，倒圆角结果如图 7-81 所示。

3）实体抽壳

选择"实体（S）"→" 🔲 抽壳（h）..."命令，选取底平面为开口面，按照图 7-82 所示设置抽壳参数，之后单击"确定"按钮 ✓ ，抽壳结果如图 7-83 所示。

图 7-80　倒圆角参数设置

图 7-81　实体倒角结果

图 7-82　抽壳参数设置

图 7-83　抽壳结果

4）存档

选择"文件（F）"→"保存文件（S）"命令，弹出"另存为"对话框，在"文件名"文本框中输入香皂盒盖的文件名为"XLANGMU7-1-1"。

5）绘制止口

① 隐藏实体，作底面轮廓骨架线的向内 1 mm 等距线，结果如图 7-84 所示。

项目描述任务
操作视频

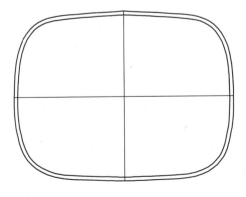

图 7-84　等距线绘制

② 取消实体隐藏。

③ 选择"实体（S）"→"挤出（X）..."命令，串连选取上步所作等距线为拉伸截面，设置拉伸方向朝向实体内部，按照图 7-85 所示设置拉伸参数，并单击"确定"按钮，结果如图 7-86 所示。

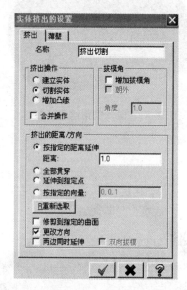

图 7-85　拉伸参数设置

图 7-86　止口生成结果

3. 模具加工曲面、曲线生成

1）生成凸模所用的曲面

图 7-87　凸模曲面

层别设置为 3。根据上步所作的零件实体模型，生成凸模所用曲面。选择"构图（C）"→"绘制曲面（y）"→"由实体产生（a）..."命令，选取肥皂盒面壳实体即可。之后隐藏实体并删除外侧曲面，结果如图 7-87 所示。

2）按照塑料件收缩率放大凸模曲面

选择"转换（X）"→"比例缩放（S）..."命令，窗选所有绘图区对象，按 Enter 键后弹出"比例缩放选项"对话框，然后单击按钮，选择原点为缩放参考点，按照图 7-88 所示设置收缩率参数，并单击"确定"按钮结束。

提示： 塑料根据材料、形状和注塑工艺参数的不同，收缩率有所不同，具体参照相关资料。

3）绘制分型面

设置构图面为俯视图（TOP），Z 轴深度为 0，绘制 120 mm×120 mm 矩形，矩形中心在坐标原点，如图 7-89 所示，并在矩形左侧边中点 P_5 处打断该边。

图7-88 收缩率参数设置

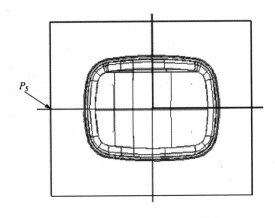

图7-89 分型面边界矩形绘制

然后选择"构图（C）"→"绘制曲面（y）"→"平面修剪..."命令，串连上步所绘矩形和底面边界线内侧等距线作为截面边界，注意串连两个截面边界时都以左端中点作为串连起始点，串连方向一致。之后单击"确定"按钮，生成分型平面，结果如图7-90所示。

图7-90 分型面绘制结果

4）生成止口与曲面相交处边界线

选择"构图（C）"→"曲面曲线（v）"→"指定边界（O）"命令，选择止口顶面与曲面交界边生成曲线。

4. 凸模加工刀具路径生成

1）工件设定

在操作管理器中，单击"材料设置"图标，在弹出的"机器群组属性"对话框中打开"材料设置"选项卡，按照图7-91所示设定工件参数。

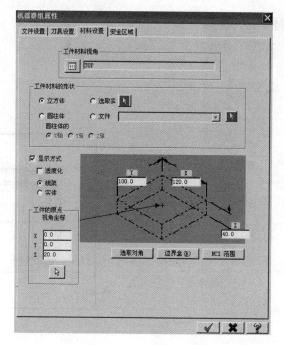

图 7-91　工件参数设定

单击"边界盒（B）"按钮后，工作区零件图形如图 7-92 所示。

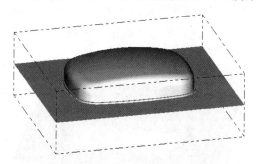

图 7-92　加边界盒后的零件图形

2）粗加工刀具路径生成

（1）粗加工分型面。

采用 $\phi20$ mm 直柄波纹立铣刀粗加工去除大部分余量，预留 1.5 mm 半精和精加工余量。

① 选择菜单"刀具路径"→"██挖槽…"命令，串连选择分型面边界（注意串连两个边界线时都以左端中点作为串连起始点，串连方向一致），单击"确定"按钮✔。

② 打开"刀具参数"选项卡，并按照图 7-93 所示设置刀具参数。

③ 打开"2D 挖槽参数"选项卡，按照图 7-94 所示设置挖槽参数，在"挖槽加工形式"下拉列表框中选择"铣平面（Facing）"选项，单击"铣平面（G）"按钮，按照图 7-95 所示设置铣平面参数。

④ 打开"粗切/精修的参数"选项卡，按照图 7-96 所示设置粗/精加工参数。

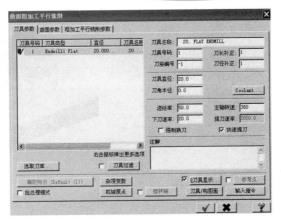

图 7-93　刀具参数设置

　　所有参数设置完毕后，单击"确定"按钮 ✓，生成分型面粗加工刀具路径，如图 7-97 所示，模拟切削结果如图 7-98 所示。

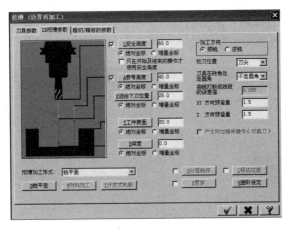

图 7-94　挖槽参数设置

图 7-95　铣平面参数设置

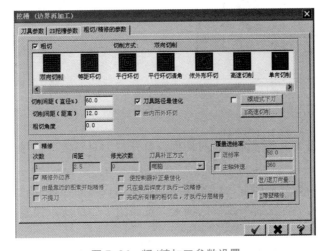

图 7-96　粗/精加工参数设置

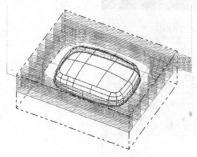

图 7-97 分型面粗加工刀具路径生成

图 7-98 模拟切削结果

（2）粗加工型芯面。

采用 φ16 mm 直柄球头铣刀粗加工去除大部分余量，预留 1.5 mm 半精和精加工余量。

① 选择菜单"刀具路径"→"曲面粗加工"→"▄粗加工平行铣削加工"命令，在弹出的"选取工件的形状"对话框中，选中"凸"单选按钮，单击"确定"按钮✓后，在"选取加工曲面"提示下，调整视角为俯视图，如图 7-99 所示，窗选型芯曲面（即除分型平面外的曲面），按回车键，弹出"刀具路径的曲面选取"对话框如图 7-100 所示。在"干涉曲面"区域单击▨按钮，选择分型面作为干涉检查面，设定干涉面预留量为 1.5 mm。

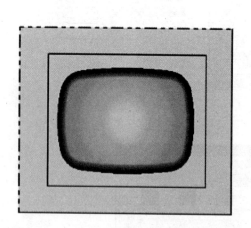

图 7-99 窗选型芯曲面

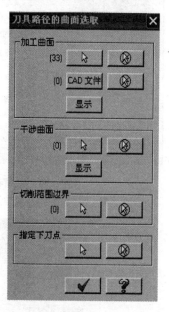

图 7-100 "刀具路径的曲面选取"对话框

② 弹出"曲面粗加工平行铣削"对话框，打开"刀具参数"选项卡，并按照图 7-101 所示设置刀具参数。

③ 打开"曲面参数"选项卡，按照图 7-102 所示设置曲面参数。

④ 打开"粗加工平行铣削参数"选项卡，按照图 7-103 所示设置曲面平行铣削粗加工参数。

⑤ 参数设置完毕后，单击"确定"按钮✓，加工模拟效果如图 7-104 所示。

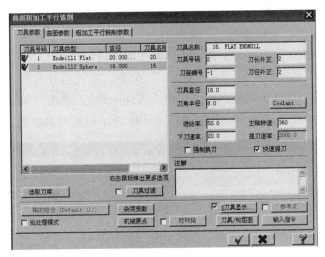

图 7-101　刀具参数设置

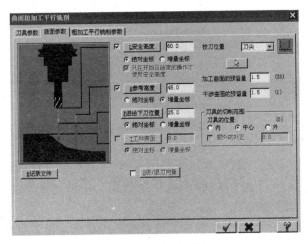

图 7-102　曲面参数设置

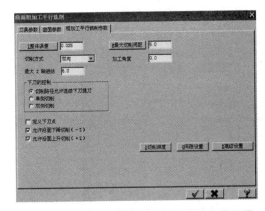

图 7-103　曲面平行铣削粗加工参数设置

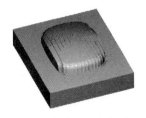

图 7-104　加工模拟效果

3）精加工刀具路径生成

（1）精加工分型面、止口侧面。

采用 φ16 mm 直柄立铣刀对分型面、止口侧面部位进行精加工。

① 选择菜单"刀具路径"→" 挖槽..."命令，串连选择分型面边界（注意串连两个边界线时都以左端中点作为串连起始点，串连方向一致），单击"确定"按钮 。

② 打开"刀具参数"选项卡，并按照图 7-105 所示设置刀具参数。

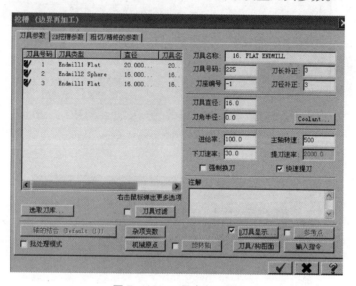

图 7-105　刀具参数设置

③ 打开"2D 挖槽参数"选项卡，按照图 7-106 所示设置挖槽参数，在"挖槽加工形式"下拉列表框中选择"铣平面（Facing）"选项，单击"铣平面（G）"按钮，按照图 7-95 所示设置铣平面参数。

④ 打开"粗切/精修的参数"选项卡，按照图 7-107 所示设置粗/精加工参数。

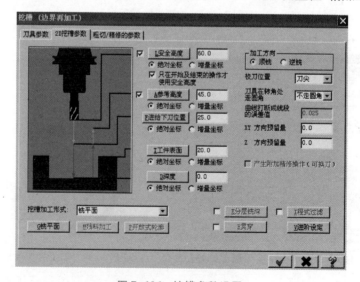

图 7-106　挖槽参数设置

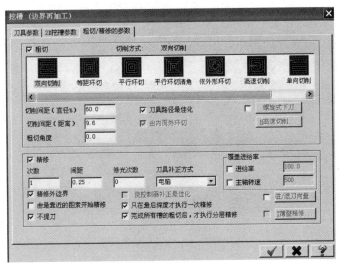

图 7-107　粗/精加工参数设置

（2）精加工止口顶面。

采用 φ16 mm 直柄立铣刀轮廓铣削方式加工。

① 选择菜单"刀具路径"→" 外形铣削..."命令，串连止口与曲面相交处的边界线，单击"确定"按钮 ，弹出"外形（2D）"对话框。

② 打开"刀具参数"选项卡，并按照图 7-108 所示设置刀具参数。

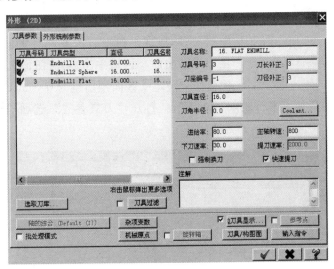

图 7-108　刀具参数设置

③ 打开"外形铣削参数"选项卡，按照图 7-109 所示设置外形铣削参数，其中" 进/退刀向量"选项采用默认设置即可。参数设置完毕后单击"确定"按钮 ，切削模拟效果如图 7-110 所示。

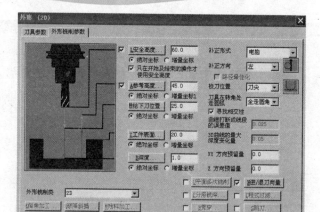

图 7-109 外形铣削参数设置

图 7-110 切削模拟效果

（3）半精加工型芯曲面。

采用 φ10 mm 直柄球头铣刀半精加工，预留 0.2 mm 精加工余量。

① 选择菜单"刀具路径"→"曲面精加工"→"═ 精加工平行铣削"命令，在弹出的"选取工件的形状"对话框中选中"凸"单选按钮，单击"确定"按钮 ✓ 后，在"选取加工曲面"提示下，调整视角为俯视图，如图 7-99 所示，窗选型芯曲面（即除分型平面外的曲面），按回车键，弹出"刀具路径的曲面选取"对话框。在"干涉曲面"区域单击 ↳ 按钮，选择分型面作为干涉检查面，设定干涉面预留量为 0.5 mm。

② 弹出"曲面精加工平行铣削"对话框，打开"刀具参数"选项卡并按照图 7-111 所示设置刀具参数。

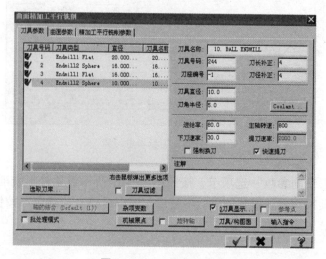

图 7-111 刀具参数设置

③ 打开"曲面参数"选项卡，按照图 7-112 所示设置曲面参数。

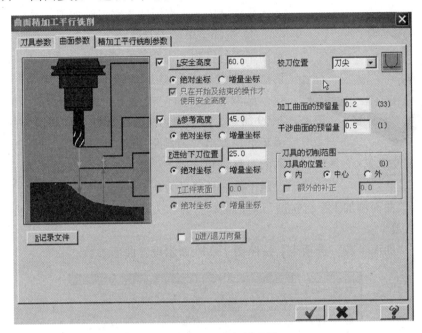

图 7-112　曲面参数设置

④ 打开"精加工平行铣削参数"选项卡，按照图 7-113 所示设置曲面平行铣削精加工参数。

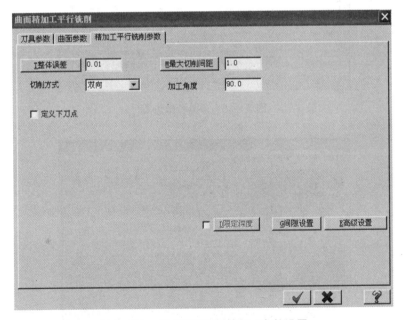

图 7-113　曲面平行铣削精加工参数设置

⑤ 参数设置完毕后，单击"确定"按钮 ✓ ，加工模拟效果如图 7-114 所示。

图 7-114　加工模拟效果

（4）精加工型芯曲面。

采用 φ10 mm 直柄球头铣刀精加工。

① 选择菜单"刀具路径"→"曲面精加工"→"═ 精加工平行铣削"命令，在弹出的"选取工件的形状"对话框中选中"凸"单选按钮，单击"确定"按钮 ✓ 后，在"选取加工曲面"提示下，调整视角为俯视图，如图 7-99 所示，窗选型芯曲面（即除分型平面外的曲面），按回车键，弹出"刀具路径的曲面选取"对话框。在"干涉曲面"区域单击 ▷ 按钮，选择分型面作为干涉检查面，设定干涉面预留量为 0.5 mm。

② 弹出"曲面精加工平行铣削"对话框，打开"刀具参数"选项卡并按照图 7-115 所示设置刀具参数。

③ 打开"曲面参数"选项卡，按照图 7-116 所示设置曲面参数。

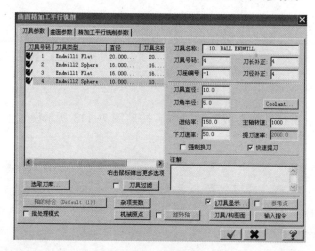

图 7-115　刀具参数设置

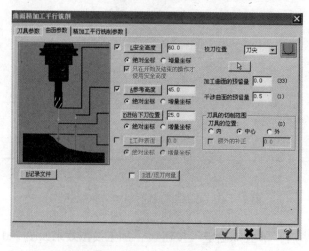

图 7-116　曲面参数设置

④ 打开"精加工平行铣削参数"选项卡，按照图 7-117 所示设置曲面平行铣削精加工参数。

⑤ 参数设置完毕后，单击"确定"按钮 ✓，加工模拟效果如图 7-118 所示。

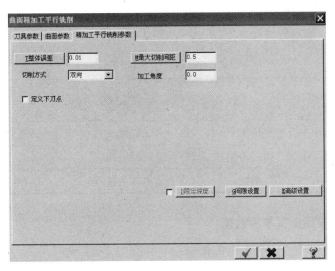

图 7-117 曲面平行铣削精加工参数设置

图 7-118 加工模拟效果

4）后处理

刀具切削路径经验证无误后，在操作管理器中，单击"G1"按钮执行刀具路径的后置处理，具体操作要求见项目 6。

项目描述任务
操作视频

5）加工操作

利用机床数控系统网络传输功能把 NC 程序传入数控装置存储器中，或者使用 DNC 方式进行加工。操作前把所有刀具按照编号装入刀库，并把对刀参数存入相应位置，经过空运行等方式验证后即可加工。

5. 香皂盒面壳模凹模加工工艺分析

数控加工工艺设计由图 7-1 可知，凹模零件所有的结构都能在立式加工中心上一次装夹加工完成。零件毛坯已经在普通机床上加工到尺寸 120 mm×100 mm×40 mm，故只需考虑型腔部分的加工。数控加工工序中，按照粗加工—半精加工—精加工的步骤进行。

1）加工步骤设置

根据以上分析，制定工件的加工工艺路线为：采用 $\phi16$ mm 直柄键槽立铣刀一次切除大部分余量；采用 $\phi16$ mm 球刀进行半精加工；最后采用 $\phi10$ mm 球刀进行光刀加工。

2）工件的装夹与定位

工件的外形是长方体，采用平口钳定位与装夹。平口钳采用百分表找正，基准钳口与机床 X 轴一致并固定于工作台上，预加工毛坯装在平口钳上。采用寻边器找出毛坯 X、Y 方向中心点在机床坐标系中的坐标值，作为工件坐标系原点，Z 轴坐标原点设定于毛坯上表面下 2 mm 处，工件坐标系设定于 G55。

3）刀具的选择

工件材料为 40 Cr，刀具材料选用高速钢。

4）编制数控加工工序卡

综合以上分析，编制数控加工工序卡如表 7-2 所示。

表 7-2 数控加工工序卡

工步号	工步内容	刀具号	刀具规格	主轴转速 /(r·min⁻¹)	进给速度 /(mm·min⁻¹)
1	平行式铣削粗加工型腔曲面	T1	$\phi16$ 键槽铣刀	360	50
2	平行式铣削半精加工型腔曲面	T2	$\phi16$ 球头铣刀	500	80
3	平行式铣削精加工型腔曲面	T3	$\phi10$ 球头铣刀	1 000	120

6. 香皂盒面壳模型凹模零件造型

1）原型零件的生成

打开之前生成的香皂盒面壳实体模型。

2）模具加工曲面生成

（1）生成凹模零件所用曲面。

根据上步所作的零件实体模型，生成凹模零件所用曲面。

层别 1、2、3 设置及所绘图形同前，在此层别设置为 4。选择"构图（C）"→"绘制曲面（y）"→"田由实体产生（a）..."命令，选取肥皂盒面壳实体即可。之后隐藏实体并删除内侧曲面，结果如图 7-119 所示。

（2）按照塑料件收缩率放大凹模曲面。

选择"转换（X）"→"田比例缩放（S）..."命令，窗选所有绘图区对象，按回车键后弹出"比例缩放选项"对话框，然后单击按钮🕂，选择原点为缩放参考点，按照图 7-120 所示设置收缩率参数，并单击"确定"按钮✔结束。

图 7-119 凹模曲面

图 7-120 收缩率参数设置

（3）改变原点位置。

调整构图面为前视图，选择命令，窗选所有绘图区对象，选择后单击"确定"按钮，然后选择 X 轴作为镜像轴，按照图 7-121 所示设置镜像参数，镜像后结果如图 7-122 所示。

7. 凹模加工刀具路径生成

项目描述任务
操作视频

1）工件设定

在操作管理器中，单击"◆材料设置"图标，在弹出的"机器群组属性"对话框中选择"材料设置"选项卡，按照图 7-123 设定工件参数。

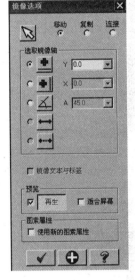

图 7-121　镜像参数设置

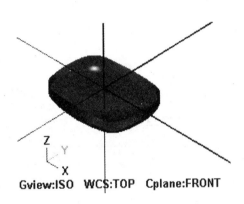

Gview:ISO　WCS:TOP　Cplane:FRONT

图 7-122　镜像结果

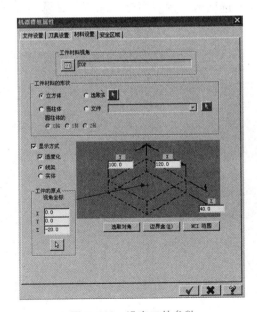

图 7-123　设定工件参数

2）粗加工刀具路径生成

采用 φ16 mm 直柄键槽铣刀粗加工去除大部分余量，预留 1.5 mm 半精和精加工余量。

（1）选择菜单"刀具路径"→"曲面粗加工"→"粗加工平行铣削加工"命令，在弹出的"选取工件的形状"对话框中选中"凸"单选按钮，单击"确定"按钮后，在"选取加工曲面"提示下，调整视角为俯视图，窗选型腔曲面，按回车键，弹出"刀具路径的曲面选取"对话框，单击"确定"按钮。

（2）弹出"曲面粗加工平行铣削"对话框，打开"刀具参数"选项卡，并按照图 7-124 所示设置刀具参数。

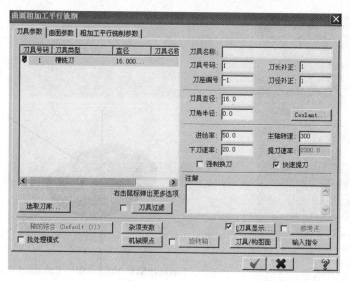

图 7-124　刀具参数设置

（3）打开"曲面参数"选项卡，按照图 7-125 所示设置曲面参数，其中，"进/退刀向量"对话框设置如图 7-126 所示。

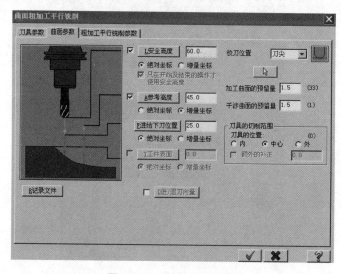

图 7-125　曲面参数设置

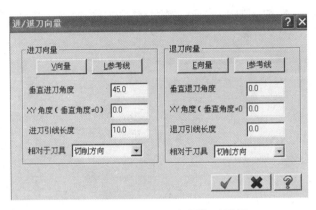

图 7-126　"进/退刀向量"对话框

（4）打开"粗加工平行铣削参数"选项卡，按照图 7-127 所示设置曲面平行铣削粗加工参数。

（5）参数设置完毕后，单击"确定"按钮 ✓，加工模拟效果如图 7-128 所示。

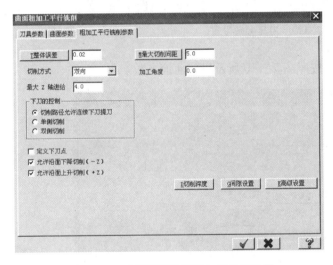

图 7-127　曲面平行铣削粗加工参数设置

图 7-128　加工模拟效果

3）半精加工刀具路径生成

采用 φ16 mm 直柄球头铣刀半精加工，预留 0.5 mm 精加工余量。

（1）选择菜单"刀具路径"→"曲面精加工"→"═ 精加工平行铣削"命令，在弹出的"选取工件的形状"对话框中，选中"凸"单选按钮，单击"确定"按钮 ✓ 后，在"选 取加工曲面"提示下，调整视角为俯视图，窗选型腔曲面，按回车键，弹出"刀具路径的曲面选取"对话框，单击"确定"按钮 ✓。

（2）弹出"曲面精加工平行铣削"对话框，打开"刀具参数"选项卡，并按照图 7-129 所示设置刀具参数。

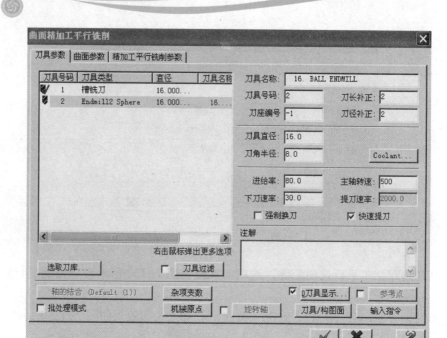

图 7-129　刀具参数设置

（3）打开"曲面参数"选项卡，按照图 7-130 所示设置曲面参数。

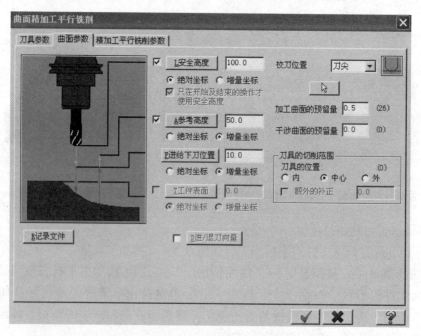

图 7-130　曲面参数设置

（4）打开"精加工平行铣削参数"选项卡，按照图 7-131 所示设置曲面平行铣削精加工参数。

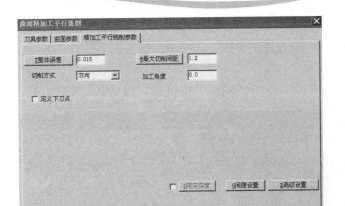

图 7-131　曲面平行铣削精加工参数设置

（5）参数设置完毕后，单击"确定"按钮 ，加工模拟效果如图 7-132 所示。

4）精加工型腔曲面

采用 φ10 mm 直柄球头铣刀精加工。

（1）选择菜单"刀具路径"→"曲面精加工"→
"≡精加工平行铣削"命令，在弹出的"选取工件的形
状"对话框中，选中"凸"单选按钮，单击"确定"按
钮 后，在"选取加工曲面"提示下，调整视角为俯视
图，窗选型腔曲面，按回车键，弹出"刀具路径的曲面
选取"对话框，单击"确定"按钮 。

（2）弹出"曲面精加工平行铣削"对话框，打开
"刀具参数"选项卡，并按照图 7-133 所示设置刀具参数。

图 7-132　加工模拟效果

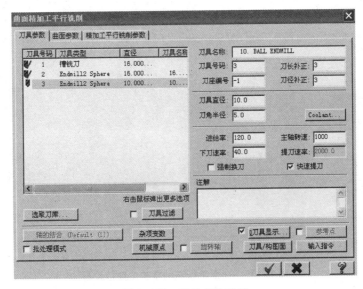

图 7-133　刀具参数设置

（3）打开"曲面参数"选项卡，按照图 7-134 所示设置曲面参数。

（4）打开"精加工平行铣削参数"选项卡，按照图 7-135 所示设置曲面平行铣削精加工参数。

（5）参数设置完毕后，单击"确定"按钮 ✓，加工模拟效果如图 7-136 所示。

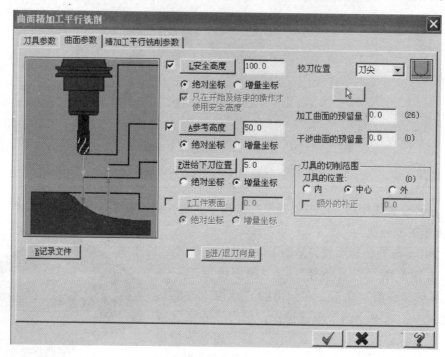

图 7-134 曲面参数设置

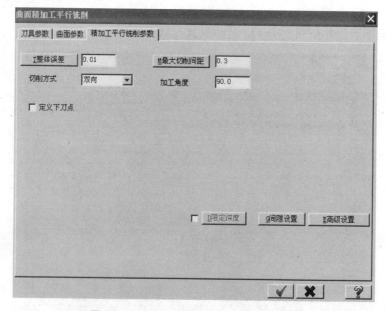

图 7-135 曲面平行铣削精加工参数设置

图 7-136　加工模拟效果

5）加工操作

执行后处理操作，把生成的 NC 程序传入数控机床，经过验证加工无误后即可进入实际加工操作。

项目描述任务
操作视频

7.5　项目评价（见表 7-3）

表 7-3　项目实施评价表

序号	检测内容与要求	分值	学生自评（25%）	小组评价（25%）	教师评价（50%）
1	学习态度	5			
2	安全、规范、文明操作	5			
3	能对香皂盒面壳凸模零件进行加工工艺分析，并编制数控加工工艺卡片	10			
4	能对香皂盒面壳凸模零件进行造型	10			
5	能生成凸模加工所需要的曲面、曲线	5			
6	能规划凸模粗、精加工刀具路径，并进行仿真模拟	10			
7	能对香皂盒面壳凹模零件进行加工工艺分析，并编制数控加工工艺卡片	10			
8	能对香皂盒面壳凹模零件进行造型	10			

序号	检测内容与要求	分值	学生自评 （25%）	小组评价 （25%）	教师评价 （50%）
9	能生成凹模加工所需要的曲面	5			
10	能规划凹模粗、精加工刀具路径，并进行仿真模拟	10			
11	能对香皂盒面壳凸、凹模零件后置处理生成数控加工 NC 程序	5			
12	项目任务实施方案的可行性，完成的速度	5			
13	小组合作与分工	5			
14	学习成果展示与问题回答	5			
总分		100	合计：		
问题记录和解决方法	记录项目实施中出现的问题和采取的解决方法				

7.6 项目总结

  机械加工中经常会加工一些模具和模型，模具和模型中包含大量的曲面加工。数控机床加工的特点之一是能够准确加工具有三维曲面形状的零件，使用 Mastercam X 中的三维曲面加工系统可以生成三维刀具加工路径，以产生数控机床的控制指令。

  通过本项目的学习，可以非常熟练地掌握以下内容：

  （1）曲面加工模组有其通用的曲面加工参数，也有各曲面粗加工模组、曲面精加工模组的专用加工参数。大多数曲面加工都需要通过粗加工与精加工来完成。

  （2）Mastercam X 三维曲面加工的加工类型很多，系统提供了 8 种粗加工类型和 11 种精加工类型，读者应能综合应用这些功能指令。

7.7　项目拓展

1. 典型凸模零件 CAM 加工（模型文件见图 7-137 所示）

1）分析图形

（1）单击工具栏上的"等角视图"按钮 ⊗，查看 Mastercam X 软件窗口左下角的状态为"Gview：ISO WCS：TOP T/Cplane：TOP"。

（2）选择"分析（A）（Analyze）"→"🔧两点间距（D）...（Analyze Distance）"命令，分析曲面的长度范围，选择底部平面区域边线 L_1、L_3，弹出"分析距离"对话框，得出底部平面长度为 150，如图 7-138 所示。用同样的方法选择 L_2、L_4，获得底部平面区域宽度为 115。分析凹槽尺寸，可作为选择刀具尺寸的依据。

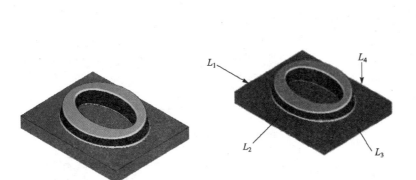

图 7-137　凸模

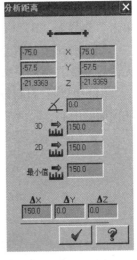

图 7-138　分析距离

（3）选择"分析（A）（Analyze）"→"🔧动态分析（V）...（Analyze Dynamic）"命令，移动光标选择模型底部圆角，从而得出圆角半径为 2，如图 7-139 所示。

（4）单击凹槽底部，为平面区域，弹出如图 7-140 所示的对话框，分析完毕后单击"确定"按钮 ✓。

分析零件模型是规划刀具路径的基础。为了对模型结构有一个比较全面的认识，用户还可以对模型的其他数据进行测量。

2）确定毛坯和对刀点

（1）选择"机应类型（M）（Machine Type）"→"铣削（M）（Mill）"→"默认（D）（Default）"命令，选择默认铣床。

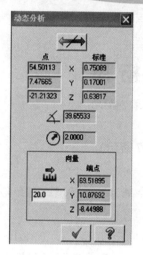

图 7-139 "动态分析"对话框（一）

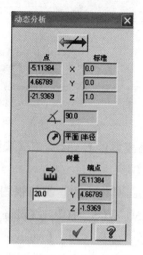

图 7-140 "动态分析"对话框（二）

（2）在操作管理器中的"山属性· Generic Mill"选项下单击"◇材料设置"（工件设置）（Stock Setup）图标，弹出"机器群组属性（Machine Group Properties）"对话框，单击"边界盒（B）（Bounding Box）"按钮。

（3）弹出"边界盒选项（Bounding Box）"对话框，设置参数如图 7-141 所示，对照无误后单击"确定"按钮✓。

（4）回到"材料设置（Stock Setup）"选项卡，修改 Z 向尺寸为 38，工件原点位于毛坯顶面的中心，取消工件显示命令，如图 7-142 所示，对照无误后单击"确定"按钮✓。

图 7-141 "边界盒选项"对话框

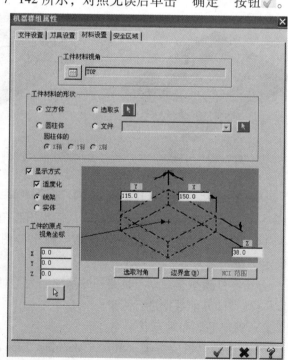

图 7-142 "材料设置"选项卡

3）规划刀具路径

根据模型文件及分析结果，凸模加工刀具路径划分为 5 个刀具路径，分别为平面式挖槽加工、三维曲面挖槽粗加工、等高外形精加工、混合式加工和外形铣削。

（1）平面式挖槽加工。

① 选择菜单"刀具路径（Toolpaths）"→"挖槽…（Pocket Toolpath）"命令，弹出"串连"对话框，用串连方式选择图 7-143 中的挖槽边界 C_1 和 C_2，选择完毕后单击"确定"按钮。

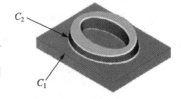

图 7-143 挖槽加工边界

② 弹出"挖槽（标准挖槽）"对话框，在"刀具参数"选项卡中单击"刀具管理器（M）（MIIL_ MM）"按钮，弹出"刀具管理器"对话框。在此对话框中单击"过滤设置…（F）"按钮，弹出"刀具过滤设置"对话框，设置刀具过滤类型为平底铣刀，如图 7-144 所示，设置完毕后单击"确定"按钮。

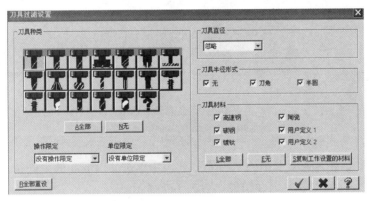

图 7-144 "刀具过滤设置"对话框

③ 在"刀具管理器"对话框中移动光标选择 $\phi12$ mm 的平底铣刀，如图 7-145 所示，选择完毕后单击"确定"按钮。

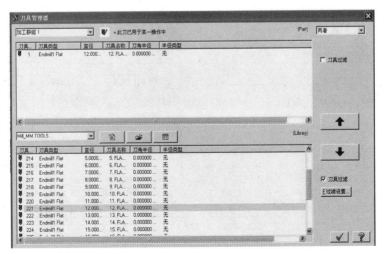

图 7-145 "刀具管理器"对话框

④ 在刀具状态栏内双击 φ12 mm 的平底铣刀,弹出"定义刀具-加工群组 1"对话框,在"Endmill1 Flat"(平底铣刀几何参数)选项卡中,修改刀号为 1,在"参数"选项卡中,修改各参数如图 7-146 所示。

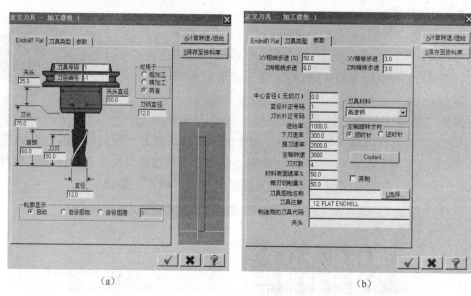

(a)　　　　　　　　　　　　　　　(b)

图 7-146　定义刀具对话框

(a) Endmill1 Flat 选项卡;(b)"参数"选项卡

⑤ 在"刀具参数"选项卡中的"刀具"列表中单击 φ12 mm 的平底铣刀,将设置的刀具参数传递到刀具路径参数栏内,结果如图 7-147 所示。

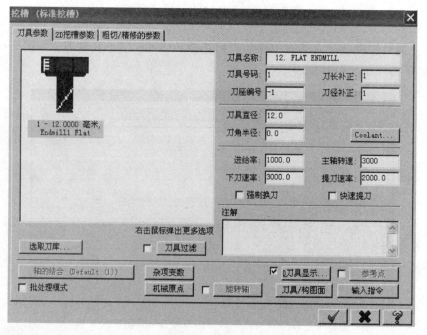

图 7-147　刀具参数选项卡

⑥ 选择"2D 挖槽参数"选项卡，设置挖槽参数如图 7-148 所示。

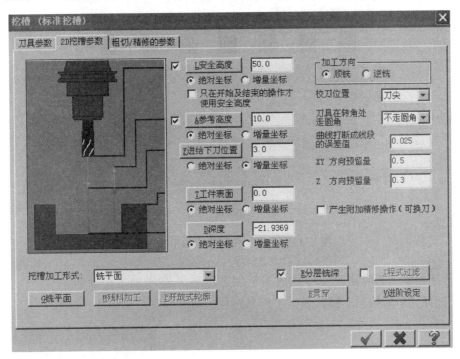

图 7-148 "2D 挖槽参数"选项卡

⑦ 选中"分层铣深"复选框，单击"分层铣深（E）"按钮，设置深度切削参数如图 7-149 所示。

⑧ 单击"G 铣平面"按钮，弹出"面加工"对话框，设置面加工参数如图 7-150 所示，设置完毕后单击"确定"按钮✓。

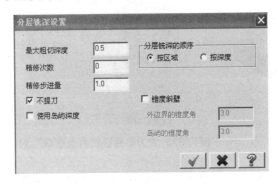

图 7-149 "分层铣深设置"对话框

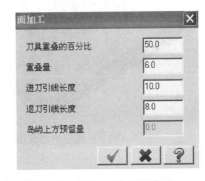

图 7-150 "面加工"对话框

⑨ 选择"粗切/精修的参数"选项卡，设置各参数如图 7-151 所示。

⑩ 单击"确定"按钮✓，生成刀具路径，如图 7-152 所示。

（2）三维曲面挖槽粗加工。

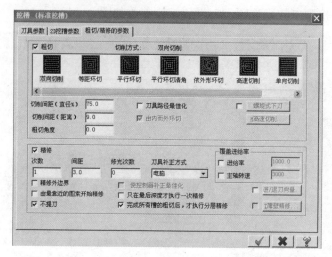

图 7-151 "粗切/精修的参数"选项卡

① 选择菜单"刀具路径"→"曲面粗加工"→" ▨ 粗加工挖槽加工"命令，窗选所有曲面，选择完毕后按回车键，弹出"刀具路径的曲面选取"对话框，如图 7-153 所示。

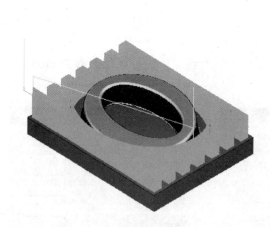

图 7-152 平面挖槽刀具路径

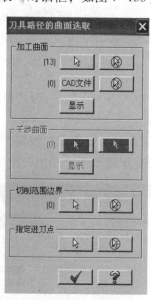

图 7-153 "刀具路径的曲面选取"对话框

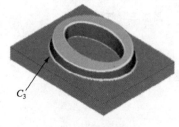

图 7-154 切削边界

② 在"切削范围边界"区域中单击 ▷ 按钮，弹出"串连选项"对话框，用串连方式选择如图 7-154 所示的切削边界 C_3，选择完毕后单击"确定"按钮 ✓。

③ 弹出"曲面粗加工挖槽"对话框，选择一把 $\phi 10$ mm 的圆鼻刀，圆角半径为 2，刀具相关参数设置方法同前，结果如图 7-155 所示。

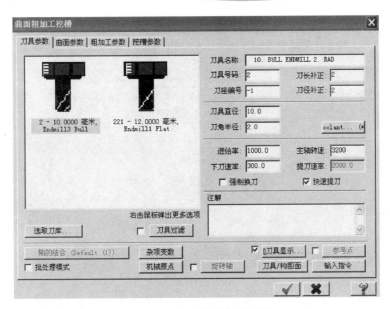

图 7-155 "刀具参数"选项卡

④ 设置"曲面参数"选项卡如图 7-156 所示。

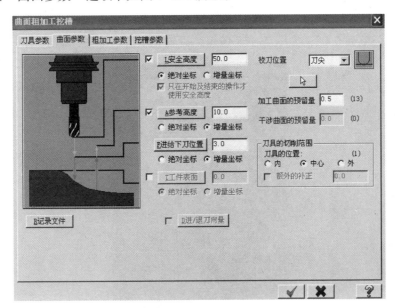

图 7-156 "曲面参数"选项卡

⑤ 设置"粗加工参数"选项卡如图 7-157 所示。

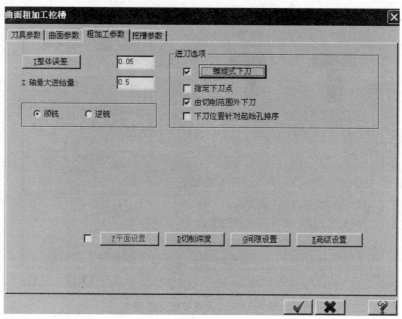

图 7-157 "粗加工参数"选项卡

⑥ 单击"整体误差（T）"按钮，弹出"整体误差设置"对话框，设置各参数过滤比例为 2：1，总公差为 0.05，如图 7-158 所示，设置完毕后，单击"确定"按钮✔。

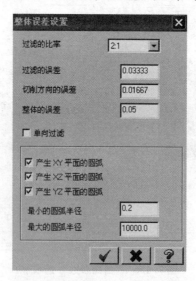

图 7-158 "整体误差设置"对话框

⑦ 选中"螺旋式下刀"按钮前的复选框，单击此按钮，弹出"螺旋/斜插式下刀参数"对话框，在"螺旋式下刀"选项卡中，设置螺旋下刀参数如图 7-159 所示，设置完毕后单击"确定"按钮✔。

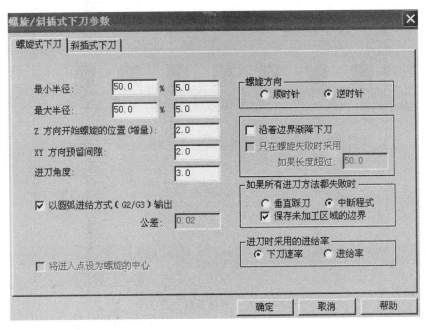

图 7-159 "螺旋/斜插式下刀参数"对话框

⑧ 单击"切削深度（D）"按钮，弹出"切削深度的设定"对话框，设置深度加工参数，如图 7-160 所示，并单击"侦测平面（A）"按钮，设置完成后单击"确定"按钮✔。

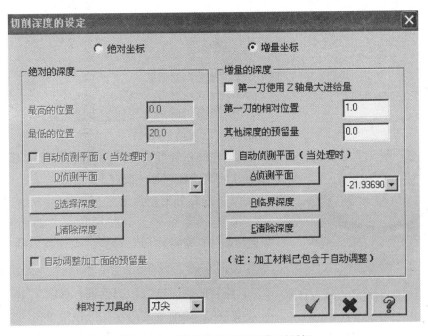

图 7-160 "切削深度的设定"对话框

⑨ 设置"挖槽参数"选项卡如图 7-161 所示。

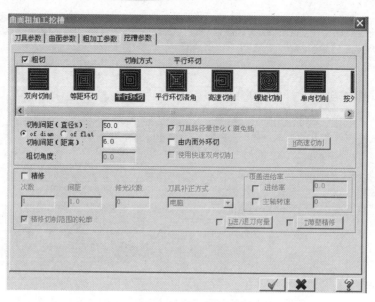

图 7-161　"挖槽参数"选项卡

⑩ 在"曲面粗加工挖槽"对话框中单击"确定"按钮 ✓，弹出如图 7-162 所示的"警告"对话框。出现此提示是因为没有精修外边界。

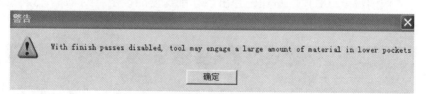

图 7-162　"警告"对话框

图 7-163　挖槽粗加工刀具路径

⑪ 单击"确定"按钮，生成刀具路径，如图 7-163 所示。

⑫ 在操作管理器中单击"隐藏/显示刀具路径"按钮 ≋，隐藏挖槽粗加工路径。

（3）等高外形精加工。

① 选择菜单"刀具路径"→"曲面粗加工"→"⬜精加工等高外形"命令，窗选所有曲面，选择完毕后按回车键，或单击"结束选择"按钮 ⬤，弹出"刀具路径的曲面选取"对话框，如图 7-164 所示。

② 在"切削范围边界"区域中单击 ↳ 按钮，弹出"串连选项"对话框，用串连方式选择如图 7-165 所示的切削边界 C_4，选择完毕后单击 ✓ 按钮。

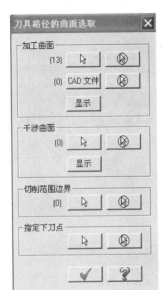

图 7-164 "刀具路径的曲面选取"对话框

图 7-165 挖槽切削边界

③ 在"刀具路径的曲面选取"对话框中单击"确定"按钮 ✓，弹出"曲面精加工等高外形"对话框，选择 $\phi 8$ mm 的圆鼻刀，圆角半径为 2，相关参数设置如图 7-166 所示。

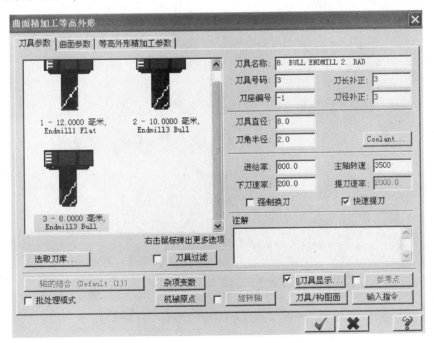

图 7-166 "刀具参数"选项卡

④ 设置"曲面参数"选项卡，如图 7-167 所示。

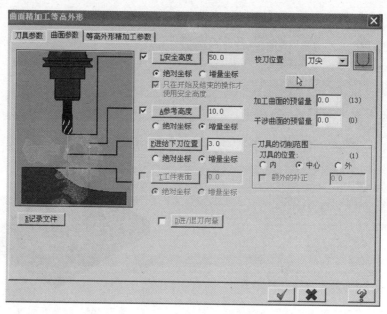

图 7-167 "曲面参数"选项卡

⑤ 设置"等高外形精加工参数"选项卡，如图 7-168 所示。

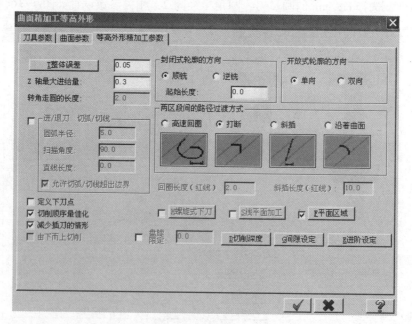

图 7-168 "等高外形精加工参数"选项卡

⑥ 单击"整体误差（T）"按钮，弹出"整体误差设置"对话框，设置各参数过滤比例 2：1，总公差为 0.05，如图 7-169 所示，设置完毕后单击"确定"按钮✓。

⑦ 单击"平面区域（F）"按钮，弹出"平面区域加工设置"对话框，设置平面区域加工参数如图 7-170 所示，设置完毕后单击"确定"按钮✓。

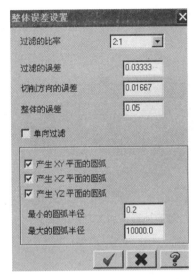

图7-169 "整体误差设置"对话框

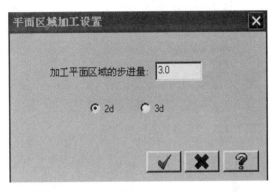

图7-170 "平面区域加工设置"对话框

⑧ 单击"切削深度（D）"按钮，弹出"切削深度的设定"对话框，设置深度加工参数，如图7-171所示，并单击"侦测平面（A）"按钮，设置完毕后单击"确定"按钮✓。

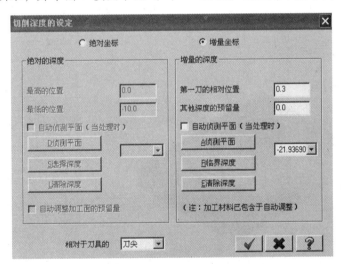

图7-171 "切削深度的设定"对话框

⑨ 单击"间隙设定（G）"按钮，弹出"间隙设置"对话框，设置间隙尺寸为刀具的100%，如图7-172所示，设置完毕后单击"确定"按钮✓。

⑩ 在"曲面精加工等高外形"对话框中，单击"确定"按钮✓，生成刀具路径，如图7-173所示。

⑪ 在操作管理器中单击"隐藏/显示刀具路径"按钮≋隐藏等高外形精加工刀具路径。

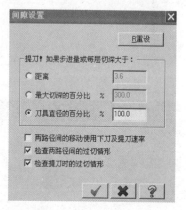

图 7-172 "间隙设置"对话框

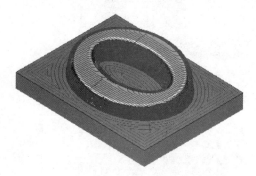

图 7-173 等高外形精加工刀具路径

（4）混合式（熔合式）精加工。

① 选择菜单"刀具路径"→"曲面精加工"→"■精加工混合加工"命令，选择如图 7-174 所示的加工曲面（顶部曲面及相邻两倒角曲面），也可以窗选所有曲面，只是生成时间较长，选择完毕后按回车键，或单击"结束选择"按钮●，弹出"刀具路径的曲面选取"对话框，如图 7-175 所示。

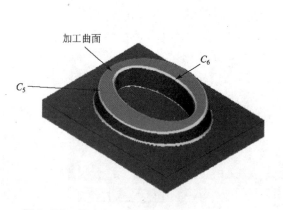

图 7-174 熔合加工曲面和熔接曲线的选择

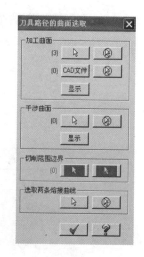

图 7-175 "刀具路径的曲面选取"对话框

② 在"选取两条熔接曲线"区域中单击"选择曲线"按钮，弹出"串连"对话框，用串连方式选择图 7-174 中的曲线 C_5 和 C_6（注意两熔合曲线的方向和起始点位置要一致），选择完毕后单击"确定"按钮。

③ 在"刀具路径的曲面选取"对话框中单击"确定"按钮，弹出"曲面熔接精加工"对话框，选择 $\phi 18$ mm 的球头刀，设置"刀具参数"选项卡如图 7-176 所示。

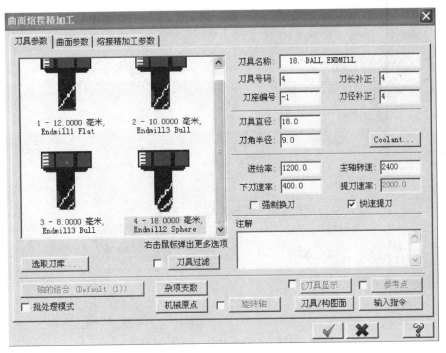

图7-176 "刀具参数"选项卡

④ 设置"曲面参数"选项卡如图7-177所示。

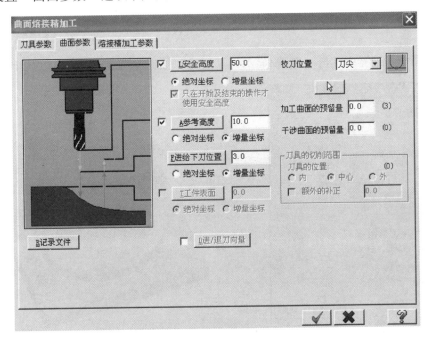

图7-177 "曲面参数"选项卡

⑤ 设置"熔接精加工参数"选项卡如图7-178所示。

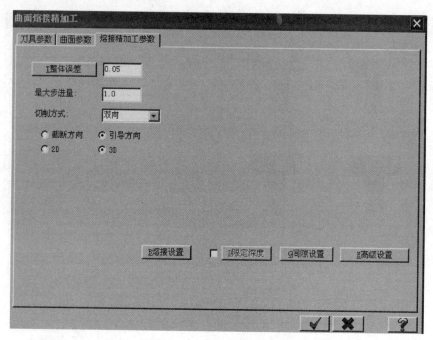

图 7-178 "熔接精加工参数"选项卡

⑥ 单击"整体误差（T）"按钮，弹出"整体误差设置"对话框，设置各参数过滤比例 2∶1，总公差为 0.05，如图 7-179 所示，设置完毕后单击"确定"按钮 ✔。

⑦ 在"曲面熔接精加工"对话框中单击"确定"按钮 ✔，生成刀具路径，如图 7-180 所示。

⑧ 在操作管理器中单击"隐藏/显示刀具路径"按钮 ≋ 隐藏熔合精加工刀具路径。

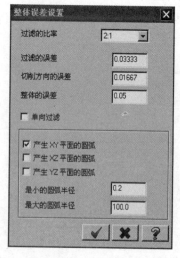

图 7-179 "整体误差设置"对话框

图 7-180 熔合精加工刀具路径

（5）外形铣削加工。

① 选择菜单"刀具路径"→"外形铣削…"命令，弹出"串连"对话框，用串连方式选取外形轮廓 C_7，串连方向（保证顺铣加工）如图 7-181 所示，设置完毕后单击"确定"按钮。

② 弹出"外形（2D）"对话框，选择一把 $\phi4$ mm 的球头刀，相关刀具参数设置如图 7-182 所示。

图 7-181 图形的串连方向

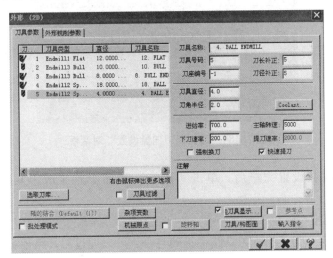

图 7-182 "刀具参数"选项卡

③ 外形铣削参数设置如图 7-183 所示。

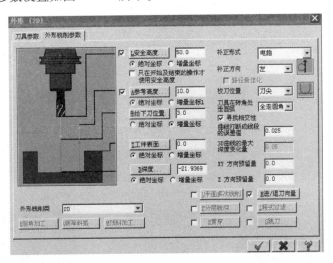

图 7-183 "外形铣削参数"选项卡

④ 选中"进/退刀向量（N）"按钮前的复选框，单击此按钮，弹出"进/退刀向量设置"对话框，设置进/退刀参数如图 7-184 所示，设置完毕后单击"确定"按钮。

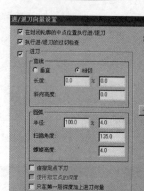

图 7-184 "进/退刀向量设置"对话框

⑤ 外形铣削参数设置完毕后，单击"确定"按钮 ✓，生成刀具路径，如图 7-185 所示。

4）实体加工模拟

刀具路径生成后，为了检查刀具路径正确与否，可以通过刀具路径实体模拟或快速模拟加工以检验刀具。

（1）在操作管理器中单击"选择所有操作"按钮 ✓，再单击"实体模拟"按钮 🎁，弹出"实体切削验证"对话框，如图 7-186 所示。

图 7-185 外形铣削刀具路径　　　　图 7-186 "实体切削验证"对话框

（2）选择模拟方式为"最终结果" ⑥，单击"播放"按钮 ▶，实体加工模拟结果如图 7-187 所示。检查无误后单击"确定"按钮 ✓。

在实际编程过程中，为提高程序的正确性，可以在每个操作生成后就进行校验，以发现程序中的问题，及时修改。

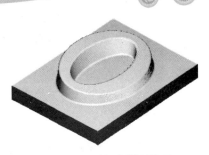

图 7-187　实体切削模拟结果

5）生成加工报表

在刀具路径管理器的空白处单击鼠标右键，在弹出的快捷菜单中选择"加工报表..."（Setup sheet）命令，生成加工报表，如图 7-188 所示。

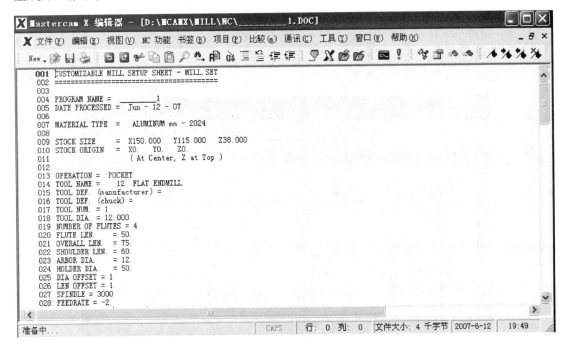

图 7-188　NC 加工报表

6）生成后处理程序

刀具路径生成后，经刀具路径检验无误后，即可进行后处理操作。

（1）单击"选择所有操作"按钮 ✓，选中所有操作，然后单击"生成后处理"按钮 **G1**，弹出"后处理程式"对话框，如图 7-189 所示，单击"确定"按钮 ✓。

（2）弹出"另存为"对话框，如图 7-190 所示，选择文件保存路径，在这里直接单击"保存（S）"按钮，保存文件到默认文件夹内。

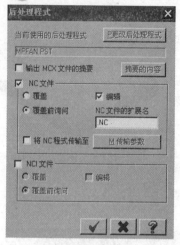

图 7-189　"后处理程式"对话框

图 7-190　"另存为"对话框

（3）生成的 G 代码程序如图 7-191 所示。

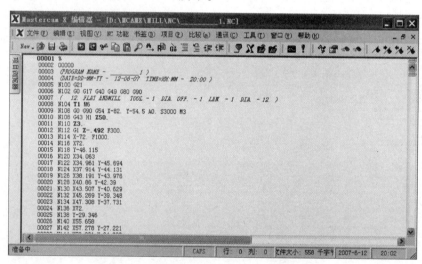

图 7-191　NC 加工程序

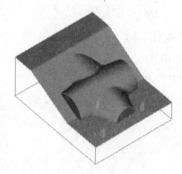

图 7-192　曲面综合
加工零件图

7）存盘

存盘，名为 XIANGMU7-2_ JIAGONG. MCX。

2. 曲面综合加工（模型文件如图 7-192 所示）

1）确定毛坯和对刀点

（1）在刀具路径管理器对话框中选择"山属性·Generic Mill"选项中的"◆材料设置"图标（工件设置），打开"工件设置"对话框。

项目拓展任务
操作视频

（2）选择工件形状为立方体，单击"边界盒（B）"按钮，弹出"边界盒选项"对话框，如图 7-193

所示，单击"确定"按钮  。"材料设置"选项卡如图 7-194 所示。

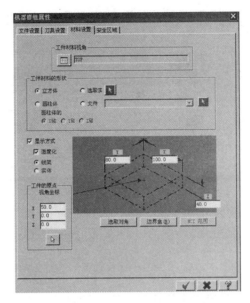

图 7-193　"边界盒选项"对话框　　　　图 7-194　"材料设置"选项卡

2）规划刀具路径

（1）平行铣削粗加工。

① 选择菜单"刀具路径"→"曲面粗加工"→"粗加工平等铣削加工"命令。

② 弹出"选取工件的形状"对话框，如图 7-195 所示，选中"凸"单选按钮。

③ 在图形区中出现提示"选取加工曲面"，提示选择图形，选择所有曲面后按 Enter 键，弹出"刀具路径的曲面选取"对话框，单击"确定"按钮 。

④ 弹出"曲面粗加工平行铣削"对话框，选择 ϕ10 mm 的平底铣刀，刀具参数设置如图 7-196 所示。

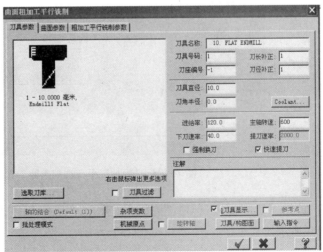

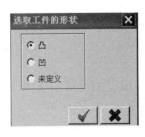

图 7-195　图形选择　　　　　　　　图 7-196　"刀具参数"选项卡

⑤ 曲面参数设置如图 7-197 所示。

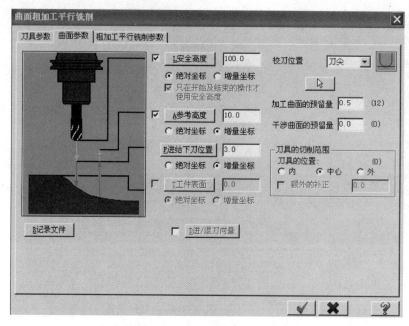

图 7-197 "曲面参数"选项卡

⑥ 粗加工平行铣削参数设置如图 7-198 所示。

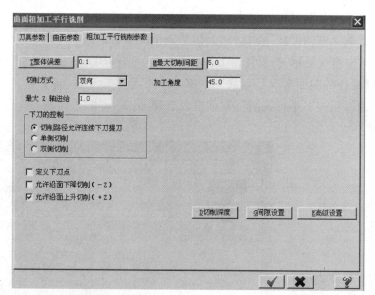

图 7-198 "粗加工平行铣削参数"选项卡

⑦ 单击"切削深度（D）"按钮，弹出"切削深度的设定"对话框，参数设置如图 7-199 所示。

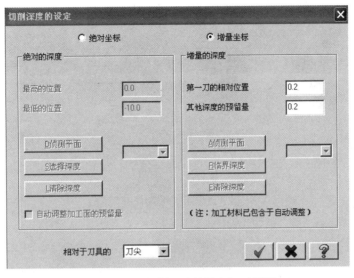

图 7-199　"切削深度的设定"对话框

⑧ 单击"曲面粗加工平行铣削"对话框中的"确定"按钮✔，系统返回绘图区并根据所设置的参数生成加工刀具路径，如图 7-200 所示。

⑨ 在操作管理器中单击❀按钮进行仿真加工，效果如图 7-201 所示。

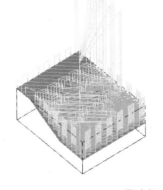

图 7-200　刀具路径

图 7-201　仿真加工结果

（2）平行铣削精加工。

① 按 Alt+T 快捷键，关闭刀具路径显示。

② 选择菜单"刀具路径"→"曲面精加工"→"═精加工平行铣削"命令。

③ 在图形区中出现提示"选取加工曲面"，提示选择图形，选择所有曲面后按回车键，弹出"刀具路径的曲面选取"对话框，单击"确定"按钮✔。

④ 弹出"曲面精加工平行铣削"对话框，选取 φ10 mm 的球刀，刀具参数设置如图 7-202 所示。

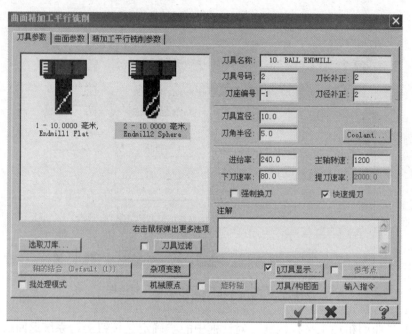

图 7-202 "刀具参数"选项卡

⑤ 曲面参数设置如图 7-203 所示。

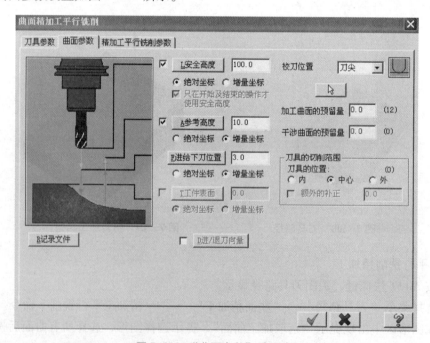

图 7-203 "曲面参数"选项卡

⑥ 精加工平行铣削参数设置如图 7-204 所示。

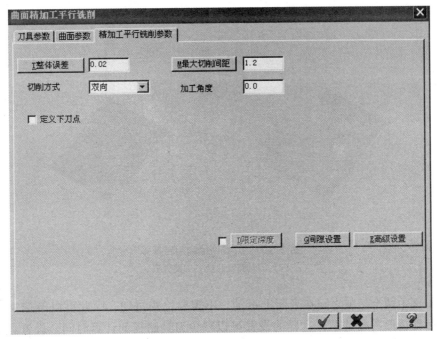

图 7-204 "精加工平行铣削参数"选项卡

⑦ 单击"整体误差（T）"按钮，在弹出的对话框中，选取过滤的比率为 2∶1，整体的误差为 0.02，过滤误差和切削方向误差被自动修改。过滤误差用以除去在设定的误差内刀具相邻路径接近同线的点，并插入圆弧，以缩小加工程序的长度。过滤误差值应至少设置为切削方向误差值的两倍，它们的比率可以通过选取过滤比率值来确定。选中产生 XY 平面的圆弧，设置参数如图 7-205 所示。

⑧ 单击"曲面精加工平行铣削"对话框中的"确定"按钮 ✓，系统返回绘图区并根据所设置的参数生成加工刀具路径，如图 7-206（a）所示，刀路模拟如图 7-206（b）所示。仿真模拟效果如图 7-207 所示。

可以看出，系统计算刀具路径的时间较长，在本例中，可以通过改变"间隙设置（G）"参数来减少计算时间。

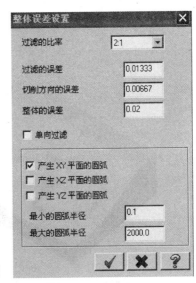

图 7-205 "整体误差设置"对话框

⑨ 在操作管理器中，单击" 📂 2 曲面精加工平行铣削"中的" 🗋 参数"，单击"精加工平行铣削参数"，双击"间隙设置（G）"按钮，设置参数如图 7-208 所示。

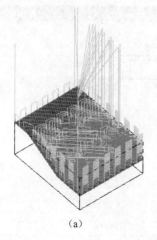
(a)

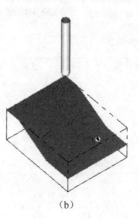
(b)

图 7-206　刀具路径和刀路模拟
(a) 刀具路径；(b) 刀路模拟

由于本例中两个切削之间在平面上运动，不需要检查过切，因此可以不选中"检查间隙位移的过切情形"复选框，这样的设置可以减少刀具路径的计算时间。设置运动方式设为平滑，可使这两个切削之间采用平滑刀具运动。

图 7-207　仿真加工结果

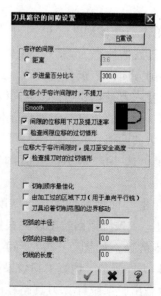

图 7-208　"刀具路径的间隙设置"对话框

（3）残料清角曲面精加工。

① 按 Alt+T 快捷键，关闭刀具路径显示。

② 选择菜单"刀具路径"→"曲面精加工"→" 精加工残料加工"命令。

③ 在图形区中出现提示"选取加工曲面"，提示选择图形，选择所有曲面后按回车键，弹出"刀具路径的曲面选取"对话框，单击"确定"按钮 。

④ 弹出"曲面精加工残料清角"对话框，选取 φ5 mm 的球刀，刀具参数设置如图 7-209

所示。

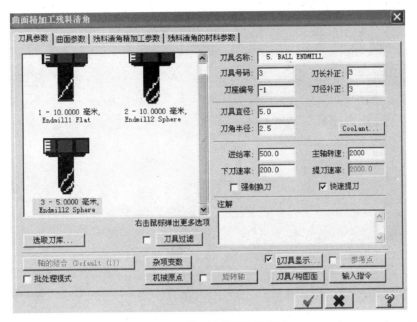

图 7-209　"刀具参数"选项卡

⑤ 曲面参数设置如图 7-210 所示。

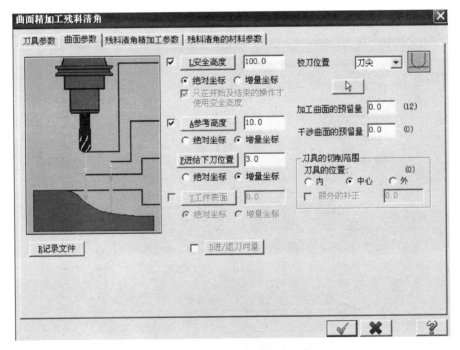

图 7-210　"曲面参数"选项卡

⑥ 残料清角精加工参数设置如图 7-211 所示。

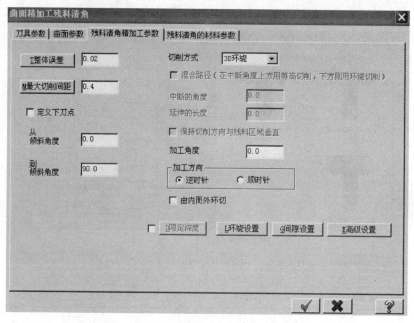

图 7-211 "残料清角精加工参数"选项卡

⑦ 残料清角的材料参数设置如图 7-212 所示。

⑧ 单击"曲面精加工残料清角"对话框中的"确定"按钮 ✓，系统返回绘图区并根据所设置的参数生成加工刀具路径，刀路模拟如图 7-213 所示。

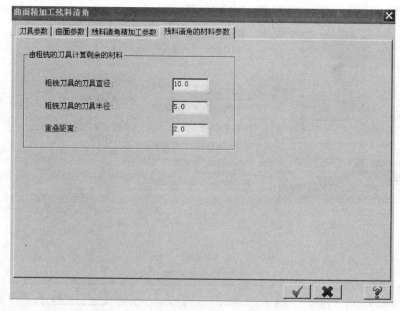

图 7-212 "残料清角的材料参数"选项卡

（4）交线清角曲面精加工。

① 按 Alt+T 快捷键，关闭刀具路径显示。

② 选择菜单"刀具路径"→"曲面精加工"→"⚙精加工交线清角加工"命令。

③ 在图形区中出现提示"选取加工曲面",提示选择图形,选择所有曲面后按回车键,弹出"刀具路径的曲面选取"对话框,单击"确定"按钮✓。

④ 弹出"曲面精加工交线清角"对话框,选取 $\phi4$ mm 的球刀,刀具参数设置如图 7-214 所示。

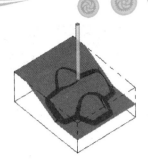

图 7-213　刀路模拟

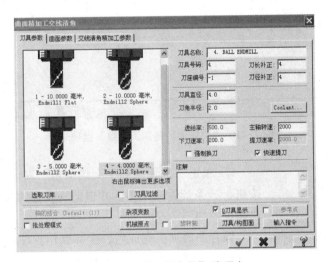

图 7-214　"刀具参数"选项卡

⑤ 曲面参数设置如图 7-215 所示。

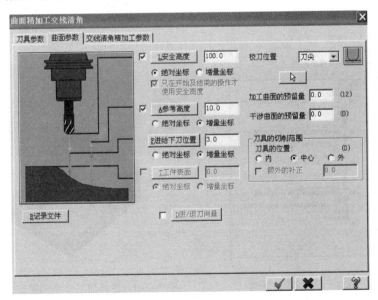

图 7-215　"曲面参数"选项卡

⑥ 交线清角精加工参数设置如图 7-216 所示。

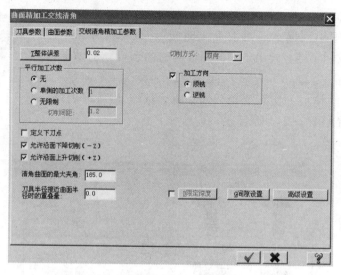

图 7-216 "交线清角精加工参数"选项卡

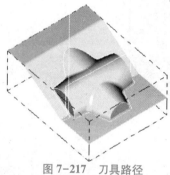

图 7-217 刀具路径

⑦ 单击"曲面精加工交线清角"对话框中的"确定"按钮，系统返回绘图区并根据所设置的参数生成加工刀具路径，如图 7-217 所示。

综合曲面加工完成后，全部操作管理如图 7-218 所示。在操作管理器中单击"全部操作"按钮，单击，执行实体切削仿真，效果如图 7-219 所示。

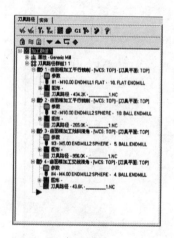

图 7-218 全部操作管理

图 7-219 仿真加工（全部操作）

3）存盘

存盘，名为"XIANGMU7-3_ JIAGONG. MCX"。

7.8　项目巩固练习

7.8.1　填空题

1. 三维曲面加工的粗加工类型分为＿＿＿、＿＿＿、＿＿＿、＿＿＿、＿＿＿、＿＿＿、＿＿＿、＿＿＿8种。

2. 三维曲面加工的精加工类型分为＿＿＿、＿＿＿、＿＿＿、＿＿＿、＿＿＿、＿＿＿、＿＿＿、＿＿＿、＿＿＿、＿＿＿、＿＿＿11种。

3. 线框模型加工分为＿＿＿、＿＿＿、＿＿＿、＿＿＿、＿＿＿、＿＿＿6种。

7.8.2　选择题

1. 下面选项中，不属于三维曲面加工方法的是（　　）。

　A. 5轴曲面加工　　　　　　　　B. 平行式精加工

　C. 插削粗加工　　　　　　　　　D. 外形铣削

2. 对三维曲面的粗加工一般使用哪种刀具（　　）。

　A. 鼻刀　　　　B. 平头刀　　　　C. 球头刀　　　　D. 钻刀

3. 下面哪种曲面不属于线框模型刀具路径（　　）。

　A. 直纹曲面　　　　　　　　　　B. 旋转曲面

　C. 圆锥曲面　　　　　　　　　　D. 昆氏曲面

7.8.3　简答题

1. 曲面粗、精加工各有哪些加工方法？各方法的功能和特点是什么？

2. 对曲面进行粗加工或精加工的步骤大致是怎样的？

3. 比较粗、精加工的切削效果，有什么不同？简述在加工后期应怎样选择精加工方式来清除残料。

4. 刀具参数为何叫共同参数？

5. 曲面粗、精加工平行式铣削的加工角度是以 X 轴还是 Y 轴，顺时针还是逆时针计算的？

6. 对三维曲面的粗加工一般使用哪种刀具？

7.8.4　操作题

1. 分析如图7-220所示的流线型轿车模型曲面，试编制其平行式粗加工、放射式粗加工的刀具路径。

2. 分析如图 7-221 所示的加筋壳内腔和外形曲面，试编制其钻削式粗加工、等高线式粗加工的刀具路径。

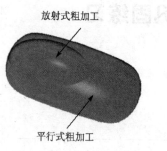

图 7-220　流线型轿车模型曲面

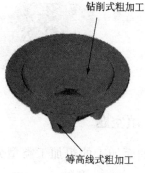

图 7-221　加筋壳模型

3. 分析如图 7-222 所示的凹模零件，试编制其挖槽粗加工、等高线式精加工、浅平面精加工、外形铣削加工的刀具路径。

4. 分析如图 7-223 所示的凸模零件，试编制其平面挖槽粗加工、曲面挖槽粗加工、等高线式精加工、平行铣削精加工和外形铣削加工的刀具路径。

图 7-222　凹模零件模型

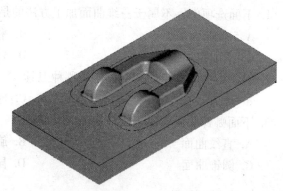

图 7-223　凸模零件模型

5. 沟槽凸轮零件如图 7-224 所示。沟槽凸轮内外轮廓及 $\phi25$ mm 和 $\phi12$ mm 孔的表面粗糙度要求为 $Ra3.2$ μm，其余为 $Ra6.3$ μm，全部倒角为 1 mm×1 mm，材料为 40 Cr。

假定 $\phi25$ mm 及 $\phi12$ mm 孔的上下表面已加工到位，只剩下凸轮外形与凹槽的加工。试对沟槽凸轮进行建模设计和数控加工。

6. 进行连杆的建模设计与数控加工，零件图如图 7-225 所示。

7. 进行灯罩凹模的建模设计与数控加工，零件图及模型如图 7-226 所示。

8. 进行烟灰缸的建模设计与数控加工，零件图及模型如图 7-227 所示。

9. 进行发夹的建模设计与数控加工，零件图及模型如图 7-228 所示。

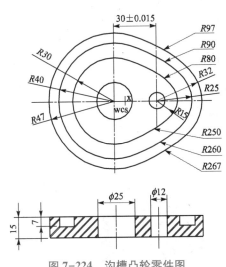

图 7-224 沟槽凸轮零件图

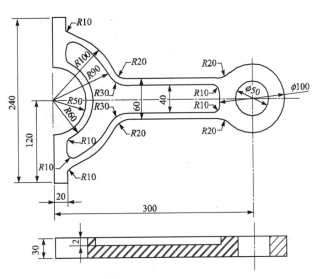

图 7-225 连杆零件图

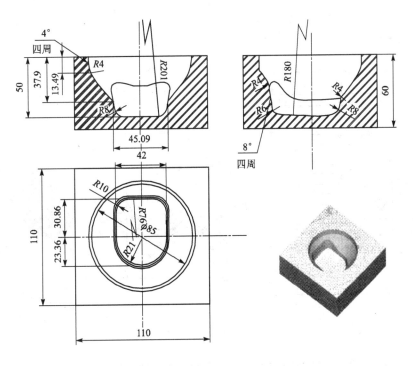

图 7-226 灯罩凹模零件图及模型

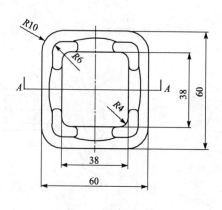

图 7-227　烟灰缸零件图及模型

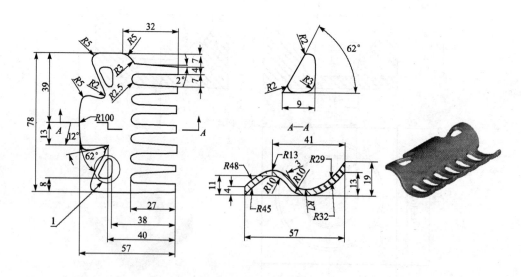

图 7-228　发夹零件图及模型

10. 进行旋钮的建模设计与数控加工，零件图及模型如图 7-229 所示。

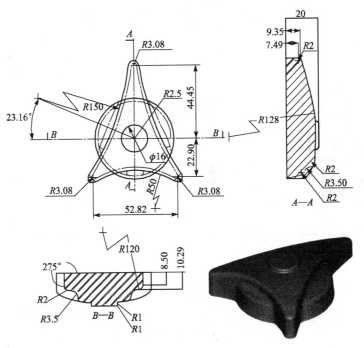

图 7-229 旋钮零件图及模型

项目巩固练习答案

项目 8

车床加工

8.1 项目描述

　　本项目主要介绍 Mastercam X 车削加工模块中数控车床坐标系的设定、工作界面和菜单的使用、工件和刀具的设置等基础知识，以及车床加工类型及其参数设置等。通过本项目的学习，完成如图 8-1 所示零件的车削加工造型，生成刀具加工路径，并根据 FANUC 0i 系统的要求进行后置处理，生成 CAM 编程 NC 代码。该零件毛坯为 $\phi45\times130$ 圆棒料，材料为 $45^{\#}$ 调质钢。

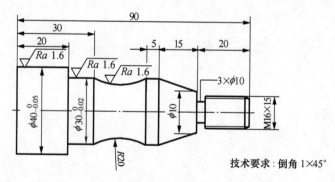

技术要求：倒角 1×45°

图 8-1　阶梯轴

8.2　项目目标

知识目标

（1）熟悉 Mastercam X 车削加工模块中数控车床坐标系的设定、工作界面和菜单的使用、工件和刀具的设置等基础知识。

（2）掌握粗车、精车、端面车削、挖槽、钻孔、螺纹车削等车床加工命令的基本使用；

技能目标

（1）在 Mastercam X 车削加工模块中，能设定数控车床坐标系。

（2）能进行刀具管理和对刀具参数进行设置，能对工件进行设置。

（3）能正确使用粗车、精车、端面车削、挖槽、钻孔、螺纹车削等车削加工方法，并能合理设置各种加工方法中的参数。

（4）完成"项目描述"中的操作任务。

8.3　项目相关知识

8.3.1　车削加工基础

1. 车床坐标系

绘制图形时首先要确定坐标系，常用坐标有"+XZ""-XZ""+DZ""-DZ"。依次选择构图面（Planes）→ 车床半径（Lathe Radius）或构图面（Planes）→ 车床直径（Lathe Diameter）进行坐标设置，如图 8-2 所示。

数控车床使用 X 轴和 Z 轴两轴控制，其中 Z 轴平行于机床主轴，规定刀具远离刀柄方向为+Z 方向；X 轴垂直于车床的主轴，规定刀具离开主轴线放向为+X 方向。X 方向的尺寸有两种表示方法：半径值或直径值。当采用字母 X 时表示输入的数值为半径值；采用字母 D 时表示输入的数值为直径值。

数控车床一般用于加工回转体零件，即加工零件都对称于 Z 轴，所以在绘图时只需绘制零件外形的一半，如图 8-3 所示，然后对零件进行工件、刀具和材料方面的参数设置。

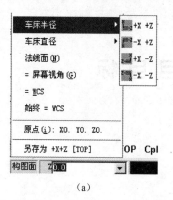
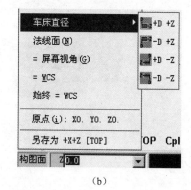

（a）　　　　　　　　　　　　　　　　　　（b）

图 8-2　坐标系设置

图 8-3　几何模型

2. 刀具参数设置

顺序选择" 刀具路径 "→" 车床刀具管理器 "打开如图 8-4 所示的"刀具管理（Tool Manager）"对话框，通过该对话框可以对当前刀具进行设置。

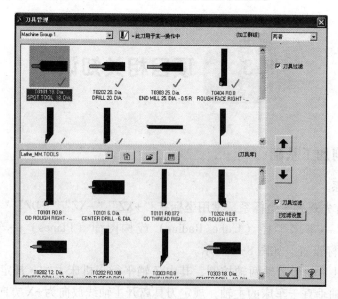

图 8-4　"刀具管理"对话框

单击" 过滤设置 （Filter）"打开如图 8-5 所示的"车床的刀具过滤（Lathe Tool Filter）"对话框，可以通过该对话框对刀具列表进行管理。

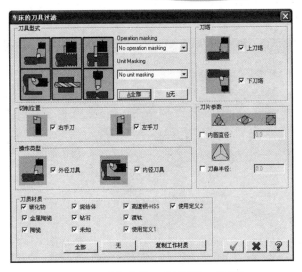

图 8-5　"车床的刀具过滤"对话框

车削刀具由刀头和夹头两部分组成，所以对刀具参数的设置包括：刀具类型、刀头、夹头、刀具切削参数设置。

1）刀具类型设置

打开"$\boxed{\text{类型·钻孔/攻牙/铰孔}}$"选项卡，车床提供一般车削（General Turning）、车螺纹（Threading）、径向车削/截断（Grooving/Parting）、搪孔（Boring Bar）、钻孔/攻丝/铰孔（Drill/Tap/Reamer）、自设（Custom）等 6 种刀具类型，如图 8-6 所示。

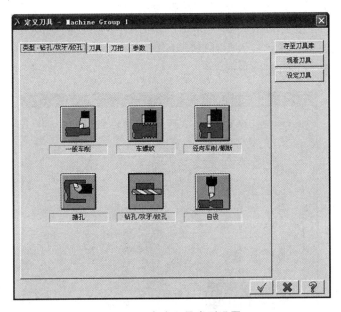

图 8-6　车床刀具类型设置

2）刀头参数设置

（1）外圆车削刀具和内孔车削刀具的刀头参数设置相同，选择外圆切削，建立新刀具

387

后，打开 刀片 对话框，如图 8-7 所示。

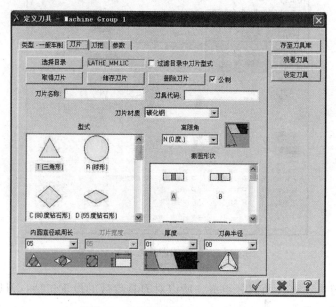

图 8-7　外圆和内孔车刀刀头选项

设置参数有刀片材质（Insert Material）、型式（Shape）、截面形状（Cross Section）、离隙角（Relief Angle）、内圆直径或周长（IC Dia. /Length）、刀片宽度（Insert Width）、厚度（Thickness）及圆角半径（Corner Radius）等。

（2）螺纹车削刀具的刀头参数设置。选择螺纹切削，建立新刀具后，打开如图 8-8 所示对话框。设置参数主要有刀头型式（Style）和刀头外形尺寸（Insert Geometry）。刀头型式（Style）用于选取刀头样式；刀头外形尺寸（Insert Geometry）用于设置刀头的外形特征尺寸，并且可以设置加工的螺纹类型。

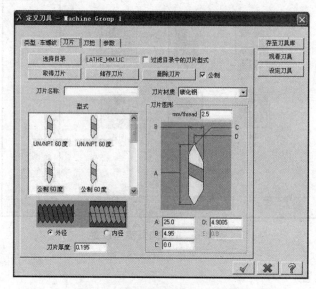

图 8-8　螺纹车削刀具的刀头设置

（3）切槽/切断车削刀具刀头的设置与螺纹车削刀具刀头的设置基本相同，如图 8-9 所示。设置参数主要有刀头样式（style）和刀头外形尺寸（Insert Geometry）。

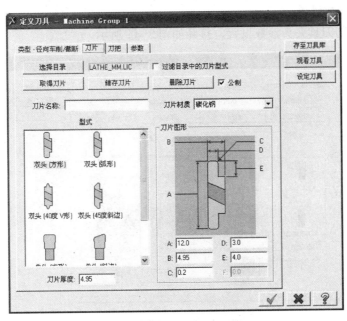

图 8-9　切槽/切断车削刀具刀头的设置

（4）钻孔/攻丝/铰孔的刀具刀头参数设置如图 8-10 所示。"刀具型式（Tool Type）"区域中提供了 8 种不同的刀具类型，刀具尺寸（Tool Geometry）用于对所选择的刀具进行外形尺寸的设置。

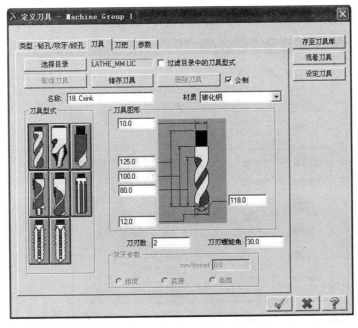

图 8-10　钻孔/攻丝/铰孔的刀具设置

3）刀柄与夹头设置

对于不同类型的刀具，夹头的形状也不同，当刀头参数设置完成后，打开" 刀把 "选项卡，进行夹头参数设置。

（1）外圆车削刀具夹头参数设置，打开如图 8-11 所示。

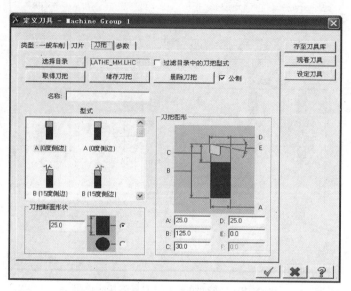

图 8-11　外圆刀具刀柄参数设置

主要设置参数有刀柄样式（Style）、刀柄外形尺寸（Holder Geometry）和刀柄断面形状（Shank Cross Section）。

（2）内孔车削刀具夹头参数设置：选择内孔车削后，单击" 搪杆 "按钮，打开如图 8-12 所示选项卡。

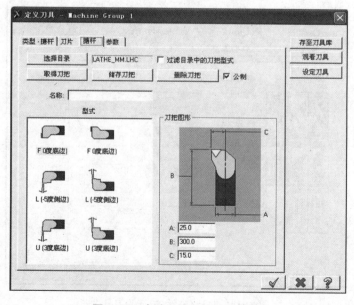

图 8-12　内孔刀具刀柄参数设置

内孔车削刀具刀柄参数的设置方法与外圆车削刀具刀柄的设置方法基本相同，主要设置参数有刀柄型式（Style）和刀柄外形尺寸（Holder Geometry）。

（3）钻孔/攻丝/铰孔夹头参数设置，如图8-13所示。钻孔/攻丝/铰孔夹头参数设置主要是夹头外形尺寸刀柄外形尺寸（Holder Geometry）。

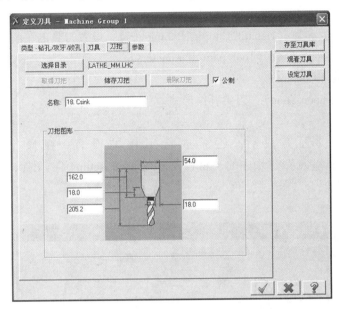

图 8-13　钻孔/攻丝/铰孔夹头参数设置

4）刀具切削参数设置

车削刀具参数设置可以通过"参数"选项卡来进行设置，如图8-14所示。

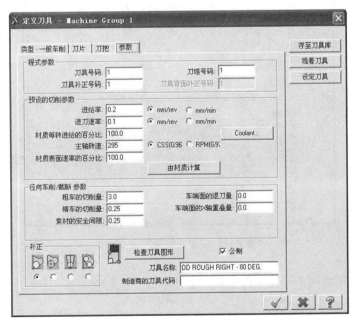

图 8-14　设置刀具切削参数

（1）"程式参数（Program Parameters）"选项卡包括以下几个参数：

① 刀具号码（Tool number）；

② 刀塔号码（Tool Station number）；

③ 刀具补正号码（Tool offset number）；

④ 刀具背面补正号码（Tool back offset number）。

（2）预设的切削参数（Default Cutting Parameters）：设置刀的车削速度及进给量。

（3）径向车削/截断参数（Tool path Parameters）。

（4）冷却参数（Coolant）。

（5）补正（Compensation）：刀尖补偿形式。

3. 工件设置

刀头和刀柄设置完成后，还需进行工件的设置。在操作管理器中单击"**山 属性** - Lathe Default MM"选项中的"材料设置（Stock setup）"图标，打开如图 8-15 所示"材料设置"选项卡。

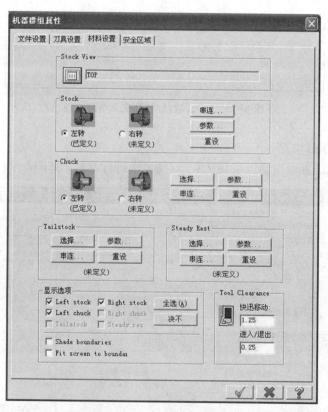

图 8-15 "材料设置"选项卡

（1）Stock 选项组用于设置工件毛坯大小，单击"参数..."按钮，打开如图 8-16 所示对话框，进行毛坯外形参数设置。

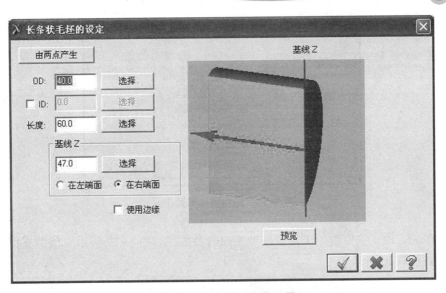

图 8-16　毛坯外形参数设置

（2）Chuck 选项组用于设置卡盘的参数，单击" 参数... "按钮，弹出如图 8-17 所示对话框，进行工件夹头参数的设置。

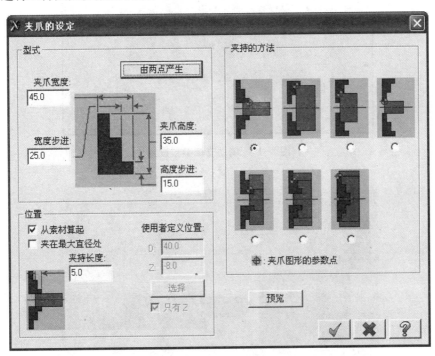

图 8-17　工件夹头参数设置

（3）Tailstock 选项组用于尾座顶尖的参数，单击" 参数... "按钮，弹出如图 8-18 所示对话框，进行尾座顶尖参数的设置。

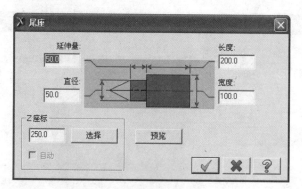

图 8-18 尾座顶尖参数设置

（4）Steady Rest 选项组用于设置辅助支撑的参数，如图 8-19 所示。辅助支撑参数设置完成后，如图 8-20 所示。

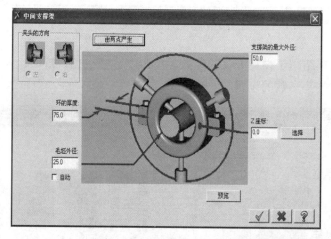

图 8-19 辅助支撑参数设置

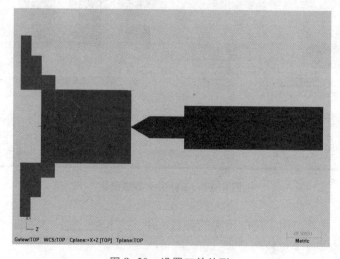

图 8-20 设置工件外形

8.3.2　车削刀具路径基本操作

打开"机床类型(M)"菜单，如图 8-21 所示，进行加工机床选择。在单击"刀具路径"按钮，打开如图 8-22 所示的"刀具路径"菜单，有粗车（Rough）、精车（Finish）、螺纹车削（Thread）、径向车削（Groove）、车端面（Face）、截断（Cutoff）、钻孔（Drill）、简式车削（Quick）、分度旋转轴（C-axis）等多种加工路径。

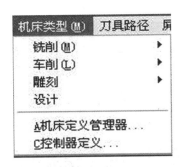

图 8-21　"机床类型"菜单

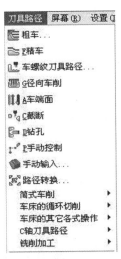

图 8-22　"刀具路径"菜单

1. 端面车削加工

端面车削加工用于车削工件的端面，生成车削工件端面的刀具路径，选择"A车端面"选项，单击"车端面参数"选项卡，打开如图 8-23 所示对话框，可以进行端面车削加工设置。

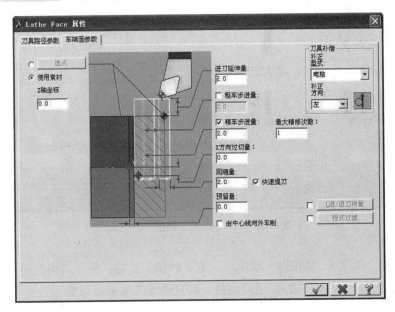

图 8-23　"车端面参数"选项卡

（1）"**进刀延伸量:**（Entry）"：用于输入刀具开始进刀时距工件表面的距离。

（2）"**X方向过切量:**（Over cut amount）"：用于输入在生成刀具路径时，实际车削区域超出由矩形定义的加工区域的距离。

（3）"**☐ 由中心线向外车削**（Cut away from center）"：当选中该复选框时，从距工件旋转轴较近的位置开始向外加工，否则从外向内加工。

2. 粗车加工

粗车加工用于切除工件的大余量材料，使工件与最终的尺寸相似，为精加工做准备。

选择"**☰ 粗车**"命令，打开如图 8-24 所示的"串连选项"对话框，选取所加工的外圆柱表面，然后单击"**✓**"按钮。弹出"车床粗加工属性（Tool parameters）"参数对话框，如图 8-25 所示，在"车床粗加工属性"对话框中选择刀具，对粗车刀具参数进行设置。

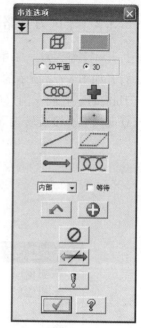

图 8-24　"串连选项"对话框

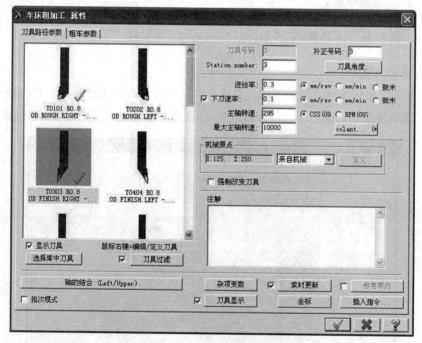

图 8-25　"车床粗加工属性"对话框

"**粗车参数**"选项卡，如图 8-26 所示，主要对加工参数、粗车方向与角度、刀具补偿、走刀形式、进刀/退刀路径、进刀/退刀路径切削进给等参数进行设置。

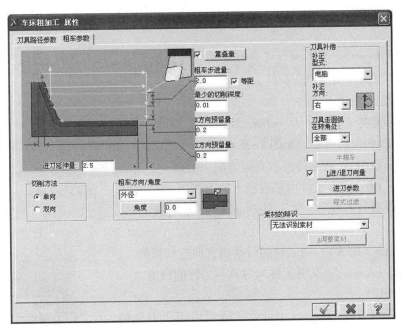

图 8-26 "粗车参数"选项卡

1）加工参数

（1）" 重叠量 |（Overlap amount）"：相邻粗车削之间设置有重叠量，重叠距离由"重叠量"区域中的输入框设置，如图 8-27 所示，设置后每次车削的退刀两等于车削深度与重叠量之和。

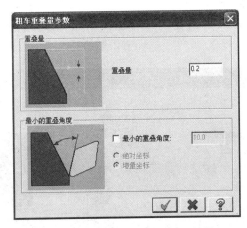

图 8-27 "粗车重叠量参数"对话框

（2）"粗车步进量：（Depth of cut）"：设置每次车削加工的切削深度，切削深度的距离是以垂直于切削方向来计算的；当选中" ✓ 等距（Equal steps）"复选框时，将最大切削深度设置为刀具允许的最大值。

（3）"X方向预留量：（Stock to leave X）"：输入在 X 轴方向上的预留量。

（4）"Z方向预留量：（Stock to leave Z）"：输入在 Z 轴方向上的预留量。

（5）"进刀延伸量：（Entry）"：输入刀具开始进刀时距工件表面的距离。

2）走刀形式

"切削方法（Cutting Method）"选项组用来选择粗车加工时刀具的走刀方式：单向车削（One-way）和双向车削（Zig-Zag）。

3）粗车方向/角度

"粗车方向/角度（Rough Direction/Angle）"区域用于设置粗切方向和粗切角度，如图8-28所示。

图8-28 粗车方向/角度

（1）外径（OD）：在工件外部直径方向上切削。

（2）内径（ID）：在工件内部直径方向上切削。

（3）前端面（Face）：在工件的前端面方向进行切削。

（4）后端面（Back）：在工件的后端面方向进行切削。

（5）角度（Angle）：车削工件时刀具与工件的角度。

4）刀具补偿

"刀具补偿（Tool Compensation）"选项组用于刀具偏移方式的设置，如图8-29所示，有"计算机偏置补偿（Compensation in Computer）"和"控制器补偿（Compensation in Control）"两类。

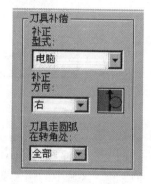

图8-29 "刀具补偿"选项组

5）进刀/退刀路径

"☑ 进刀/退刀向量（Lead In/Out）"区域用于进刀/退刀刀具路径设置，如图8-30所示。"导入（Lead In）"选项卡用于设置进刀刀具路径，"导出（Lead Out）"选项卡用于设置退刀刀具路径。

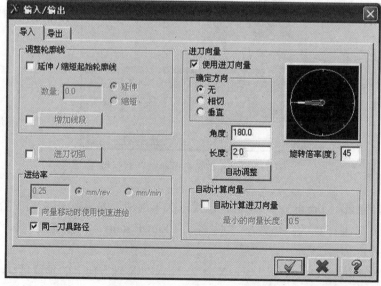

图8-30 Lead In/Out 参数设置

车床加工系统中，可以通过"调整轮廓线（Adjust Contour）"进行进刀/退刀刀具路径设置，也可以通过添加 Entry/Exit Arc（进刀矢量）进行进刀/退刀刀具路径设置。

调整轮廓线有三种方法："☑ 延伸 / 缩短起始轮廓线（Extend/shorten start of contour）" " 增加线段（Add line）" " 进刀切弧（Entry Arc）"，延伸或缩回的距离通过" 数量（Amount）"进行设置。

单击" 增加线段 "按钮，打开如图 8-31 所示的"新轮廓线（New Contour Line）"对话框，进行设置添加直线的长度（Length）和角度（Angle）；单击" 进刀切弧 "按钮，打开如图 8-32 所示的"进/退刀切弧（Entry/Exit Arc）"对话框，进行设置添加圆弧的扫掠角度（Sweep）和半径（Radius）。

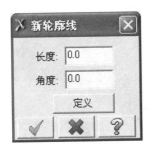

图 8-31　"新轮廓线"对话框

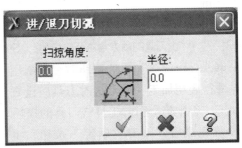

图 8-32　"进/退刀切弧"对话框

6）切削参数

" 进刀参数（Plunge parameters）"按钮用于设置切削参数。单击后系统弹出图 8-33 所示的"进刀的切削参数（Plunge Cut Parameters）"对话框，该对话框用来设置在粗车加工中是否允许底切，若允许底切，则设置切削参数。

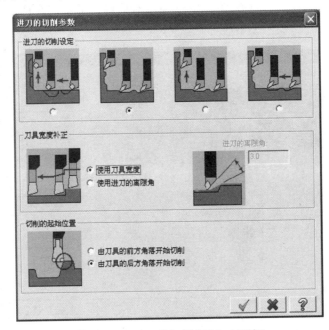

图 8-33　"进刀的切削参数"对话框

（1）"进刀的切削设定（Plunge Cutting）"区域用于设置加工中切进形式。第一项为不允许切削路径中加工；第二项为允许切削路径中加工；第三项允许径向切削路径中加工；第四项为允许端面切削路径中加工。

（2）"刀具宽度补正（Tool Width Compensation）"区域中的"使用进刀的离隙角（Use plunge clearance angle）"单选按钮被选中时，将激活"进刀的离隙角：（Plunge clearance）"文本框，系统按 Plunge clearance 文本框输入的角度在底切部分进刀。

当选中"使用刀具宽度（Use tool width）"单选按钮时，激活"切削的起始位置（Start of Cut）"，这时系统根据刀具的宽度及 Start of Cut 区域中的设置进行底切部分的加工。

① 选中"由刀具的前方角落开始切削（Start cut on tool front comer）"单选按钮时，系统用刀具的前角点进行底切加工。

② 选中"由刀具的后方角落开始切削（Start cut on tool back comer）"单选按钮时，系统用刀具的后角点进行底切加工。通常这时刀具应设置为前后均可加工，否则将会引起工件或刀具的损坏。

（3）设置完成后，单击"确定"按钮，生成刀具路径，如图 8-34 所示。

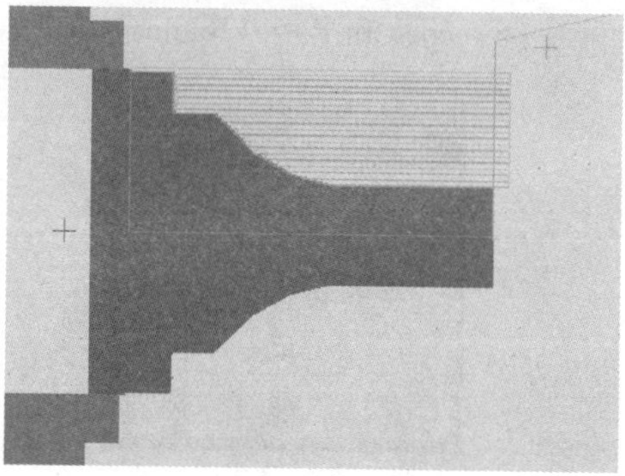

图 8-34　粗车加工刀具路径

3. 精车加工

精车加工为提高工件表面精度，一般精车加工的工件在进行加工前应先进行粗车加工，精车加工与粗车加工参数设置基本相同，要生成精车加工刀具路径，除了要设置共有的刀具参数外，同样还要设置一组精车加工刀具路径特有的参数。

选择"精车"命令，打开如图 8-35 所示对话框，可在该对话框中对精车参数进行设置。

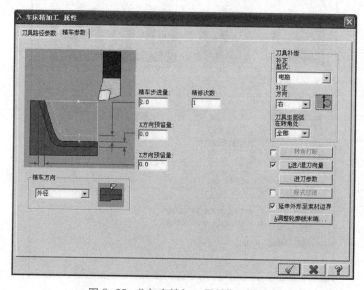

图 8-35　"车床精加工属性"对话框

4. 切槽加工

切槽加工用于生成切槽切削的刀具路径，可以在垂直车床主轴或端面方向车削凹槽。

1）定义切槽加工区域的方式

选择"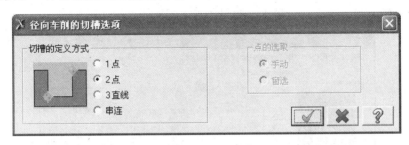G径向车削"命令，打开"径向车削的切槽选项"对话框，如图 8-36 所示。该对话框提供了 4 种切槽加工区域的方式。

图 8-36　"径向车削的切槽选项"对话框

（1）1 点：在绘图区选取一点，将该选取点作为挖槽的一个起始角点。实际加工区域大小及外形还需通过设置挖槽外形来进一步设置。

（2）2 点：在绘图区选取两个点，通过这两个点来定义挖槽的宽度和高度。实际的加工区域大小及外形还需通过设置挖槽外形来进一步定义。

（3）3 直线：在绘图区选取 3 条直线，而选取的 3 条直线为凹槽的 3 条边。这时选取的 3 条直线仅可以定义挖槽的宽度和高度。同样，实际的加工区域大小及外形也需通过设置挖槽外形来进一步定义。

（4）串连：在绘图区选取两个串连来定义加工区域的内外边界。这时挖槽的外形由选取的串连定义，在挖槽外形设置中只用设置挖槽的开口方向，且只能使用挖槽的粗车方法加工。

2）设置切槽形状

选择一种加工区域的选择方式后，打开如图 8-37 所示的"车床开槽属性"对话框。

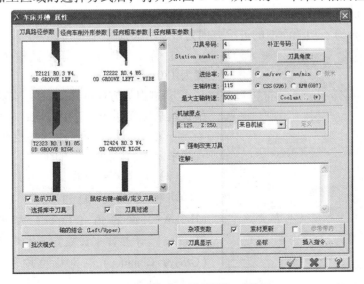

图 8-37　"车床开槽属性"对话框

①"刀具路径参数（Tool parameters）"选项卡用于选择刀具，并设置其他参数。

②"径向车削外形参数（Groove shape parameters）"选项卡用于设置槽的形状。

③"径向粗车参数（Groove rough parameters）"选项卡用于设置槽的粗加工参数。

④"径向精车参数（Groove finish parameters）"选项卡用于设置槽的精加工参数。

（1）切槽开口方向设置。

打开"径向车削外形参数"选项卡，打开如图 8-38 所示。

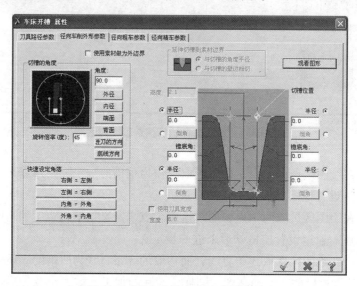

图 8-38 "径向车削外形参数"选项卡

"切槽的角度（Groove Angle）"区域用于设置挖槽的开口方向。可以直接在"角度（Angle）"文本框中输入角度或用光标选取圆盘中的示意图来设置挖槽的开口方向，也可以选取系统定义的几种特殊方向作为挖槽的开口方向：

①外径（OD）：切外槽的进给方向为-X，角度为 90°；

②内径（ID）：切内槽的进给方向为+X，角度为-90°；

③端面（Face）：切端面槽的进给方向为-Z，角度为 0°；

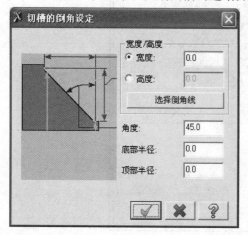

图 8-39 "切槽的倒角设定"对话框

④背面（Back）：切端面槽进给方向-Z，角度为 180°；

⑤进刀的方向（Plunge）：在绘图区域选取一条直线来定义切槽的进给方向；

⑥底线方向（Floor）：在绘图区域选取一条直线来定义切槽的端面方向。

（2）切槽外形设置。

切槽的形状通过宽度（Width）、高度（Height）、锥底角（Taper）和内外圆角半径（Radius）等参数来设置定义，"切槽的倒角设定（Groove Chamfer）"对话框用来设置倒角参数，如图 8-39 所示。

（3）快速设置切槽形状参数。

在如图 8-40 所示的"**快速设定角落**"选项组中可以快速设置切槽形状的各参数。

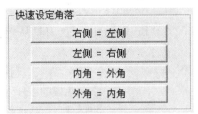

图 8-40 快速设置切槽形状参数

① "**右侧 = 左侧**（Right Side = Left Side）"按钮：将挖槽右边的参数设置为与左边相同；

② "**左侧 = 右侧**（Left Side = Right Side）"按钮：将挖槽左边的参数设置为与右边相同；

③ "**内角 = 外角**（Inner Comers = Outer Comers）"按钮：将挖槽内角的参数设置为与外角相同；

④ "**外角 = 内角**（Outer Comers = Inner Comers）"按钮：将挖槽外角的参数设置为与内角相同。

3）切槽粗车参数设置

选择如图 8-41 所示的"径向粗车参数"选项卡来设置切槽模组的粗车参数。

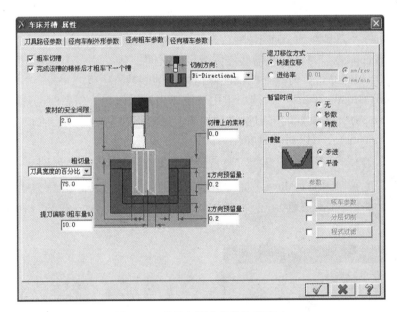

图 8-41 "径向粗车参数"选项卡

（1）"**粗切量**：（Rough step）"下拉列表框，如图 8-42 所示，用于选择定义进刀量的方式：

① Number of step：通过指定的车削次数来计算出进刀量；

② Step amount：直接指定进刀量；

③ 刀具宽度的百分比（Percent of tool width）：将进刀量定义为指定的刀具宽度百分比。

（2）"**切削方向**：（Cut Direction）"下拉列表框，如图 8-43 所示，用于选择切槽粗车加工时的走刀方向：

① Positive：刀具从挖槽的左侧开始并沿+Z 方向移动；

② Negative：刀具从挖槽的右侧开始并沿-Z 方向移动；

③ Bi-Directional：刀具从挖槽的中间开始并以双向车削方式进行加工。

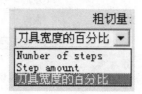

图 8-42 "粗切量"下拉列表框

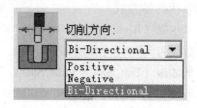

图 8-43 "切削方向"下拉列表框

（3）"退刀移位方式（Retraction Moves）"选项组用于设置加工中提刀的速度。

① 快速位移（Rapid）：采用快速提刀；

② 进给率（Feed rate）：按指定的速度提刀。进行倾斜凹槽加工时，建议采用指定速度提刀。

（4）"暂留时间（Dwell time）"选项组用于设置每次粗车加工时在凹槽底部刀具停留的时间：

① 无（None）：刀具在凹槽底不停留；

② 秒数（Seconds）：刀具在凹槽底停留指定的时间；

③ 转数（Revolutions）：刀具在凹槽底停留指定的圈数。

（5）"槽壁（Groove Walls）"选项组用于设置当挖槽侧壁为斜壁时的加工方式：

① 步进（Steps）：按设置的下刀量进行加工，这时将在侧壁形成台阶；

② 平滑（Smooth）：可以对刀具在侧刃的走刀方式进行设置。

（6）选中"☑　啄车参数　"复选框可以设置切槽步进。如图 8-44 所示，Peck Amount（啄车深度）、Retract Move（提刀速度、提刀量）及 Dwell（槽底停留时间）。

（7）选中"☑　分层切削　"复选框，打开如图 8-45 所示的"切槽的分层切深

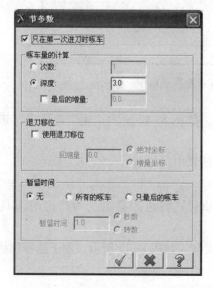

图 8-44 "啄车参数"对话框

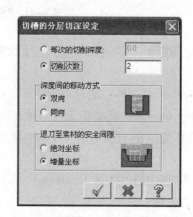

图 8-45 "切槽的分层切深设定"对话框

设定"对话框。Depth per pass 直接设置每次加工深度，Number of passes 设置加工次数，由系统根据凹槽深度自动计算出每次加工深度。Move Between Depth（刀具移动方式）和 Retract To Stock Clearance（提刀高度）。

4）切槽精车参数设置

选择如图 8-46 所示的"**径向精车参数**（Groove finish parameters）"选项卡来设置切槽模组的粗车参数。

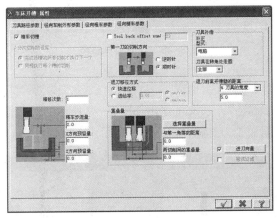

图 8-46　切槽精车参数设置

（1）"分次车削的设定（Multiple Passes）"选项组用于设置同时加工多个槽且进行多次精车车削时的加工顺序。

①"完成该槽的所有切削才进行下一个（Complete all passes on each groove）"单选按钮被选中表示完成一个槽的所有精加工后再进行下一个槽的精加工；

②"同理执行每个槽的切削（Complete each passes on all groove）"单选按钮被选中表示同时对每个槽按层次进行切槽精加工。

（2）"**第一刀的切削方向**（Direction for 1st pass）"有以下两个选项。

①逆时针。

②顺时针。

（3）"☑ ▭▭▭**进刀向量**▭▭（Lead In）"区域用于设置起始刀具路径，如图 8-47 所示。

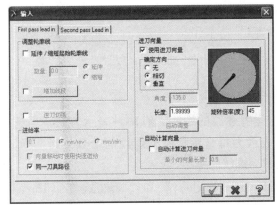

图 8-47　起始刀具路径

（4）设置完成后，生成刀具路径如图 8-48 所示。

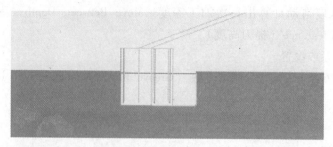

图 8-48　切槽刀具路径

5. 螺纹车削加工

选择" 车螺纹刀具路径"，系统将弹出如图 8-49 所示的对话框，进行不同形式螺纹参数设置，以生成螺纹车削加工刀具路径。

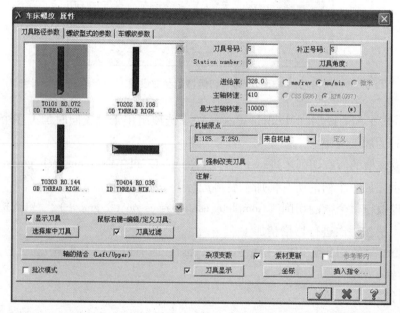

图 8-49　"车床螺纹属性"对话框

1）螺纹外形参数设置

选择"螺纹型式的参数（Thread shape parameters）"选项卡来定义螺纹参数，如图 8-50 所示。

（1）导程（Lead）。

"导程"文本框用来设置螺纹的螺距，有两种表示方法：当选择 threads/mm 单选按钮时，文本框中的输入值表示为每毫米长度上螺纹的个数；当选择 mm/threads 单选按钮时，输文本框中的输入值表示为螺纹的螺距。

（2）"包含的角度：（Included angle）"和"螺纹的角度：（Thread angle）"。

"包含的角度："文本框用于设置螺纹两条边间的夹角，"螺纹的角度："文本框用于设置螺纹一条边与螺纹轴垂线的夹角。Thread angle 文本框中的设置值应小于 Included angle 文本框中的设置值，对于一般螺纹，Included angle 值为 Thread angle 值的 2 倍。

（3）"大的直径（Major Diameter）""牙底直径（小径）（Minor Diameter）"和"螺纹深度（Thread depth）"。

"大的直径（Major Diameter）"文本框用于设置螺纹牙顶的直径；"牙底直径（小径）（Minor Diameter）"文本框用于设置螺纹牙底的直径；"螺纹深度（Thread depth）"文本框用于设置螺纹的螺牙高度。

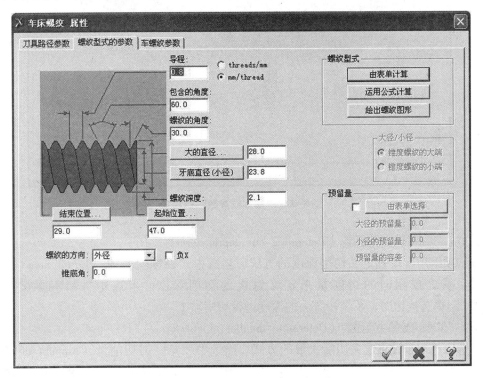

图 8-50 "螺纹型式的参数"选项卡

（4）"起始位置（Start Position）"和"结束位置（End Position）"。

"起始位置"文本框用于设置螺纹起点的 Z 坐标；"结束位置"文本框用于设置螺纹终点的 Z 坐标。系统通过这两个值定义螺纹的长度。

（5）"螺纹的方向（Thread）"。

当选择 OD 选项时，生成外螺纹加工的刀具路径；当选择 ID 选项时，生成内螺纹加工的刀具路径；当选择 Face/Back 选项时，生成用于加工螺旋槽的刀具路径。

2）螺纹切削参数设置

选择"车螺纹参数"选项卡来定义螺纹切削参数，如图 8-51 所示，各参数的意义如下。

（1）"NC 代码的格式（NC code format）"。

该下拉列表框用于设置螺纹指令的形式，用于切削螺纹的 NC 代码有三种：G32、G92、G79。G32 和 G92 命令一般用于切削简单螺纹，G79 用于切削复合螺纹。

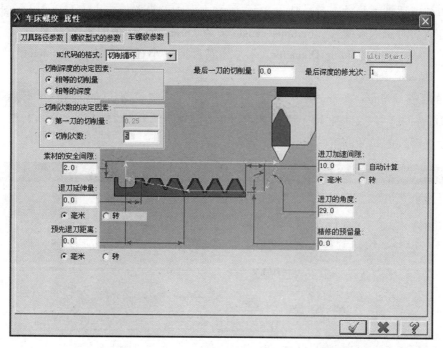

图 8-51 "车螺纹参数"选项卡

（2）"**切削深度的决定因素**（Determine cut depths form）"。

该选项组用于设置定义切削深度的方式。当选中"**相等的切削量**（Equal area）"单选按钮时，系统按相同的切削量来定义每次的切削深度；当选中"**相等的深度**（Equal depths）"单选按钮时，系统按统一的深度进行切削加工。

（3）"**切削次数的决定因素**（Determine number of cut form）"。

该选项组用于设置定义切削次数的方式。当选中"第一刀切削量（Amount of first）"单选按钮时，系统根据设置的第一刀切削量、最后一刀切削量（Amount of last）和螺纹深度来计算切削次数；当选中"切削次数（Number of cuts）"单选按钮时，系统根据设置的切削次数、最后一刀切削量和螺纹深度来计算切削量。

（4）设置完成后生成刀具路径如图 8-52 所示。

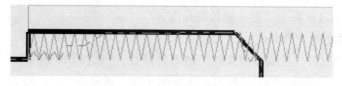

图 8-52 螺纹刀具路径

6. 钻孔加工

钻孔加工用于钻孔、镗孔或攻螺纹的刀具路径，选择" D钻孔"命令，系统将弹出如图 8-53 所示的对话框，在该对话框中对加工刀具进行选择和参数的设置。

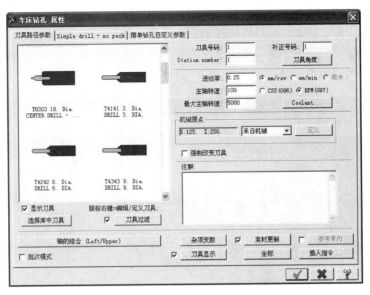

图 8-53　"车床钻孔属性"对话框

打开"Simple drill-no peck"选项卡，来设置孔的位置、深度及其他参数，如图 8-54 所示。其中，系统提供了 8 种标准形式和 12 种自定义形式加工方式。设置完成后，生成刀具路径如图 8-55 所示。

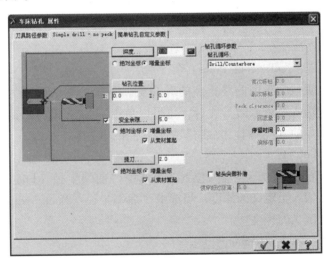

图 8-54　"Simple drill-no peck"选项卡

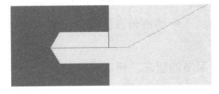

图 8-55　钻孔刀具路径

7. 切断

切断加工以生成一个垂直的刀具路径来切削工件，一般用于工件的切断，系统首先通过选取一个点来定义车削起始位置，然后设置共有的刀具参数，和一组切断车削刀具路径特有的参数，选择"$\blacksquare$ C截断"命令，打开如图 8-56 所示。

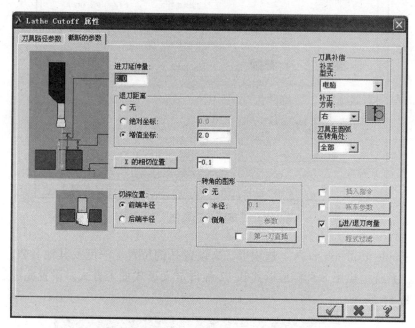

图 8-56 "Lathe cutoff 属性"对话框

1）"X 的相切位置（X Tangent Point）"

该文本框用于设置截断车削的终止点的 X 坐标，系统的默认设置为 0（将工件截断），用户可以在文本框中输入终止点的 X 坐标，也可以单击"X 的相切位置"按钮，在绘图区选取一点，以该选取点的 X 坐标作为截断车削终止点的 X 坐标。

2）"切深位置（Cut to）"

该选项组用于设置刀具的最终切入位置，当选中"前端半径（Front radius）"单选按钮时，刀具的前角点切入至定义的深度；当选中"后端半径（Back radius）"单选按钮时，刀具的后角点切入至定义的深度。

3）"转角的图形（Comer Geometry）"

该选项组用于在截断车削起始点位置定义一个角的外形。当选中"无（None）"单选按钮时，在起始点位置垂直切入，不生成倒角；当选中"半径（Radius）"单选按钮时，按文本框设置的半径生成倒圆角；当选中"倒角（Chamfer）"单选按钮时，按设置的参数生成倒角，其设置方法与切槽加工中切槽角点处倒角设置方法相同。

8. 快速车削加工

快速车削加工一般用于较简单的粗车、精车或切槽加工，在生成刀具路径时，设置的参数较少，如图 8-57 所示。

图 8-57　"简式车削"菜单

1）快速粗车加工

选择" R粗车"命令，进行快速粗车加工特有参数设置，如图 8-58 所示。

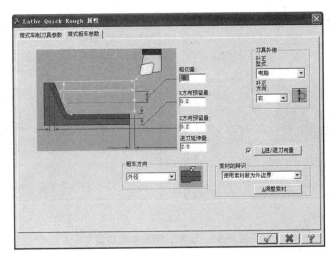

图 8-58　快速粗车加工特有参数设置

2）快速精车加工

选择" F精车"命令，进行快速精车加工参数设置，如图 8-59 所示。

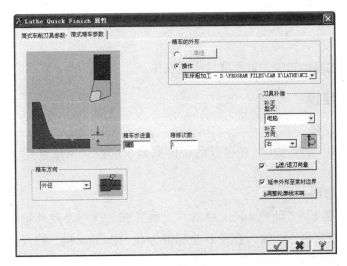

图 8-59　快速精车加工参数设置

411

3）快速切槽加工

选择"⬛G径向车削"命令，进行快速切槽加工参数设置；参数设置方法与切槽模组设置方法基本相同，定义加工模型时，对话框提供3种方式，如图8-60所示。

单击"确定"按钮后，在"Quick groove shape parameters"对话框中设置切槽的形状，如图8-61（a）所示，设置方法与切槽模组切槽外形设置方法基本相同。在"Quick groove cut parameters"对话框中设置粗车和精车参数，如图8-61（b）所示，设置方法与切槽模组中粗车和精车参数设置方法基本相同。

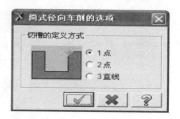

图8-60　定义加工模型

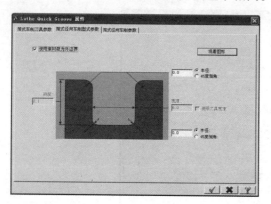

（a）

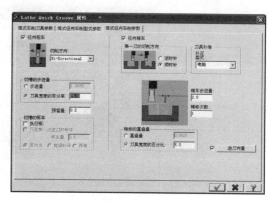

（b）

图8-61　粗车、精车参数设置

8.4　项目实施

下面将利用上述基础知识，进行项目实例操作。

8.4.1　几何建模

1. 车床坐标系设置

单击状态栏中的"构图面"，在打开的快捷菜单中选择"车床直径"的⬛+D+Z，完成车床坐标系的设定。

2. 绘制零件轮廓线

（1）选择"图层1""颜色10"。单击"直线"按钮⬛·绘制外轮廓线，单击"连续线"按钮⬛，起点选择原点，输入直径D坐标值为0，按Enter键，输入长度Z坐标值为0，按Enter键，Y坐标值为0。然后依次输入各端点坐标值（D15.85，Z0）、（D15.85，Z-20）（D20，Z-20）、（D30，Z-35）、（D30，Z-70）、（D40，Z-70）和（D40，Z-95），然后单击"✓"按钮，Y坐标值都为0。

（2）选择菜单栏中的"构图"→"圆弧"→"两点画弧"命令，圆弧两端点坐标为（D30，Z-40）和（D30，Z-60），半径为20，即 🔘 ┃20.0 ▾┃，然后单击"✓"按钮，绘制出的零件轮廓图如图8-62所示。

（3）选择菜单栏中的"编辑"→"修剪/打断"→"修剪/打断"命令，使用"分割图素"按钮┼┼对图8-62进行修剪，剪去圆弧部分的直线，然后单击"✓"按钮，结果如图8-63所示。

选择菜单栏中的"构图"→"倒角"→"倒角"命令，应用倒角命令进行C1倒角，然后单击"✓"按钮，结果如图8-63所示。

图8-62　绘制零件轮廓

图8-63　修剪后零件轮廓

（4）选择"图层5""颜色15"。单击"直线" ╲▾ 中的"连续线"按钮 ⁙，绘制3×φ10的槽，依次输入坐标（D15.85，Z-20）、（D10，Z-20）、（D10，Z-17）和（D15.85，Z-17），然后选择"图层1"，"颜色10"，绘制另外两条封闭轮廓线。为了方便生成刀具加工路径时选取外圆加工轮廓线，此处暂不裁剪外轮廓线，而是将键槽处的外圆线打断。使用"修剪/打断"命令，弹起"修剪"按钮 ✄，在绘图区选取要打断的外轮廓线，然后点选分割位置，结果如图8-64所示。

图8-64　封闭的零件轮廓

3. 建立零件的几何模型

选择"图层10"，应用"实体"中的"旋转"命令，弹出"串连选项"对话，选择"串连"方式，选取图8-64中的零件轮廓，旋转轴线选择中心水平线，单击"✓"按钮，绘制出零件的几何模型，如图8-65所示。

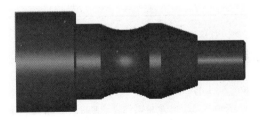

图8-65　零件的几何模型

项目描述任务
操作视频

8.4.2　加工工艺方案制订

根据图纸要求和毛坯情况，按先主后次的加工原则确定工艺方案和加工路线。对于该阶梯轴，其轴心线为工艺基准，用三爪自定心卡盘夹持料棒一端使工件伸出卡盘 100 mm，一次装夹完成轮廓的粗/精加工、切槽和螺纹加工。确定工艺路线如下。

（1）车端面；

（2）粗车外轮廓：先从右至左切削外轮廓，其加工路线为：倒角→切螺纹的大径 $\phi 15.8 \times 20$→切削台肩→切削锥度部分→车削 $\phi 30$ 外圆→车削 R20 凹圆弧部分→车削 $\phi 30$ 外圆→切削台肩→车削 $\phi 40 \times 95$ 外圆；

（3）精车外轮廓；

（4）切 $3 \times \phi 10$ 的退刀槽；

（5）车 M16×1.5 的外螺纹。

由于零件精度没有特殊要求，所以选用 3 把刀具：1 号刀为外圆车刀，2 号刀为车槽刀，3 号刀为外螺纹车刀，确定换刀点要避免刀具与工件及夹具发生碰撞，换刀点可以设置在（D200，Z300）。填写数控加工工序卡见表 8-1。

表 8-1　数控加工工序卡

数控加工工序卡		工序号		工序内容		
		01		车		
×××学校		零件名称		材料	夹具名称	使用设备
		阶梯轴		45#	三爪卡盘	数控车床
工步号	工步内容	刀具号	主轴转速/（r·min⁻¹）	进给量/（mm·r⁻¹）	背吃刀量/mm	备注
1	车端面	T0101	150m/min	0.1	0.2	
2	粗车外轮廓	T0101	600	0.2	2.0	
3	精车外轮廓	T0101	1 000	0.1	0.25	
4	切槽 3×φ10	T0202	650	0.08		
5	车外螺纹 M16×1.5	T0303	800	1.5		
编制		审核		第　页	共　页	

8.4.3　刀具路径规划

读者可以通过 Mastercam X 工作界面选择"机床类型"菜单命令，进行车床模块的切换。选择菜单栏中的"机床类型"→"车床"→"默认"命令即可。

1. 刀具设置

在菜单区选择"刀具路径"→"车床刀具管理器"命令，弹出"刀具管理"对话框，在加工群组列表中右击，选择"创建新刀具"命令，弹出"定义刀具-加工群组 1"对话框，刀具设置如下：

1）1 号外圆车刀

车刀类型选择"一般车削"，刀片型式选用"D（55 度钻石形）型"，刀把选用 J"（-3 度侧边）型"。在"参数"选项卡中设置刀具名称为"车刀 1"，其余刀具参数根据表 8-1 中的数值设置。注意"刀把"选项卡中参数值的设置，以免刀具加工凹圆弧时引起干涉。

在"定义刀具-加工群组 1"对话框中单击" 设定刀具 "按钮，打开"车床的刀具设定"对话框，如图 8-66 所示。根据数控机床的实际情况，可以进行"架刀位置""刀塔""预设的夹头方向""主轴的旋转方向"以及"换刀点"位置等方面的设置。

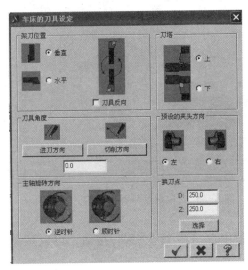

图 8-66　"车床的刀具设定"对话框

2）2 号车槽刀

车刀类型选择"径向车削/截断"，"刀片"选项卡设置如图 8-67 所示。在"参数"选项卡中设置刀具名称为"车刀 2"。

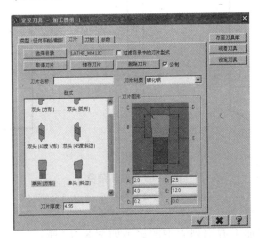

图 8-67　"径向车削/截断"车刀类型的"刀片"选项卡

3）3 号外螺纹车刀

设置螺纹车刀"刀片"选项卡如图 8-68 所示，一般选用"公制 60 度"，螺纹的导程为 1.5mm。在"参数"选项卡中设置刀具名称为"车刀 3"。

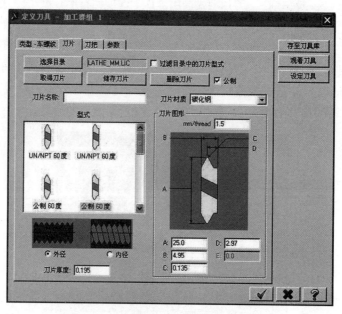

图 8-68　"车螺纹"类型"刀片"选项卡

在"定义刀具"对话框中单击" 观看刀具 "按钮，可以预览相应的刀具，如图 8-69 所示。

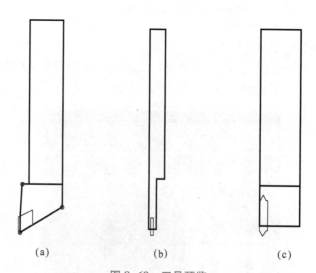

(a)　　　　　　(b)　　　　　　(c)

图 8-69　刀具预览

（a）1 号外圆刀；（b）2 号外槽刀；（c）3 号螺纹刀

设定好的 3 把刀具在加工群组列表中的显示如图 8-70 所示。

T0101 R0.8
车刀1

T0202 R0.2 W2.5
车刀 2

T0303 R0.081
车刀 3

图 8-70　设定车削加工刀具

2. 工件设置

关闭"图层 5",隐藏中心水平线。在图 8-71 所示的"刀具路径"管理器中单击"材料设置"选项卡,弹出如图 8-72 所示的对话框。

图 8-71　"刀具路径"管理器

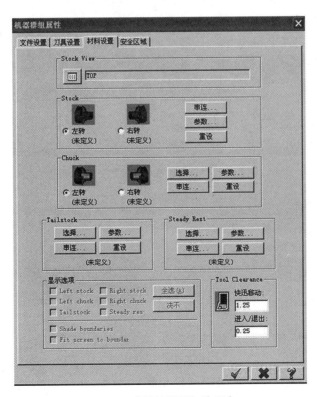

图 8-72　"材料设置"选项卡

1）定义毛坯边界

（1）用"串连"方法定义毛坯外形。

在"Stock（毛坯）"选项区单击"串连"按钮，系统弹出"串连选项"对话框，在绘图区选择串连曲线即可。使用此方法必须事先在绘图区构造出毛坯的轮廓线，然后在绘图区串连选择该轮廓线。

（2）用参数方法定义毛坯外形。

在"Stock（毛坯）"选项区单击"参数"按钮，系统弹出如图 8-73 所示的"长条状毛坯的设定"对话框，该对话框中部分选项含义如下。

OD：毛坯外径，在该文本框中输入棒料的直径"45"；

长度：毛坯长度，在该文本框中输入棒料的长度"130"；

基线 Z：将毛坯右端面中心向左 2 mm 处（端面加工余量为 2 mm）设定为工作坐标系原点 Z0，在该文本框中输入毛坯右端面的 Z 向坐标值 2 mm。

由两点产生：单击"由两点产生"按钮，在绘图区选择两点作为毛坯的两个顶点，可以用这两个顶点来定义毛坯外形。

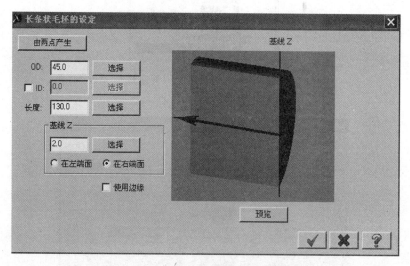

图 8-73 "长条状毛坯的设定"对话框

单击"预览"按钮，预览定义的毛坯，如图 8-74 所示，零件用实体效果显示时的毛坯设定如图 8-75 所示。

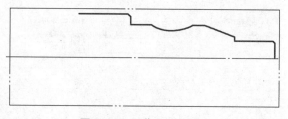

图 8-74 预览毛坯外形

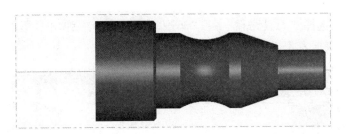

图 8-75　用实体效果显示的毛坯外形

2）卡盘（Chuck）边界

在"Chuck（卡盘）"选项区单击"参数"按钮，系统弹出"夹爪的设定"对话框，设置如图 8-76 所示，设定效果如图 8-77 所示。

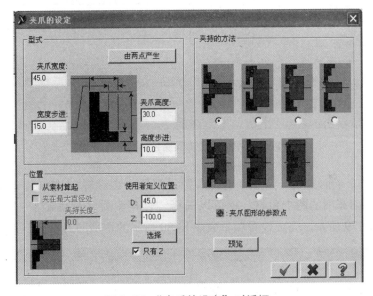

图 8-76　"夹爪的设定"对话框

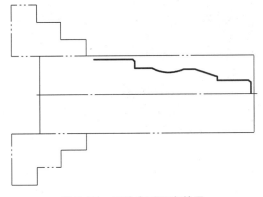

图 8-77　工件夹爪设定效果

3. 生成端面加工刀具路径

（1）在菜单区选择"刀具路径"→"车削端面"命令，弹出"车端面属性"对话框，如图 8-78 所示，根据表 8-1 中的数值设置各项切削参数。

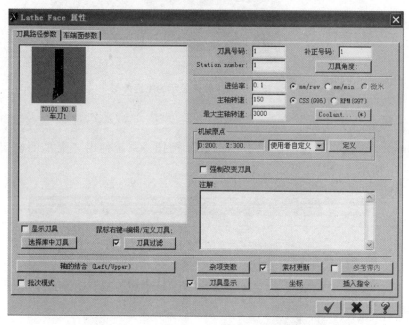

图 8-78　车端面"刀具路径参数"选项卡

（2）选择"车端面参数"选项卡进行参数设置既可以选择"选点"来确定加工区域，此时可以选取端面车削的两个角点；也可以选择"使用素材"来确定加工区域，端面车削参数设置如图 8-79 所示，完成设置后生成图 8-80 所示的切端面刀具加工路径。

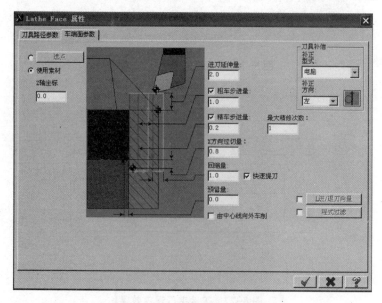

图 8-79　"车端面参数"设置

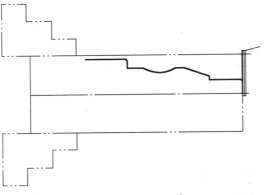

图 8-80 车端面刀具路径

4. 生成轮廓粗车加工刀具路径

1）设置加工轮廓的起刀位置

加工轮廓的起刀位置位于工件右端面 2 mm 处，且在 1×45°倒角的延长线上。设置"图层 1"为构图层，关闭其余图层。在"操作管理器"中，单击按钮≋，切换车端面刀具路径的显示方式；单击"◆ 材料设置"按钮，通过改变毛坯、卡盘和尾座的显示方式，隐藏掉毛坯、卡盘和尾座。选择菜单栏中的"构图"→"直线"→"平行线"命令⬛，输入距离为"2"，选择要平行的直线后单击其右侧，然后单击"确认"按钮✓，结果如图 8-81 所示。选择菜单栏中的"编辑"→"修剪/打断"命令，使用"修剪两物体"命令⬛，延伸图 8-81 中的倒角线到距离端面 2 mm 处，然后单击"确认"按钮✓。在绘图区选中辅助线，然后单击"删除"按钮✏，删除辅助线，结果如图 8-82 所示。

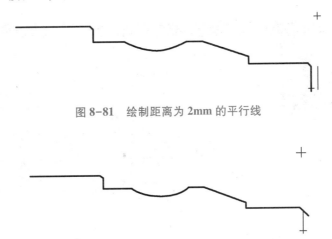

图 8-81 绘制距离为 2mm 的平行线

图 8-82 延伸倒角线

2）设置加工轮廓的终止位置

选择"直线"→"垂直线"命令↕，绘制加工轮廓的终止线。选取第一点后，输入长度为"4"，按 Enter 键，结果如图 8-83 所示。

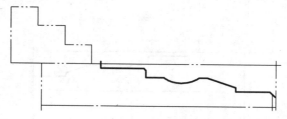

图 8-83　绘制加工轮廓的终止线

3）生成外轮廓粗车刀具路径

（1）选择菜单"刀具路径"→"粗车"命令，弹出"串连选项"对话框，选择"串连"命令，在绘图区选取所要加工的轮廓，轮廓起点为倒角延长线的端点，如图 8-84 所示。

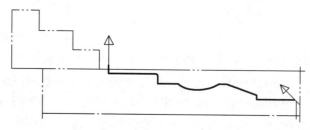

图 8-84　选择粗车轮廓线

（2）单击"确认"按钮 ✓，系统将弹出"车床粗加工属性"对话框，参数设置如图 8-85 所示。

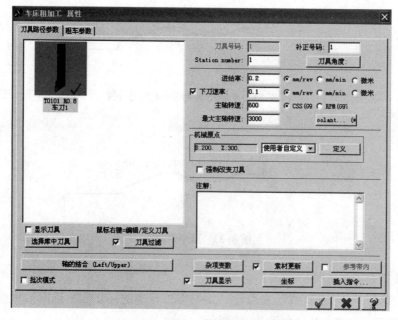

图 8-85　"刀具路径参数"选项卡

（3）选择对话框中的"粗车参数"选项卡，并设置各项切削参数，如图 8-86 所示。

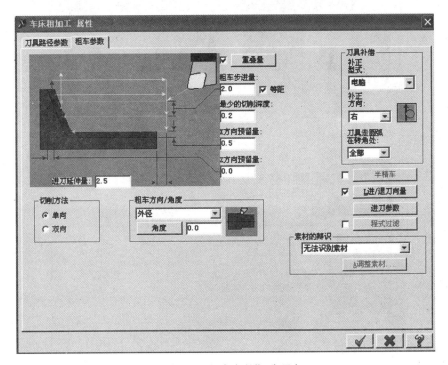

图 8-86　"粗车参数"选项卡

（4）单击"确认"按钮 ✔ ，生成如图 8-87 所示的粗车外轮廓刀具路径。

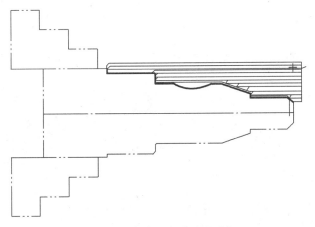

图 8-87　粗车外轮廓刀具路径

（5）单击图 8-86 中的"进刀参数"按钮，系统弹出图 8-88 所示的"进刀的切削参数"对话框，该对话框用来设置在粗车加工中是否允许底切，选择径向有底切的方式。

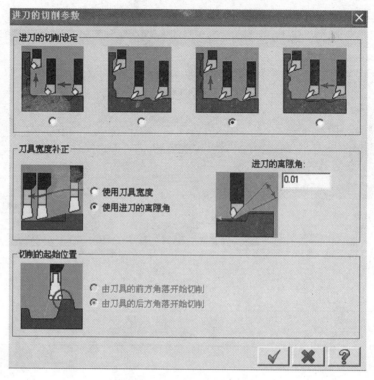

图 8-88　进刀参数设置

（6）单击图 8-86 中的"L 进/退刀量"按钮，弹出"输入/输出"对话框，设置进刀向量，如图 8-89 所示，设置退刀向量，如图 8-90 所示。生成径向有底切的粗车刀具路径，如图 8-91 所示。

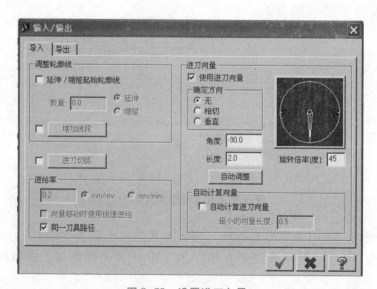

图 8-89　设置进刀向量

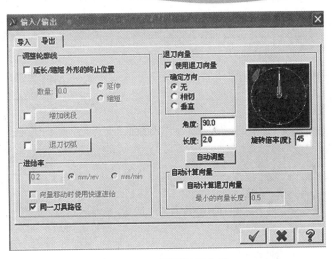

图 8-90　设置退刀向量

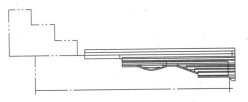

图 8-91　径向有底切的粗车刀具路径

5. 生成精车加工刀具路径

（1）在菜单区选择"刀具路径"→"精车"命令，弹出"串连选项"对话框，选择需要精加工的外轮廓。如果精车轮廓与粗车轮廓相同，可以单击"选取上次"按钮 。单击"确认"按钮 ✔，弹出"车床精加工属性"对话框，设置切削参数，如图 8-92 所示，在"精车参数"选项卡中设置各项参数，如图 8-93 所示。

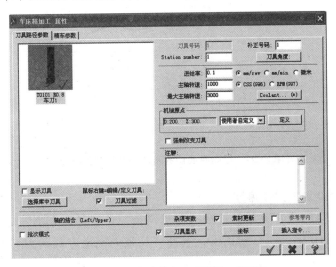

图 8-92　"车床精加工属性"对话框

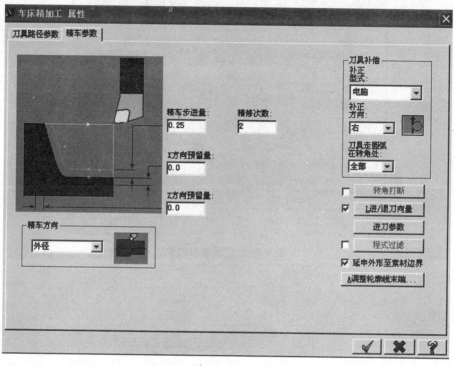

图 8-93　"精车参数"选项卡

（2）单击图 8-93 中的"进刀参数"按钮，系统弹出"进刀的切削参数"对话框，选择径向有底切的方式。

（3）单击"确认"按钮 ✔，生成图 8-94 所示的径向有底切的精车外轮廓刀具路径。

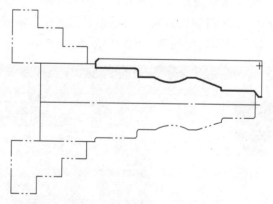

图 8-94　径向有底切的精车外轮廓刀具路径

6. 退刀槽 3×φ10 加工刀具路径

（1）打开"图层 5"，在菜单区选择"刀具路径"→"径向车削"命令，弹出图 8-95 所示的"径向车削的切槽选项"对话框，选择"切槽的定义方式"为"串连"，单击"确认"按钮 ✔。

图 8-95　"径向车削的切槽选项"对话框

（2）在弹出的"串连选项"对话框中单击"局部串连"
按钮，选择要加工的槽 3×φ10 的轮廓线，如图 8-96 所示，系
统弹出如图 8-97 所示的"车床—开槽属性"对话框。

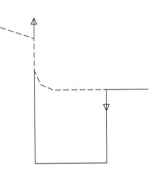

图 8-96　选择槽的轮廓线

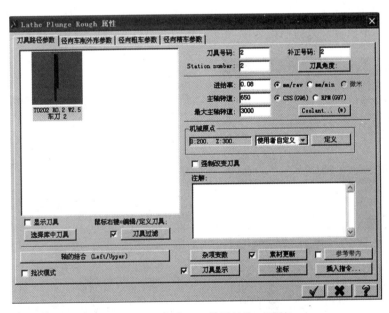

图 8-97　"车床—开槽属性"对话框

（3）"径向车削外形参数"采用默认值，"径向粗车参数"选项卡用于设置切槽的粗车
参数，如图 8-98 所示。

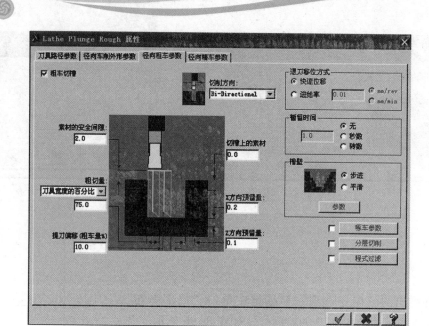

图 8-98 "径向粗车参数"选项卡

(4) 单击"啄车参数"按钮,弹出如图 8-99 所示的"节参数"对话框,在该对话框中设置啄车量、退刀移位及槽底暂留时间等参数。

(5) 单击"分层切削"按钮,弹出如图 8-100 所示的"切槽的分层切深设定"对话框,在该对话框中设置刀具每次的切削深度、切削次数、刀具移动方式等参数。

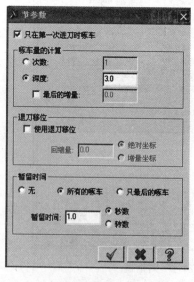

图 8-99 "节参数"对话框

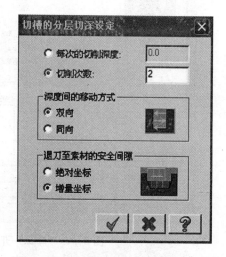

图 8-100 "切槽的分层切深设定"对话框

(6) 径向粗车参数设置完成后单击"径向精车参数"选项卡,如图 8-101 所示。勾选"进刀向量"复选框,并单击该按钮,弹出如图 8-102 所示的进刀向量的"输入"对话框,可以进行"调整轮廓线""进给率""使用进刀向量"及"自动计算向量"等参数的设置。

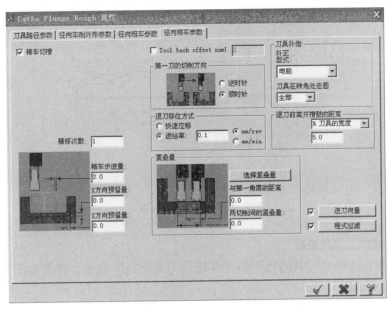

图 8-101　"径向精车参数"选项卡

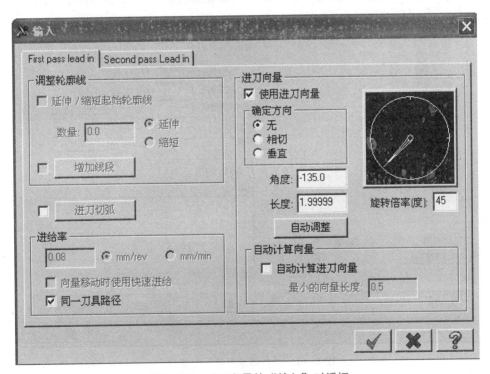

图 8-102　进刀向量的"输入"对话框

（7）设置各项参数完成后，单击"确认"按钮✅，生成如图 8-103 所示的切槽刀具路径。

429

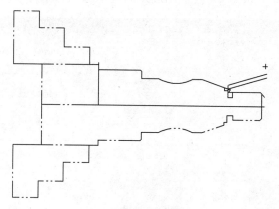

图 8-103　切槽刀具路径

7. 生成螺纹加工刀具路径

（1）在菜单区选择"刀具路径"→"车螺纹刀具路径"命令，弹出如图 8-104 所示的"车螺纹属性"对话框。

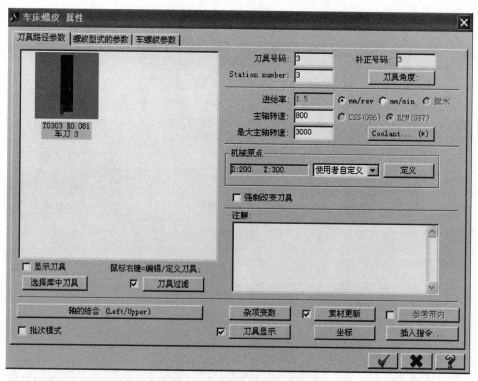

图 8-104　"车螺纹属性"对话框

（2）在"螺纹型式的参数"选项卡中定义螺纹参数，如图 8-105 所示，给出螺纹大径 16.0 后可以单击"运用公式计算"按钮，直接计算出小径，如图 8-106 所示。

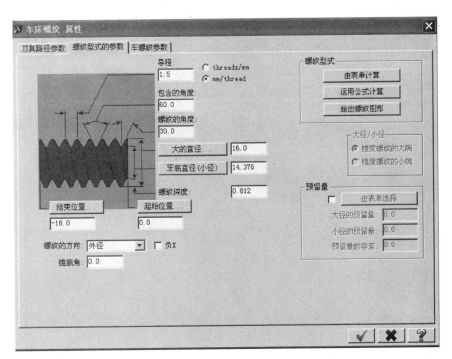

图 8-105　"螺纹型式的参数"选项卡

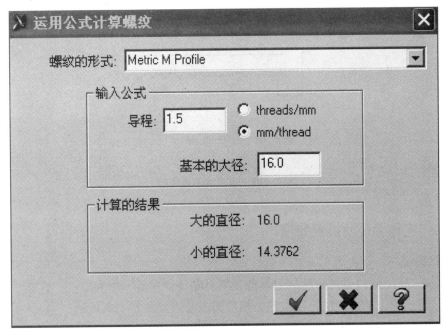

图 8-106　运用公式计算出小径

（3）在"车螺纹参数"选项卡中定义螺纹切削参数，如图 8-107 所示。

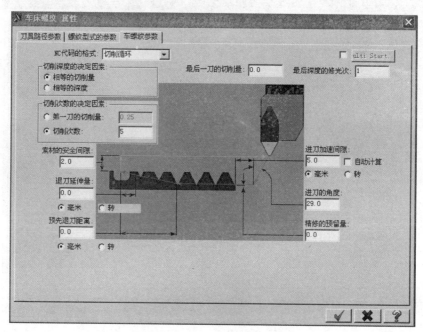

图 8-107 "车螺纹参数"选项卡

（4）单击"确认"按钮，生成如图 8-108 所示的刀具路径。

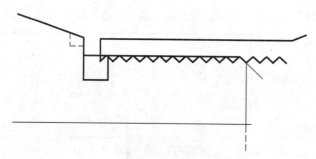

图 8-108 车螺纹刀具路径

8.4.4 实体验证及后置处理

1. 实体验证

在前图 8-71 中的"刀具路径"上单击"刀具路径管理器"中的按钮，系统弹出"实体切削验证"对话框，单击"执行"按钮，模拟加工结果如图 8-109 所示。

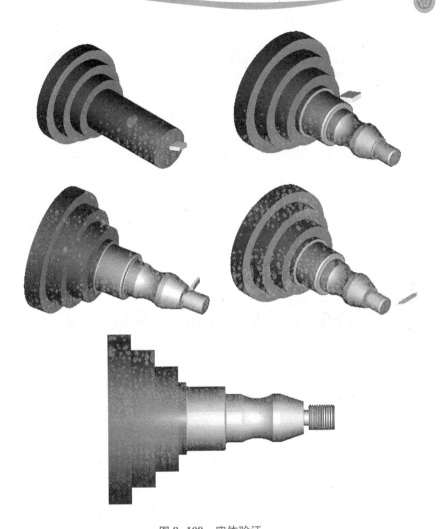

图 8-109　实体验证

（a）工步 1：车端面；（b）工步 2、3：粗、精车外轮廓；（c）工步 4：切槽 3×φ10；

（d）工步 5：车螺纹 M16×1.5；（e）效果图

2. 后置处理

（1）在前图 8-71 所示的"刀具路径管理器"中单击"文件"命令，弹出"机器群组属性"对话框，可以将"群组名称"改为"阶梯轴"，如图 8-110 所示。

图 8-110　修改群组名称

（2）在"刀具设置"选取项卡中设置程序号为"1"，如图 8-111 所示。

图 8-111　设置程序号

在"刀具路径管理器"中单击按钮，打开"后处理"对话框，选择输出的 NC 文件，即可生成 NC 数控加工程序。

项目评价（见表 8-2）

项目描述任务
操作视频

表 8-2　项目实施评价表

序号	检测内容与要求	分值	学生自评（25%）	小组评价（25%）	教师评价（50%）
1	学习态度	5			
2	安全、规范、文明操作	5			
3	能建立阶梯轴的二维轮廓模型和三维实体模型	10			
4	能确定阶梯轴加工工艺路线，编制数控加工工序卡	10			
5	能进行刀具设置和工件设置	5			
6	能生成端面加工刀具路径并进行仿真	10			
7	能生成轮廓粗车加工刀具路径并进行仿真	10			
8	能生成轮廓精车加工刀具路径并进行仿真	10			
9	能生成切槽加工刀具路径并进行仿真	5			
10	能生成螺纹加工刀具路径并进行仿真	10			
11	能后置生成数控加工程序	5			
12	项目任务实施方案的可行性，完成的速度	5			
13	小组合作与分工	5			
14	学习成果展示与问题回答	5			
总分		100	合计：		

序号	检测内容与要求	分值	学生自评（25%）	小组评价（25%）	教师评价（50%）
问题记录和解决方法	记录项目实施中出现的问题和采取的解决方法				

8.6　项 目 总 结

　　车床加工是机械工厂使用最多一道工序，数控车床也是工厂使用最多的机床，它主要用于轴类和盘类零件有加工。

　　车削加工是纯二维的加工，零件也都是圆柱形状，比铣削加工简单得多。以前国内的数控车床大都使用手工编程，现在随着 CAM 技术的普及，在数控床床上也开始利用 CAM 软件编写车削加工程序。

　　通过本项目的学习，可以非常熟练地掌握以下内容：

　　（1）基于 Mastercam X 的车床加工的基础知识，例如数控车床坐标系的设定、工作界面和菜单的使用、工件和刀具的设置等。

　　（2）Mastercam X 的几种车床加工类型及其参数设置，包括粗车、精车、端面车削、挖槽、钻孔、螺纹车削等。

8.7　项 目 拓 展

　　如图 8-112 所示，盘材料为 45° 调质钢，毛坯为 $\phi65×40$mm 圆棒料，应用 Mastercam X 软件完成该零件的车削加工造型，生成刀具加工路径，根据 FANUC-0i 系统的要求进行后置处理，生成 CAM 编程 NC 代码。

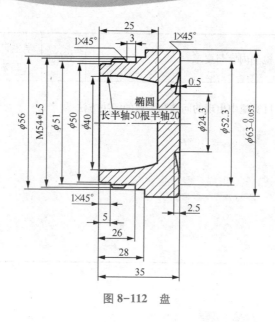

图 8-112 盘

8.7.1 几何建模

1. 绘制中心线

单击状态栏中的"属性",弹出"特性"对话框,选取"线型"为点划线,"线宽"为细实线,"颜色"为 12,"图层"为 10,并在图层名称处输入"中心线",单击"确认"按钮✓。

回到工作界面,单击工具栏中的绘制"任意线"按钮，,单击工作条中的"水平线"按钮⇄,输入第一点坐标（-38，0，0），第二点坐标（3，0，0），单击工作条中的"✓"按钮,绘制出的中心水平线如图 8-113 所示。

图 8-113 绘制中心水平线

2. 绘制外轮廓线

1）确定初始参数

Z：0.000；作图颜色：10；作图层别：1；图层名称：外轮廓线；WCS：T；构图面：T；屏幕视角：T；线型：实线；线宽：粗实线。

2）绘制外轮廓线

选择"绘制任意线"按钮，·→"连续线"按钮，依次输入各端点坐标值（-0.5，0，0）、（-0.5，12.15，0）、（-2.5，12.15，0）、（0，26.35，0）、（0，30，0）、（-1，31，0）、（-15，31，0）、（-15，28，0）、（-19，28，0）、（-19，26.925，0）、（-30，26.925，0）、（-30，25，0）、（-35，25，0）、（-35，0，0）和（-0.5，0，0），然后单击确认按钮✓,绘制出图 8-114（a）所示的图形。

注：为了几何建模的需要将轮廓封闭起来,等到设定刀具路径时,为了方便轮廓的选择可以单击"隐藏图素"按钮，将中心线上的实线隐藏起来。

3）绘制外槽

使用相关命令绘制完成 3×φ51 的外槽，如图 8-114（b）所示。

4）绘制倒角

选择"构图"命令中的"倒角"命令，倒角 1×45°，结果如图 8-114（c）所示。

3. 绘制内轮廓线

选择"图层 5"，图层名称为"内轮廓线"。

选择菜单栏中的"构图"→"画椭圆"命令，长轴设为 50，短轴设为 20，选取中心点位置（-35，0，0），然后单击"确认"按钮 ☑。

选择"绘制任意线"按钮 ↘·→"平行线"命令 ⫽，绘制一条距离左端面线 25mm 的垂线。选择菜单栏中的"编辑"→"修剪/打断"命令，裁剪椭圆和垂线，绘制出的零件轮廓如图 8-114（d）所示。

4. 绘制几何模型

选择"图层 20"，图层名称为"实体"。应用"实体"中的"旋转"命令，使用"串连"按钮 ⫴⫴⫴，选择图 8-114 中封闭的零件轮廓，旋转轴线选择中心水平线，单击按钮"☑"，为了显示清楚可以将其他各层关闭，绘制出的几何模型如图 8-115 所示。

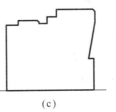
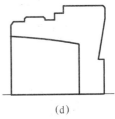

图 8-114　绘制零件轮廓

（a）绘制外轮廓线；（b）绘制外槽；（c）倒角；
（d）绘制内轮廓线

8.7.2　制订工艺方案

1. 零件结构分析

零件左端外轮廓由圆柱面、外槽及外螺纹组成，内轮廓为椭圆和平底内孔。加工平底内孔前需要钻孔，钻孔时要求将麻花钻钻尖刃磨成平头钻，严格控制钻孔深度；内孔刀具主偏角大于 90°，刀具最小加工孔径小于平底半径，刀具安装等高于工件回转轴线。

零件右端端面内有内凹锥台，加工中采用主偏角较大的外圆刀具加工，必要时可以将刀具后面刃磨成弧形，以防止刀具与工件发生干涉。

图 8-115　零件的几何模型

项目拓展任务
操作视频

2. 确定加工顺序和工件装夹方式

采用三爪卡盘装夹定位工件。先加工工件右端端面、圆柱面、端面内凹锥台；掉头再装夹 $\phi 62_{-0.03}^{0}$ 外圆，加工左端端面、外圆柱面、外槽、外螺纹、打孔和内椭圆面。

数控加工工序卡见表 8-3。

表8-3　数控加工工序卡

数控加工工序卡	工序号	1			使用设备	数控车床	
×××学校	零件名称	盘			夹具名称	三爪自定心卡盘	备注
	材料	45#钢			工序内容	车	
工步号	程序号	工步内容	刀具号	刀具规格	主轴转速/(r·min⁻¹)	进给量/(mm·r⁻¹)	背吃刀量/mm
1		车右端面	1	93°外圆车刀	150 m·min⁻¹	0.1	0.2
2	O0001	粗车外圆留1 mm精车余量	1		800	0.2	1.0
3		精车外圆至 $\phi62_{-0.03}^{0}$	1		1 200	0.08	0.5
4		粗车内凹锥台	5	105°外圆车刀	800	0.2	2
5		精车内凹锥台	5		1 000	0.1	0.25
		调头，车左端各部					
1		车左端面	1	93°外圆车刀	150 m·min⁻¹	0.1	0.2
2		钻孔留0.1 mm精车余量	6	$\phi32$平底钻	240		
3	O0002	粗车外轮廓留1 mm精车余量	1	93°外圆车刀	800	0.2	1.0
4		精车外轮廓	1		180 m·min⁻¹	0.08	0.5
5		切槽3×$\phi51$	2	宽2 mm	650	0.08	
6		车外螺纹 M54×1.5	3	60°	800	1.5	1
7		粗车内轮廓	4	$\phi12$	800	0.2	
8		精车内轮廓	4		180 m·min⁻¹	0.1	0.25
编制			审核			第　　页	共　　页

8.7.3　刀具路径规划

选择菜单栏中的"机床类型"→"车削"→"默认"命令即可。

1. 车床坐标系设置

单击状态栏中的"构图面",在打开的快捷菜单中选择"车床直径"的 ![icon]，进行车床坐标系的设定。

2. 工件设置

(1) 在刀具路径管理器中单击"材料设置",系统弹出"加工群组属性"对话框中的"材料设置"选项卡,单击"素材"Stock 选项区的"参数"按钮,打开"长条状毛坯的设定"对话框,设定毛坯参数,如图 8-116 所示,单击"✔"按钮,结果如图 8-117（a）所示。

注:将零件的右端面中心设为工件坐标系原点(端面加工余量为 2.5mm)。

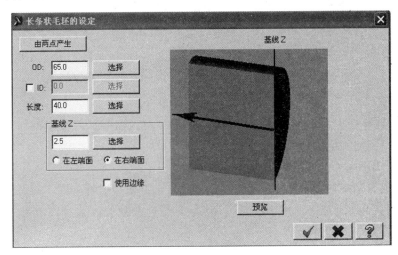

图 8-116　"长条状毛坯的设定"对话框

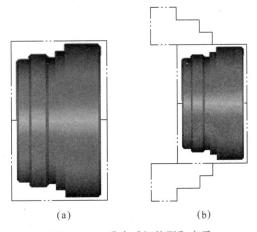

(a)　　　　　　　　　　　(b)

图 8-117　设定毛坯外形和夹爪

(a) 设定毛坯;(b) 设定夹爪

（2）在卡盘（Chuck）选项区单击"参数"按钮，系统弹出"夹爪的设定"对话框，设置夹爪参数如图8-118所示，单击✓按钮，结果如图8-117（b）所示。

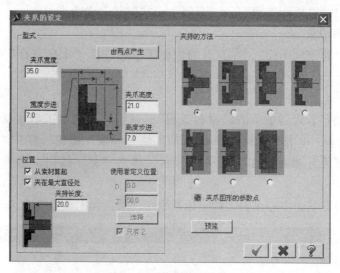

图8-118　设置夹爪参数

3. 刀具设置

在菜单区选择"刀具路径""→"车床刀具管理器"命令，可以根据加工需要从刀具库中将刀具选择到加工群组列表中，也可以创建新刀具。

1）外圆刀 T0101（粗、精车外圆和端面）

在加工群组列表中右击，选择"创建新刀具"，车刀类型选择外圆车刀，刀片型式选用"C型"（80°刀尖角），刀把选用"L型"，设定的刀具参数如图8-119所示，刀具预览如图8-123中所示的"车刀1"。

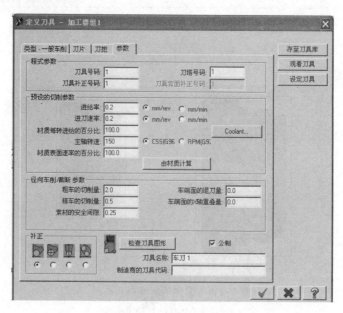

图8-119　外圆刀具参数设置

2）外槽刀 T0202（切外槽）

创建新刀具，车刀类型选择"径向车削/截断"，刀片型式选用单头（方头），刀宽 2 mm，长度要大些，这样可以切削较深的槽。刀把选用外径（右手），设定的刀具参数如图 8-120 所示，刀具预览如图 8-123 中所示的"车刀 2"。

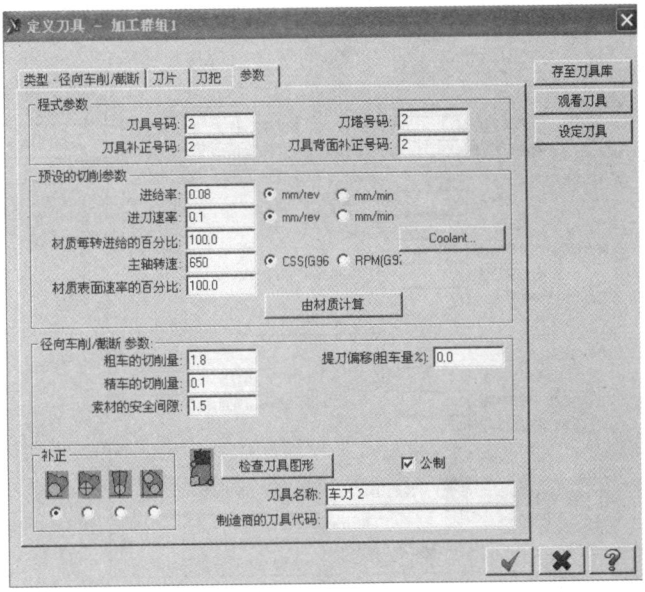

图 8-120　外槽刀具参数设置

3）外螺纹刀 T0303（车外螺纹）

创建新刀具，车刀类型选择"车螺纹"，刀片型式选用公制 60°，刀把选用 straight shank 型，设定的刀具参数如图 8-121 所示，刀具预览如图 8-123 中所示的"车刀 3"。

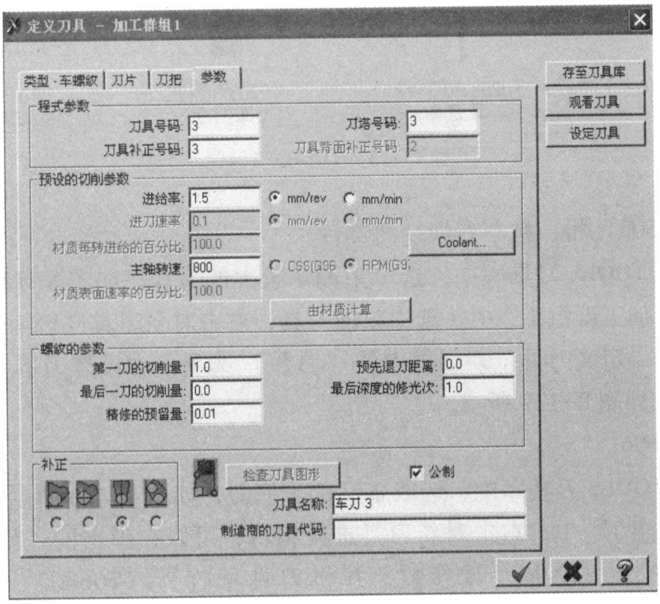

图 8-121　外螺纹刀具参数设置

4）内孔车刀 T0404（粗、精车内孔）

创建新刀具，车刀类型选择"搪刀"，刀片型式选用 V 型（35°刀尖角），刀把选用 Q 型，注意刀杆直径设定为 12mm，设定的刀具参数如图 8-122 所示，刀具预览如图 8-123 中所示的"车刀 4"。

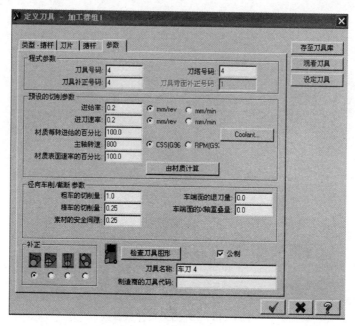

图 8-122　内圆刀具参数设置

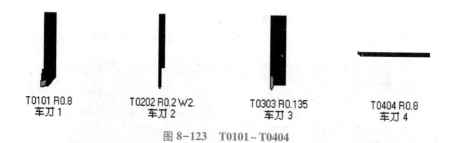

图 8-123　T0101～T0404

5）外圆刀 T0505（粗、精车右端端面锥台）

从 VALENITE. TOOLS 刀具库中，选取主偏角较大的刀具，如图 8-124 所示，双击，将选中的刀具放入"加工群组 1"中。选中新的刀具，右击对新刀具进行编辑，如图 8-125 所示，可以在弹出的"定义刀具"对话框中的"参数"选项卡中设置刀具参数，将刀具号改为"T0505"，结果如图 8-127 所示。

6）平底钻 T0606

从 LMILLSM. TOOLS 刀具库中，选取 φ32 的平底刀，如图 8-126 所示，双击，将选中的刀具放入"加工群组 1"中。右击对新刀具进行编辑，可以在弹出的"定义刀具"对话框中的"参数"选项卡中设置刀具参数，并将刀具号改为"T0606"，结果如图 8-127 所示。

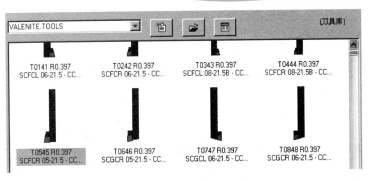

图 8-124 选取 "T0505"

图 8-125 编辑刀具 T0505

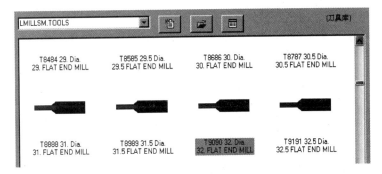

图 8-126 选取 T0606

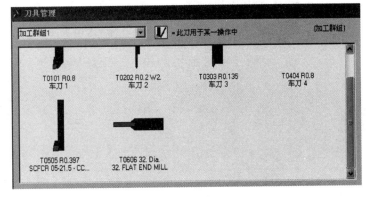

图 8-127 T0505~T0606

4. 生成工件右端加工刀具路径

1）端面加工刀具路径

在菜单区选择"刀具路径"→"车端面"命令，在弹出的对话框中进行参数设置，根据表 8-3 中的数值设置各项切削参数，如图 8-128 和图 8-129 所示。完成设置后生成如图 8-130 所示的端面加工刀具路径，可以通过键盘上的"T"键隐藏或显示生成的刀具路径。

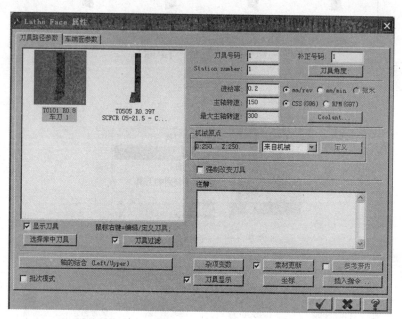

图 8-128　车端面"刀具路径参数"选项卡

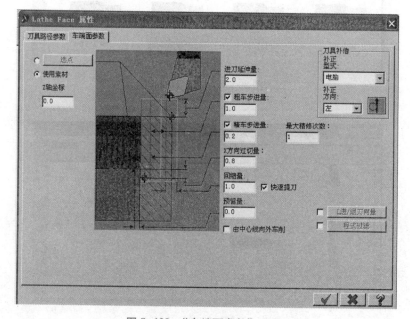

图 8-129　"车端面参数"设置

2）外轮廓粗车刀具路径

（1）选择加工外轮廓起刀位置位于工件右端面 2mm 处，且在 1×45°倒角的延长线上；加工外轮廓终止位置位于距右端面 16mm 处。选择"绘制任意线"按钮，→"平行线"命令，绘制一条距离右端面线 2mm 的垂线。选择菜单栏中的"编辑"→"修剪/打断"→"修剪一物体"命令，裁剪倒角线后删除垂线。选择菜单栏"修剪/打断"→"修剪/打断"命令，单击"指定长度"按钮，输入要延长的长度 1mm，单击所要延长的线段，结果如图 8-131 所示。

（2）选择菜单"刀具路径"→"简式车削"→"粗车"命令，弹出"串连选项"对话框，选取所要加工的外轮廓，轮廓起点为倒角延长线的端点，如图 8-132 所示。单击"✔"按钮后，选取"T0101"，设置"简式粗车参数"，如图 8-133 所示，完成设置后生成如图 8-134 所示的右端外轮廓粗加工刀具路径。

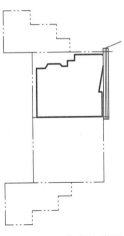

图 8-130　车右端端面
刀具路径

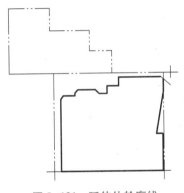

图 8-131　延伸外轮廓线

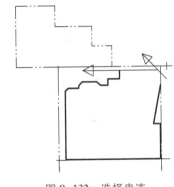

图 8-132　选择串连

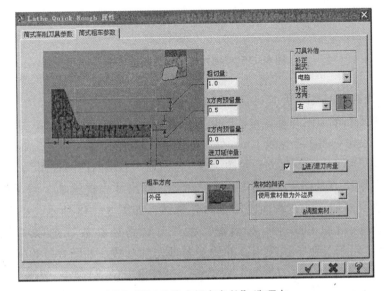

图 8-133　"简式粗车参数"选项卡

简式车削共有 3 种方式：简式粗车、简式精车和简式切槽。在使用简式切削方式时，所需设置的参数较少，主要用于较为简单的粗车、精车和径向车削。

3）外轮廓精车刀具路径

选择"简式切削"中的"精车"命令，系统将弹出"串连选项"对话框，选择需要精加工的外轮廓。如果精车轮廓与粗车轮廓相同，可以单击"选择上次"按钮。设置"简式精车参数"，如图 8-135 所示，生成如图 8-136 所示的右端外轮廓精车刀具路径。

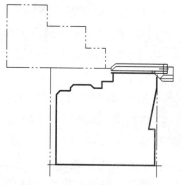

图 8-134　右端外轮廓粗车刀具路径

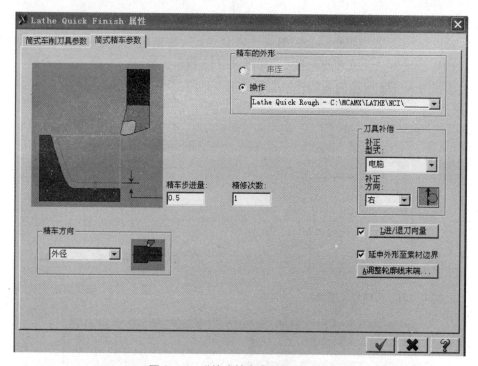

图 8-135　"简式精车参数"选项卡

4）粗车端面锥台刀具路径

（1）选择加工右端面内凹锥台轮廓的起刀位置位于工件右端面 2 mm 且过中心线 1 mm 处；加工终止位置为右端面延长线 1 mm 处，如图 8-137 所示。

为了看图方便也可以重新建立一个图层 3，名称是"右端内内凹锥面"。

（2）选择菜单"刀具路径"→"粗车"命令，弹出"串连选项"对话框，选择"串连"方式，选取所要加工的右端面内凹锥台轮廓线，如图 8-138 所示。单击"✓"按钮，系统将弹出"车床粗加工属性"对话框，在"刀具路径参数"选取项卡中选择刀具"T0505"，选择"粗车参数"选项卡，并设置各项切削参数，如图 8-139 所示，单击"进刀参数"按钮，系统弹出"进刀参数"对话框，设置进刀切削参数，选择端面有底切的粗车刀具路径，如图 8-140 所示，完成设置后生成如图 8-141 所示的粗车右端面内凹锥台刀具路径。

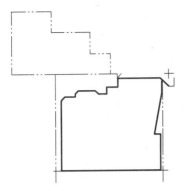

图 8-136　右端外轮廓精车刀具路径

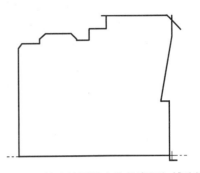

图 8-137　给右端面锥台外轮廓添加辅助线

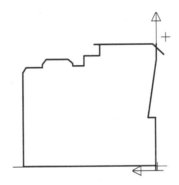

图 8-138　选取右端面内凹锥台轮廓线

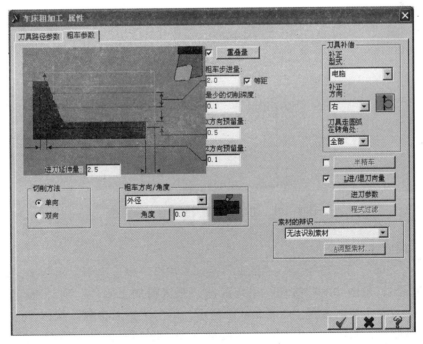

图 8-139　"粗车参数"选项卡

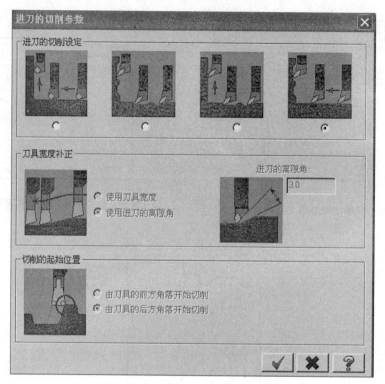

图 8-140　进刀的切削参数设定

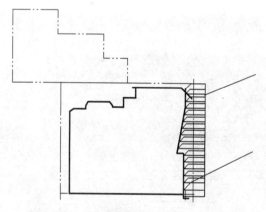

图 8-141　粗车右端面内凹锥台刀具路径

5）精车端面锥台刀具路径

（1）选择菜单"刀具路径"→"精车"命令，弹出"串连选项"对话框，单击"选取上次"按钮 ，单击"✔"按钮，系统弹出"车床精加工属性"对话框，选择"刀具T0505"，并设置精车切削参数，如图 8-142 所示，单击"进刀参数"按钮，选择端面有底切的精车刀具路径，如图 8-140 所示，生成如图 8-143 所示的精车右端内凹锥台的刀具路径。

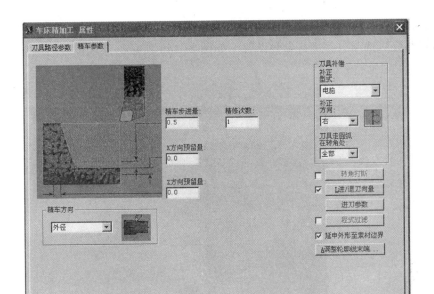

图 8-142 "精车参数"选项卡

（2）选择菜单"文件"→"保存"命令，保存工件右端各部的刀具加工路径。

5. 生成工件左端加工刀具路径

为了加工工件左端，需将工件调头，在这里可以使用"镜像"功能。

打开"图层 5"，使用画垂直线命令先在绘图区画出镜像轴线，其坐标为（D0，Z-17.5，Y0）和（D20，Z-17.5，Y0）；然后在绘图区选中所要镜像的图素，选择菜单"转换"→"镜像"→"移动"命令，单击"选择直线"按钮 ←——→ 来选取镜像轴，在绘图区选取之前绘制的垂线作为镜像轴线，单击"✔"按钮，然后删除辅助垂线，镜像后的结果如图 8-144 所示。

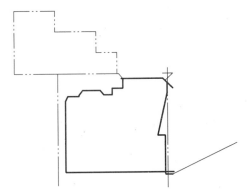

图 8-143 生成精车右端内凹锥台刀具路径

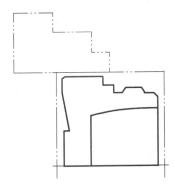

图 8-144 镜像后图形

1）端面加工刀具路径

选择菜单"刀具路径"→"车端面"命令，选择刀具"T0101"，在弹出的对话框中选择"车端面参数"选项卡并进行参数设置，如图 8-145 所示，完成设置后生成图 8-146 所示的左端面加工刀具路径。

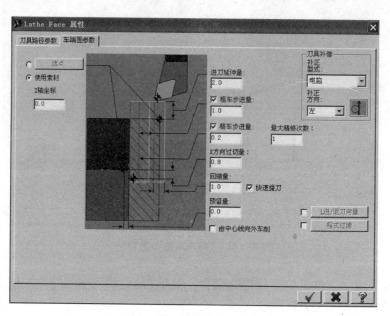

图 8-145　设置车端面参数

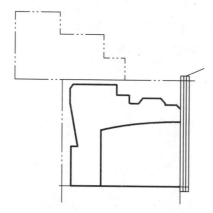

图 8-146　车左端端面刀具路径

2）钻孔

选择菜单"刀具路径"→"钻孔"命令，系统弹出"车床钻孔属性"对话框。设置钻孔参数，如图 8-147 所示，单击"✔"按钮，生成如图 8-148 所示的钻孔加工刀具路径。

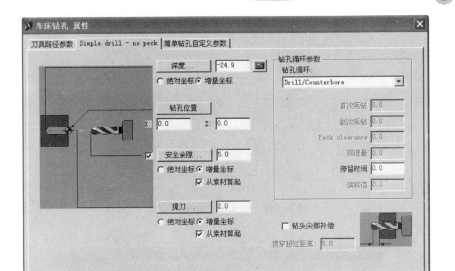

图 8-147 设置钻孔参数

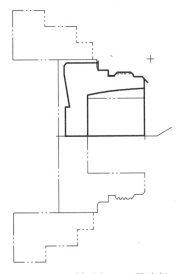

图 8-148 钻孔加工刀具路径

3）外轮廓粗车刀具路径

（1）首先修整外轮廓线，延长 1×45°倒角线和加工轮廓终端的台肩线，如图 8-149 所示，由图 8-146 中可见，夹爪的位置需要调整。在"刀具路径管理器"中单击"材料设置"，系统弹出"加工群组属性"对话框中的"材料设置"选项卡，在卡盘（Chuck）选项区单击"参数"按钮，系统弹出"夹爪的设定"对话框，调整夹爪夹持工件的长度为15 mm，如图 8-150 所示，单击"✔"按钮。

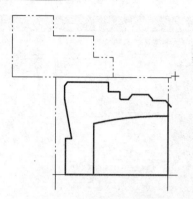

图 8-149　延长加工轮廓的两端

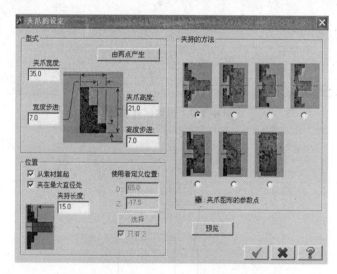

图 8-150　重新设定夹爪的夹持位置

（2）选择菜单"刀具路径"→"粗车"命令，弹出"串连选项"对话框，选取所要加工的外轮廓线，单击"✔"按钮，系统弹出"车床粗加工属性"对话框，选择刀具"T0101"，生成如图 8-151 所示的粗车左端外轮廓刀具路径。

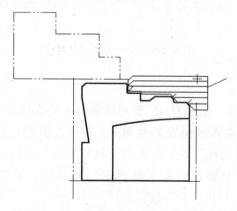

图 8-151　粗车左端外轮廓刀具路径

4）外轮廓精车刀具路径

选择菜单"刀具路径"→"精车"命令，弹出"串连选项"对话框，单击"选取上次"按钮 ，选取所要加工的外轮廓线，单击""按钮，选择刀具"T0101"并设置精车切削参数，完成设置后生成如图 8-152 所示的精车左端外轮廓刀具路径。

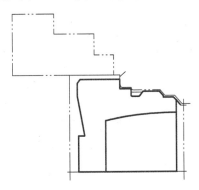

图 8-152　精车左端外轮廓刀具路径

5）外槽加工刀具路径

为了在加工出退刀槽 3×φ51 的同时，能够加工出螺纹的倒角，则需事先将外螺纹的倒角线延伸，如图 8-155 所示。选择菜单"刀具路径"→"径向车削"命令，弹出"径向车削的切槽选项"对话框，选择"切槽的定义方式"为"串连"，选用"局部串连"命令，在绘图区选取外槽轮廓，单击"✓"按钮。选择刀具"T0202"，设置"径向粗车参数"，如图 8-153 所示，设置"径向精车参数"，如图 8-154 所示，生成的加工刀具路径如图 8-155 所示。

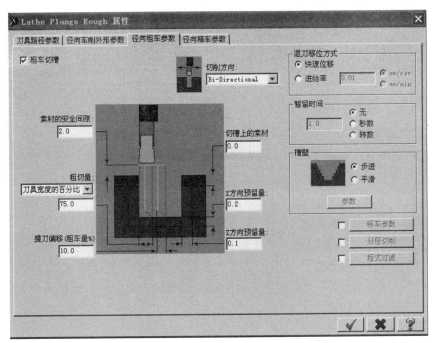

图 8-153　设置切槽粗车参数

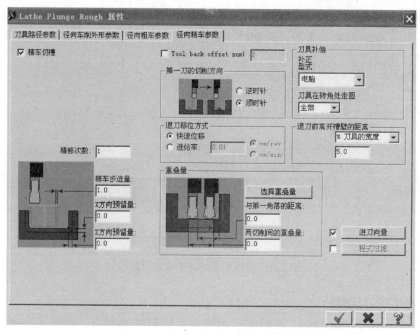

图 8-154　设置切槽精车参数

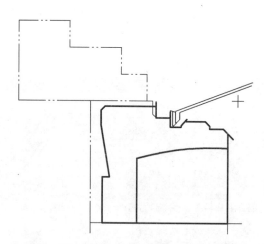

图 8-155　外槽加工刀具路径

6）外螺纹加工刀具路径

（1）选择菜单"刀具路径"→"车螺纹刀具路径"命令，系统将弹出"车螺纹属性"对话框。在螺纹型式的参数对话框中定义螺纹参数，如图 8-156 所示，给出螺纹大径后可以单击按钮"运用公式计算"，直接计算出小径，如图 8-157 所示，螺纹长度方向的起始和结束位置可以在绘图区选取。

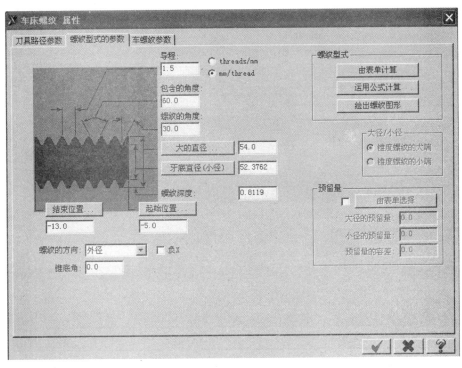

图 8-156 设置螺纹型式的参数

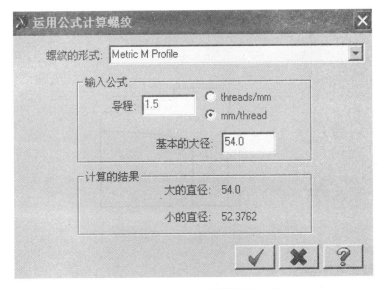

图 8-157 运用公式计算螺纹小径

（2）在"车螺纹参数"选项卡中定义螺纹切削参数，如图 8-158 所示，生成如图 8-159 所示的加工刀具路径。

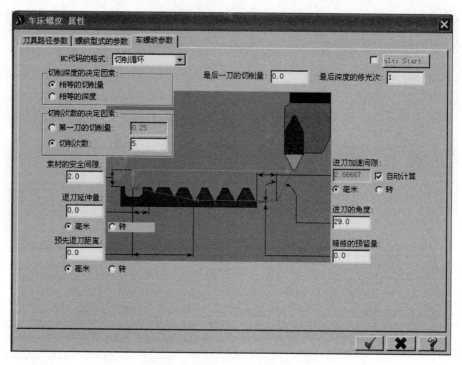

图 8-158　设置车螺纹参数

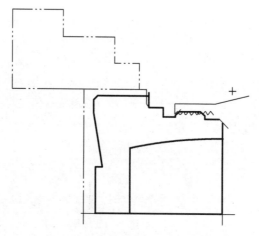

图 8-159　外螺纹加工刀具路径

7）内轮廓粗车刀具路径

（1）为了能够正确选择内轮廓线，需要对轮廓线进行修整，并且考虑到内径刀具 T0404 的加工范围，将加工终止的位置调整为（D30，Z-15），如图 8-160 所示，可以将孔底垂线打断。选择菜单"修剪/打断"命令，按"单一物体"按钮，按"打断"按钮，在绘图区选中要打断的垂线，再选取打断线，单击"✔"按钮。

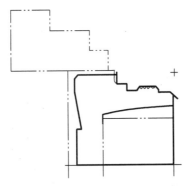

图 8-160 修整内轮廓刀具加工的终止位置

（2）选择菜单"刀具路径"→"粗车"命令，使用"局部串连"选取粗车内轮廓线，刀具选择"T0404"，弹出"车床粗加工属性"对话框，设置粗车参数，如图 8-161 所示，生成的粗车内轮廓刀具路径如图 8-162 所示。

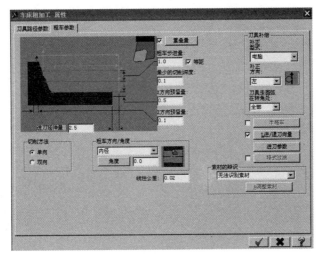

图 8-161 设置粗车参数

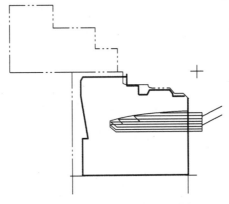

图 8-162 粗车内轮廓刀具路径

8）内轮廓精车刀具路径

选择菜单"刀具路径"→"精车"命令，使用"串连"选取精车内轮廓线，刀具选择"T0404"，设置精车参数，如图 8-163 所示。单击"L 进/退刀向量"按钮，选择"导出"选项卡，设置退刀参数，如图 8-164 所示，生成的精车内轮廓刀具路径如图 8-165 所示。

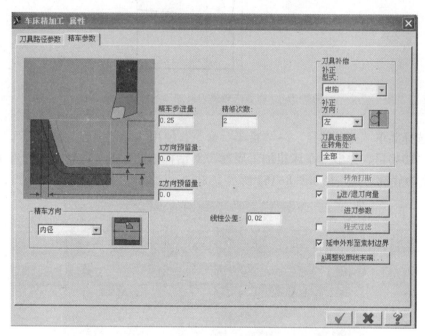

图 8-163　设置精车参数

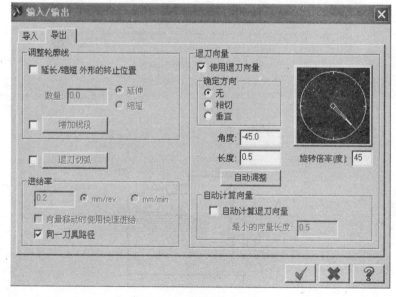

图 8-164　设置退刀参数

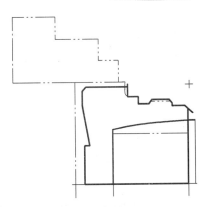

图 8-165　精车内轮廓刀具路径

8.7.4　刀具路径模拟

单击"刀具路径管理器"中的""按钮，系统弹出"刀路模拟"对话框，并在绘图区上方显示"播放"工具栏，在此可以观察刀具切削过程行走的轨迹。右端各部刀具加工路径如图 8-166 所示，左端各部刀具加工路径如图 8-167 所示。

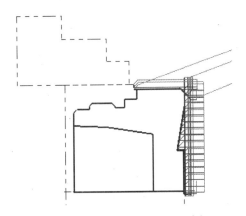

图 8-166　右端各部刀具加工路径

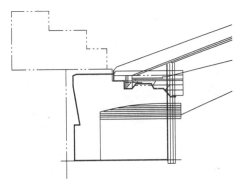

图 8-167　左端各部刀具加工路径

8.7.5　实体验证及后置处理

1. 实体验证

单击"刀具路径管理器"中的 按钮，系统将弹出"实体验证"对话框，在该对话框中可以通过播放来观察实际加工中刀具切削材料的加工过程。

车削工件右端实体验证过程如图 8-168 所示，车削工件左端实体验证过程如图 8-169 所示。

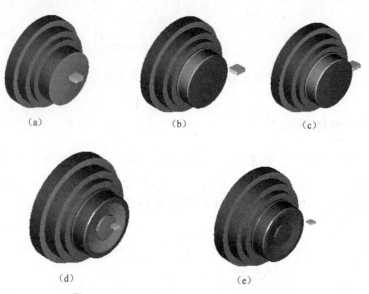

（a）　　　　　　　　　　（b）　　　　　　　　　　（c）

（d）　　　　　　　　　　（e）

图 8-168　刀具车削工件右端实体验证过程

（a）工步 1：车右端面；（b）工步 2：粗车外圆；（c）工步 3：精车外圆；
（d）工步 4：粗车内凹锥台；（e）工步 5：精车内凹锥台

（a）　　　　　　　　　　（b）　　　　　　　　　　（c）

（d）　　　　　　　　　　（e）　　　　　　　　　　（f）

图 8-169　刀具车削工件左端实体验证过程

（a）工步 1：车左端面；（b）工步 2：钻孔；（c）工步 3、4：粗、精车外轮廓；（d）工步 5：切槽 3×ϕ51；
（e）工步 6：车外螺纹 M54×1.5；（f）工步 7、8：粗、精车内轮廓

2. 后置处理

在"刀具路径管理器"中单击"G1"按钮，系统将弹出"后处理程式"对话框。选中"文件"前的复选框，表明生成 NC 加工代码。选中"覆盖前询问"前的单选按钮，则会在覆盖原文件时提示助记用户是否覆盖，如图 8-170 所示。如果不需在 Mastercam X 编辑器中编辑程序，就不用勾选"编辑"复选框，程序生成后可以用记事本打开保存的".NC"程序文件，以便进行程序的编辑，这时的程序格式是".TXT"。

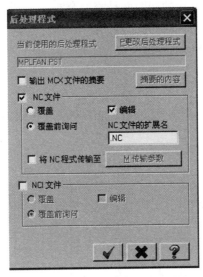

图 8-170　设置后处理程式参数

项目拓展任务
操作视频

8.8　项目巩固练习

8.8.1　填空题

1. 车床坐标系分为＿＿＿＿、＿＿＿＿、＿＿＿＿、＿＿＿＿ 4 种。
2. 车床刀具类型分为＿＿＿＿、＿＿＿＿、＿＿＿＿、＿＿＿＿、＿＿＿＿ 5 种。
3. 粗车方向分为＿＿＿＿、＿＿＿＿、＿＿＿＿、＿＿＿＿ 4 种。

8.8.2　选择题

1. 在数控车床坐标中，+Z 方向是（　　）。

　A. 刀具远离刀柄方向　　　　　　B. 刀具离开主轴线方向

　C. 刀具靠近主轴线方向　　　　　D. 刀具靠近刀柄方向

2. 车床系统刀具的设置不包括（　　）。

A. 刀具类型的设置　　　　　　B. 刀头的设置

C. 刀柄的设置　　　　　　　　D. 刀具长度的设置

8.8.3　简答题

1. 简述车床加工和铣床加工的相同点与不同点。

2. 列举 8 种 Mastercam X 常用的车削加工方法。

3. Mastercam X 轩削加工常用的构图面是哪一个？

4. 挖槽车削加工时为什么要设置底部刀具停留时间？

5. 练习在自定义尺寸、外形的工件上设置毛坯、卡盘、顶尖。

8.8.4　操作题

1. 如图 8-171 所示零件图，选择适当的加工方法并生成刀具路径，进行仿真加工生成 NC 程序。

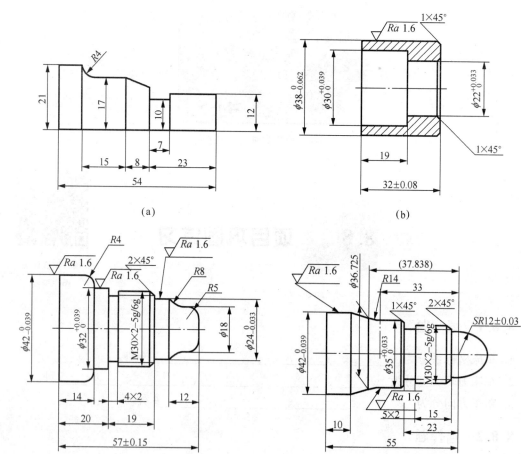

图 8-171　零件图

2. 通过如图 8-172 所示的零件（毛坯为 $\phi70$ 的圆棒料，材料为 45#），练习使用 Mastercam X 车削编程软件完成车端面、粗车、精车、切槽及螺纹切削等车削加工。

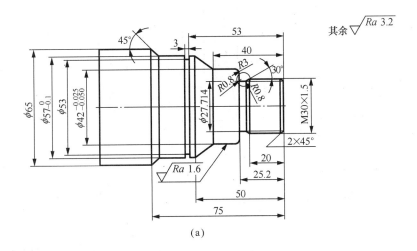

(a)

	X	Z	I	K	R
1	27.714	−21.979	0.693	−0.4	0.8
2	27.5	−22.379			
3	27.5	−24.4	0.8	0	0.8
4	29.1	−25.2			

(b)

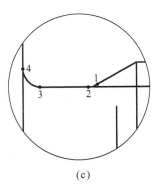

(c)

图 8-172　轴

3. 通过如图 8-173 所示零件（毛坯材料为 45#），练习使用 Mastercam X 车削编程软件完成该零件的车削加工。

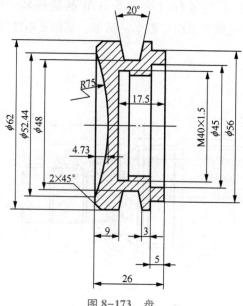

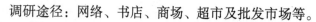

图 8-173　盘

4. 自己设计一个印章，应用 Mastercam X 软件完成零件的车削加工造型，生成刀具加工路径，根据 FANUC-0i 系统的要求进行后置处理，生成数控机床用的 NC 代码。

要求：根据任务要求先进行市场调研，然后设计出自己的创意印章，并写出调研报告。

调研途径：网络、书店、商场、超市及批发市场等。

项目巩固练习答案

参 考 文 献

[1] 蒋洪平. Mastercam X 标准教程［M］. 北京：北京理工大学出版社，2007.

[2] 何满才. Mastercam X 基础教程［M］. 北京：人民邮电出版社，2006.

[3] 何满才. Mastercam X 习题精解［M］. 北京：人民邮电出版社，2007.

[4] 潘子南，鲁君尚，王锦. Mastercam X 基础教程［M］. 北京：人民邮电出版社，2007.

[5] 张灶法，陆裴，尚洪光. Mastercam X 实用教程［M］. 北京：清华大学出版社，2006.

[6] 赵国增. CAD/CAM 实训—MasterCAM 软件应用［M］. 北京：高等教育出版社，2003.

[7] 康鹏工作室. Mastercam X 加工技术应用［M］. 北京：清华大学出版社，2007.

[8] 蔡东根. Mastercam 9.0 应用与实例教程［M］. 北京：人民邮电出版社，2006.

[9] 邓弈，苏先辉，肖调生. Mastercam 数控加工技术［M］. 北京：清华大学出版社，2004.

[10] 张导成. 三维 CAD/CAM-Mastercam 应用［M］. 北京：机械工业出版社，2004.

[11] 傅伟. Mastercam 软件应用技术［M］. 北京：人民邮电出版社，2006.

[12] 宋昌平，张莉洁. Mastercam 实战技巧［M］. 北京：化学工业出版社，2006.

[13] 沈建峰. CAD/CAM 基础与实训［M］. 北京：中国劳动社会保障出版社，2008.

[14] 李云龙，曹岩. Mastercam 9.1 数控加工实例精解［M］. 北京：机械工业出版社，2004.

[15] 邱坤. Mastercam X 数控自动编程［M］. 北京：清华大学出版社，2010.

[16] 蒋洪平. 模具 CAD/CAM-Mastercam X［M］. 北京理工大学出版社，2010.